"十四五"高等职业教育系列教材

AutoCAD 2020 基础与实例教程

王天一 齐 波 ◎ 主 编
路 瑶 崔立宏 ◎ 副主编
王 凤 ◎ 主 审

视频二维码
实现扫码观看

中国铁道出版社有限公司
CHINA RAILWAY PUBLISHING HOUSE CO., LTD.

内 容 简 介

本书为"十四五"高等职业教育系列教材之一，以 AutoCAD 2020 中文版为基础，结合交通运输类专业绘图的特点，从实用的角度出发，系统介绍了 AutoCAD 的基础操作及应用 AutoCAD 技术绘制工程图的方法和技巧。本书讲练结合，并注重对读者应用能力的培养。

本书共 11 章，包括 AutoCAD 2020 入门，设置线型、线宽、颜色、对象属性及图层，绘制二维平面图形，编辑二维平面图形，绘图规范，绘制基本二维工程图，输入文字与创建表格，添加尺寸标注，参数化设计，绘制与编辑等轴测图与三维图形，创建打印布局与图形输出。

本书适合作为高等职业院校交通运输类专业 AutoCAD 课程的教材，也可作为相关工程技术人员的自学用书。

图书在版编目（CIP）数据

AutoCAD 2020 基础与实例教程/王天一，齐波主编. —北京：中国铁道出版社有限公司，2024.2（2024.11重印）
"十四五"高等职业教育系列教材
ISBN 978-7-113-30920-6

Ⅰ.①A… Ⅱ.①王… ②齐… Ⅲ.①AutoCAD 软件-高等职业教育-教材 Ⅳ.①TP391.72

中国国家版本馆 CIP 数据核字（2024）第 018408 号

书　　名：AutoCAD 2020 基础与实例教程
作　　者：王天一　齐　波

策　　划：祁　云　　　　　　　　　编辑部电话：(010)63549458
责任编辑：祁　云
封面设计：刘　颖
责任校对：苗　丹
责任印制：赵星辰

出版发行：中国铁道出版社有限公司(100054，北京市西城区右安门西街 8 号)
网　　址：https://www.tdpress.com/51eds
印　　刷：天津嘉恒印务有限公司
版　　次：2024 年 2 月第 1 版　2024 年 11 月第 2 次印刷
开　　本：850 mm×1 168 mm　1/16　印张：20.5　字数：485 千
书　　号：ISBN 978-7-113-30920-6
定　　价：59.80 元

版权所有　侵权必究

凡购买铁道版图书，如有印制质量问题，请与本社教材图书营销部联系调换。电话：(010)63550836
打击盗版举报电话：(010)63549461

前 言

高等职业教育有其自身的特点,正如教育部"面向21世纪教育振兴行动计划"所指出的:"高等职业教育必须面向地区经济建设和社会发展,适应就业市场的实际需要,培养生产、管理、服务第一线需要的实用人才,真正办出特色。"因此,不能以本科压缩和变形的形式组织高等职业教育,必须按照高等职业教育的自身规律组织教学。

教材建设工作是整个教学工作中的重要组成部分,教材编写工作不仅要与学校人才培养目标和教学内容体系的改革相结合,而且要注意不同地区、不同行业、不同类型的学校对同一门课程教材使用要求的不同。以 AutoCAD 为例,虽然其在国内的机械、建筑、纺织等行业中拥有广大的应用空间,但是作为一门课程来说,如果学生消化不够透彻,在学校里学完本课程后,就会有一种所学不足以致用的感觉。尽管 AutoCAD 的教材和参考书已有多个版本,但迄今仍少有适合交通运输类专业的 AutoCAD 绘图方面的专业教材,给专业教学工作带来诸多不便。因此,编者总结了近年来从事本课程教学的经验,借鉴了部分专业技术人员和高职学生所做的问卷调查统计结果,遵循职业技术教育的针对性、应用性和实践性原则,在对 AutoCAD 的绘图过程进行详细分析的基础上,编写了本书。

本书针对交通运输类专业的特点,精选了一些典型实例,由浅入深、系统地介绍了如何使用 AutoCAD 绘制、编辑、标注、打印工程图等内容。本书在内容讲解上做了诸多科学性的探索,主要体现在专业性强、注重操作能力和应用技能的培养。书中采用的例图都是典型的工程例图,并尽可能将命令的讲解融入绘制典型例图的过程中。从例图的图形分析入手,具体介绍了绘图的准备、思路、步骤和主要过程,具有简单、实用、可操作性强的特点,可以消除初学者使用 AutoCAD 时无从入手的感觉。学生只要按照书中的实例逐步练习,即可轻松掌握 AutoCAD 的常用功能和绘制工程图的方法,为将来走向工作岗位打下坚实的基础。本书部分练习可扫描二维码观看视频操作过程。

本书共11章,包括 AutoCAD 2020 入门,设置线型、线宽、颜色、对象属性及图层,绘制二维平面图形,编辑二维平面图形,绘图规范,绘制基本二维工程图,输入文字与创建表格,添加尺寸标注,参数化设计,绘制与编辑等轴测图与三维图形,创建打印布局与图形输出。

本书由哈尔滨铁道职业技术学院王天一、山海关铁路技师学院齐波任主编,哈尔滨铁道职业技术学院路瑶、崔立宏任副主编。其中,第1、2、3、6章由王天一编写,第5、7、8章由齐波编写,第4、11章由路瑶编写,第9、10章及附录由崔立宏编写。全书由哈尔滨铁道职业技术学院王凤主审。

由于编者的水平有限,书中难免有疏漏和不妥之处,恳请广大读者批评指正。

编 者

2023 年 11 月

目 录

第1章 AutoCAD 2020 入门 ... 1
1.1 AutoCAD 2020 基础知识 ... 1
1.1.1 CAD 的概念 ... 1
1.1.2 AutoCAD 的发展历程 ... 1
1.1.3 AutoCAD 的特点 ... 1
1.1.4 AutoCAD 在土木工程中的应用 ... 2
1.2 AutoCAD 2020 用户界面 ... 2
1.2.1 AutoCAD 2020 工作空间 ... 2
1.2.2 AutoCAD 2020 操作界面 ... 3
1.2.3 退出 AutoCAD ... 7
1.3 操作 AutoCAD 图形文件 ... 7
1.3.1 创建新图形文件 ... 7
1.3.2 打开图形文件 ... 7
1.3.3 保存图形文件 ... 8
1.4 鼠标的应用 ... 8
1.4.1 鼠标左键的应用 ... 8
1.4.2 鼠标滚轮的应用 ... 8
1.4.3 鼠标右键的应用 ... 9
1.5 AutoCAD 绘图环境 ... 9
1.5.1 切换工作空间 ... 9
1.5.2 图形界限 ... 9
1.5.3 单位设置 ... 10
1.5.4 其他环境的设置 ... 10
1.6 帮助系统 ... 16
1.6.1 使用 AutoCAD 2020 的帮助 ... 16
1.6.2 使用按钮命令提示 ... 16
1.7 实例练习 ... 16

第2章 设置线型、线宽、颜色、对象属性及图层 ... 17
2.1 线型 ... 17
2.2 线宽和颜色 ... 18
2.2.1 线宽 ... 18
2.2.2 颜色 ... 19
2.3 图层 ... 20
2.3.1 创建及设置图层 ... 20
2.3.2 有效使用图层 ... 23
2.3.3 图层转换器 ... 24
2.4 对象特性 ... 26
2.5 实例练习 ... 28

第3章 绘制二维平面图形 ... 30
3.1 调用、撤销和重复命令 ... 30
3.1.1 调用命令 ... 30
3.1.2 撤销和重复命令 ... 31
3.1.3 取消已执行的操作 ... 31
3.1.4 选择图形对象 ... 31
3.2 绘制直线 ... 32
3.2.1 绘制直线 LINE 命令 ... 32
3.2.2 利用点坐标画图 ... 33
3.2.3 利用栅格和捕捉画图 ... 34
3.2.4 利用正交模式辅助画线 ... 43
3.2.5 绘制实例 ... 43
3.3 构造线和射线 ... 47
3.3.1 构造线 ... 47
3.3.2 射线 ... 48
3.4 绘制圆、圆弧和圆环 ... 49
3.4.1 圆 ... 49
3.4.2 圆弧 ... 50
3.4.3 圆环 ... 51
3.5 矩形和多边形 ... 52
3.5.1 矩形 ... 52
3.5.2 多边形 ... 53
3.6 多线和多段线 ... 55
3.6.1 多线 ... 55

3.6.2 更改多线样式 ………… 56
3.6.3 编辑多线样式 ………… 59
3.6.4 多段线 ………………… 61
3.6.5 编辑多段线 …………… 63
3.6.6 样条曲线 ……………… 65
3.6.7 编辑样条曲线 ………… 67
3.7 面域与图案填充 …………… 69
3.7.1 创建面域 ……………… 69
3.7.2 面域的布尔运算 ……… 70
3.7.3 图案填充 ……………… 71
3.7.4 创建填充边界 ………… 71
3.7.5 创建填充图案 ………… 74
3.7.6 编辑填充图案 ………… 79
3.7.7 渐变色填充 …………… 81
3.7.8 创建单色渐变填充 …… 82
3.7.9 创建双色渐变填充 …… 83
3.8 块 …………………………… 83
3.8.1 创建内部块 …………… 84
3.8.2 创建外部块 …………… 85
3.8.3 插入块 ………………… 86
3.8.4 块的修改 ……………… 87
3.8.5 使用外部参照 ………… 88
3.9 实例练习 …………………… 89

第 4 章 编辑二维平面图形 ……… 92
4.1 调整对象 …………………… 92
4.1.1 删除对象 ……………… 92
4.1.2 移动对象 ……………… 93
4.1.3 旋转对象 ……………… 94
4.2 创建对象副本 ……………… 96
4.2.1 复制对象 ……………… 96
4.2.2 镜像 …………………… 98
4.2.3 偏移对象 …………… 101
4.2.4 阵列 ………………… 103
4.3 修改对象的形状和大小 … 108
4.3.1 修剪对象 …………… 108
4.3.2 延伸对象 …………… 110
4.3.3 缩放对象 …………… 112
4.3.4 拉伸对象 …………… 113

4.3.5 拉长对象 …………… 114
4.3.6 绘图示例 …………… 116
4.4 拆分及修饰对象 ………… 119
4.4.1 分解对象 …………… 119
4.4.2 倒角 ………………… 120
4.4.3 圆角 ………………… 122
4.4.4 打断对象 …………… 124
4.4.5 合并 ………………… 126
4.4.6 删除重复对象 ……… 127
4.5 用夹点编辑图形 ………… 128
4.5.1 夹点概述 …………… 128
4.5.2 使用夹点编辑对象的步骤 … 130
4.5.3 使用夹点编辑对象 … 130
4.6 综合绘制实例 …………… 134
4.7 实例练习 ………………… 138

第 5 章 绘图规范 ……………… 142
5.1 图纸规范 ………………… 142
5.1.1 图纸尺寸 …………… 142
5.1.2 图框与图纸四边间距 … 142
5.1.3 标题栏尺寸规定 …… 143
5.2 比例规范 ………………… 143
5.3 文字字形规范 …………… 144
5.4 线型规范 ………………… 144
5.5 线宽规范 ………………… 145
5.6 图层图纸设置实例
    ——蜗轮轮心 …………… 145
5.7 实例练习 ………………… 148

第 6 章 绘制基本二维工程图 …… 149
6.1 圆端形桥墩图 …………… 149
6.2 钢筋混凝土梁梗的钢筋布置图 … 157
6.3 钢筋混凝土构件结构详图 …… 164
6.4 实例练习 ………………… 165

第 7 章 输入文字与创建表格 …… 166
7.1 设置文本样式 …………… 166
7.1.1 创建文字样式 ……… 166
7.1.2 设置样式名 ………… 167
7.1.3 设置字体 …………… 168

7.1.4	设置文本效果	169	8.3.12	快速标注尺寸 223
7.1.5	预览与应用文本样式	170	8.4	引线标注 224
7.2	创建及编辑文字注释	170	8.4.1	多重引线样式 224
7.2.1	创建单行文字	170	8.4.2	多重引线标注 228
7.2.2	创建多行文字	172	8.4.3	添加引线 228
7.2.3	创建特殊字符	176	8.4.4	删除引线 229
7.2.4	编辑文字注释	177	8.4.5	对齐引线 229
7.3	设置表格样式与创建表格	178	8.4.6	合并引线 230
7.3.1	新建表格样式	178	8.4.7	快速引线标注 231
7.3.2	创建表格	181	8.5	编辑标注对象 232
7.3.3	修改表格	183	8.5.1	编辑标注 232
7.3.4	功能区"表格单元"选项卡	183	8.5.2	编辑标注文字 233
7.4	绘图实例	186	8.5.3	调整间距 233
7.4.1	涵洞图	186	8.5.4	倾斜标注 234
7.4.2	桥梁布置图	194	8.5.5	标注打断 235
7.4.3	住宅剖面图	195	8.5.6	折弯线性标注 236
7.4.4	住宅平面图	196	8.5.7	替代标注 236
7.5	实例练习	197	8.5.8	标注更新 237

第8章 添加尺寸标注 199

8.1	尺寸标注的规则与步骤	199	8.6	尺寸标注的关联性 237
8.1.1	尺寸标注的规则与组成	199	8.6.1	设置关联标注模式 237
8.1.2	尺寸标注的步骤	200	8.6.2	重新关联 238
8.2	创建与设置标注样式	201	8.6.3	查看尺寸标注的关联关系 238
8.2.1	标注样式管理器	201	8.7	绘图实例 238
8.2.2	新建标注样式	202	8.7.1	隧道内外侧沟 238
8.2.3	将标注样式置为当前	212	8.7.2	桥墩墩帽图 245
8.3	标注基本尺寸	212	8.7.3	桥台图 253
8.3.1	标注线性尺寸	214	8.8	实例练习 255
8.3.2	标注对齐尺寸	215		
8.3.3	标注角度尺寸	216		**第9章 参数化设计 257**
8.3.4	标注半径尺寸	217	9.1	参数化设计概述 257
8.3.5	标注直径尺寸	218	9.2	几何约束 258
8.3.6	标注弧长尺寸	218	9.2.1	设置几何约束 258
8.3.7	标注坐标尺寸	219	9.2.2	创建几何约束 259
8.3.8	标注折弯尺寸	220	9.2.3	显示和验证几何约束 260
8.3.9	标注基线尺寸	221	9.2.4	修改几何约束的对象 261
8.3.10	标注连续尺寸	222	9.3	标注约束 262
8.3.11	标注圆心标记	222	9.3.1	设置标注约束 262
			9.3.2	创建标注约束 263
			9.3.3	控制标注约束的显示 265

9.3.4 修改标注约束的对象 ……………… 265
9.4 通过公式和方程式约束设计 …… 266
9.5 实例练习 ……………………………… 268

第10章 绘制与编辑等轴测图与三维图形 …… 270

10.1 等轴测图的绘制 …………………… 270
  10.1.1 等轴测图基础 ………………… 270
  10.1.2 设置等轴测绘图环境 ………… 271
  10.1.3 等轴测图的绘制 ……………… 271
10.2 三维模型的创建 …………………… 274
  10.2.1 三维建模基础 ………………… 274
  10.2.2 三维绘图基础实例 …………… 277
  10.2.3 三维模型的建立 ……………… 280
10.3 三维实体的编辑命令简介 ………… 295
  10.3.1 倒角 …………………………… 295
  10.3.2 圆角 …………………………… 296
  10.3.3 编辑实体模型的面和边 ……… 296
10.4 实例练习 …………………………… 297

第11章 创建打印布局与图形输出 … 299

11.1 创建打印布局 ……………………… 299
  11.1.1 打印设备 ……………………… 300
  11.1.2 布局设置 ……………………… 303
11.2 图形输出 …………………………… 303
  11.2.1 打印预览 ……………………… 303
  11.2.2 控制图形比例 ………………… 303
11.3 实例练习 …………………………… 308

附录A AutoCAD命令一览表 ……… 309

参考文献 …………………………………… 320

第 1 章　AutoCAD 2020入门

1.1　AutoCAD 2020 基础知识

1.1.1　CAD 的概念

CAD(computer aided design,计算机辅助设计)是指利用计算机的计算功能和高效的图形处理能力,对产品进行辅助设计、分析和优化,它综合了计算机知识和工程设计知识的成果,并且随着计算机硬件性能和软件功能的不断提高而逐渐完善。

AutoCAD 是由 Autodesk 公司开发的通用计算机辅助设计软件包,是目前全球计算机辅助设计领域拥有最多用户的软件系统之一。它可以充分利用计算机的计算和图形处理能力,对用户设计的产品进行自动模拟、分析和优化,使产品更加科学化,更符合设计者的设计思想。它具有易于掌握、使用方便、体系结构开放等优点,深受广大工程技术人员的欢迎。

1.1.2　AutoCAD 的发展历程

Autodesk 公司对 AutoCAD 进行了多次升级,从 1982 年推出 AutoCAD 的第一个版本——AutoCAD 1.0 开始,到 AutoCAD 2020 版本,其功能日益增加、日趋完善。我国许多建筑和工程设计人员都是从学习 AutoCAD 开始接触 CAD 应用技术的。同时,国内的独立软件开发商也相继开发出了很多以 AutoCAD 为平台的专业软件,如 ABD、圆方、容创达 RCD 等。要熟练运用这些专业软件,必须熟悉和掌握 AutoCAD。

1.1.3　AutoCAD 的特点

AutoCAD 的特点如下:

①将直观强大的概念设计和视觉工具结合在一起,促进了 2D 设计向 3D 设计的转换,具有强大的图形编辑功能。

②"动作录制器"可以录制的动作包括命令行、工具栏、Ribbon 面板、下拉菜单、属性窗口、层属性管理器和工具面板。完成录制后,单击"停止"按钮即可。系统会提示用户输入一个宏名,然后宏会以文本的形式出现在一个框中。同时,以.actm 为扩展名的文件会被保存在"选项"中设置的目录下。

1.1.4　AutoCAD 在土木工程中的应用

AutoCAD 在土木工程中的应用领域很广，主要包括建筑设计基本知识、总平面图绘制、建筑平面图绘制、建筑立面图绘制、建筑剖面图绘制、建筑详图绘制。由于 AutoCAD 功能强大，因此同一个图形往往可以通过多种途径绘制。

1.2　AutoCAD 2020 用户界面

AutoCAD 的用户界面具有很强的灵活性，根据专业领域和绘图习惯的不同，用户可以设置适合自己的用户界面。本节主要介绍 AutoCAD 的工作空间和绘图的操作界面。

1.2.1　AutoCAD 2020 工作空间

根据不同的绘图要求，AutoCAD 提供了三种工作空间：草图与注释、三维基础和三维建模。首次启动 AutoCAD 2020 时，系统默认的工作空间为草图与注释。

1. 草图与注释工作空间

与以前的版本相比，AutoCAD 2020 的草图与注释工作空间用功能区选项卡代替了原先经典的工具栏。其界面主要由应用程序按钮、功能区面板、快速访问工具栏、绘图区、命令行和状态栏等部分组成，如图 1-1 所示。

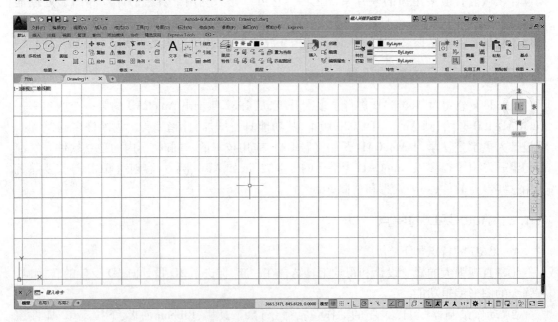

图 1-1　草图与注释工作空间

2. 三维基础工作空间

三维基础工作空间侧重于基础三维模型的创建，如图 1-2 所示。其功能区面板提供了各种常用的三维建模、布尔运算以及三维编辑工具按钮。

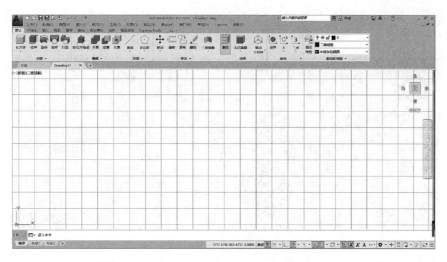

图 1-2 三维基础工作空间

3. 三维建模工作空间

三维建模工作空间主要用于复杂三维模型的创建、修改和渲染,其功能区包括"实体""曲面""网络""渲染"等选项卡,如图 1-3 所示。由于包含更全面的修改和编辑命令,因而其功能区的工具按钮排列更为紧凑。

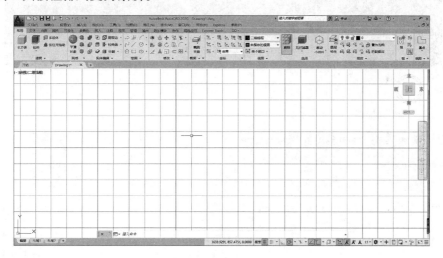

图 1-3 三维建模工作空间

AutoCAD 2020 的工作空间可以在绘图过程中随时切换,切换工作空间的方法详见 1.5.1 节。

1.2.2 AutoCAD 2020 操作界面

启动 AutoCAD 2020 后,可以看到开始选项卡中的"了解"和"创建"两个界面,如图 1-4 和图 1-5 所示。在"了解"界面可以观看新增功能和快速入门等视频,在"创建"界面可以选择最近使用的文档或者创建新文件。之后进入 AutoCAD 主界面,主界面主要由应用程序按钮、快速访问工具栏、功能区、绘图区、命令行、状态栏等部分组成，如图1-6所示。下面分别介绍各部分的功能。

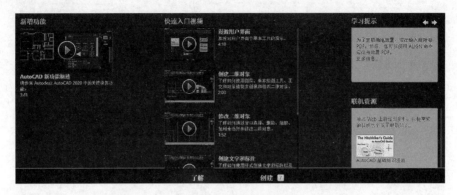

图1-4 "了解"界面

图1-5 "创建"界面

图1-6 AutoCAD主界面

> **注意**
> 图1-6中的菜单栏和某些部分在AutoCAD默认状态下不显示,需要用户自行调用。

1. 标题栏

标题栏位于应用程序窗口的最上面,用于显示当前正在运行的程序名及文件名等信息,如图1-7所示。如果是AutoCAD默认的图形文件,其名称为Drawing$N$.dwg(N是数字)。单击标题栏右端的按钮,可以最小化、最大化或关闭应用程序窗口。标题栏最左边是应用程序的小图标,单击后会弹出AutoCAD窗口控制下拉菜单,可以执行最小化或最大化窗口、恢复窗口、移动窗口、关闭AutoCAD等操作。

图1-7 标题栏

2. 应用程序按钮与快速访问工具栏

(1)应用程序按钮

单击"应用程序"按钮,展开菜单界面,如图1-8所示。该菜单包含"新建""打开""保存"等常用菜单命令。在展开菜单界面顶部的搜索栏中输入关键字或短语,即可定位相应菜单命令。选择搜索结果,即可执行命令。单击菜单界面顶部的按钮,显示最近使用的文件。单击按钮,显示已打开的所有图形文件。将光标悬停在文件名上时,将显示预览图片及文件路径、修改日期等信息。

(2)快速访问工具栏

快速访问工具栏又称快捷工具栏,用于存放经常访问的命令按钮,右击按钮,在弹出的快捷菜单中选择"自定义快速访问工具栏"命令,即可向工具栏中添加按钮,选择"从快速访问工具栏中删除"命令,即可删除相应按钮。单击快速访问工具栏中的按钮,显示"自定义快速访问工具栏"菜单,可显示与隐藏各快速访问工具栏按钮。除快速访问工具栏外,AutoCAD还提供了许多其他工具栏。选择"工具"→"工具栏"→AutoCAD子菜单中的相应命令,即可打开相应工具栏。

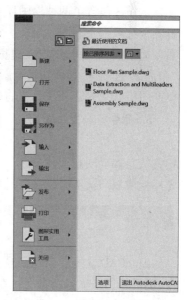

图1-8 应用程序按钮菜单界面

3. 功能区

功能区由"默认""插入""注释"等选项卡组成,如图1-9所示。每个选项卡又由多个面板组成,如"默认"选项卡由"绘图""修改""图层"等面板组成。面板上布置了许多命令按钮及控件。

单击功能区顶部的按钮,可以展开或收拢功能区。

单击某一面板上的按钮,如绘图面板,可以展开该面板。单击按钮,可以固定面板。

右击任一选项卡标签，在弹出的快捷菜单中选择“显示选项卡”命令下的选项卡名称，可以关闭相应选项卡。

右击功能区顶部位置，在弹出的快捷菜单中选择“浮动”命令，即可移动功能区，还可以改变功能区的形状。

默认
插入
注释
视图
管理
输出
附加模块
协作
精选应用
Express Tools
直线
多段线
圆
圆弧
绘图
修改
文字
标注
注释
图层特性
图层
插入
块
特性匹配
ByLayer
特性
组
实用工具
剪贴板
基点
视图

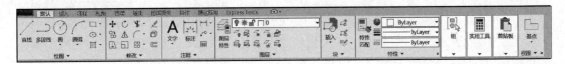

图 1-9　功能区

4. 绘图区

绘图区是用户绘图的工作区域，该区域无限大，其左下方有一个表示坐标系的图标，此图标指示了绘图区的方位，图标中的箭头分别指示 x 轴和 y 轴的正方向。

当移动鼠标时，绘图区域中的十字形光标会跟随移动，与此同时，在绘图区底部的状态栏中将显示光标点的坐标数值。单击该区域可改变坐标的显示方式。

工作区包含了两种绘图环境：一种称为模型空间；另一种称为图纸空间。在此窗口底部有三个选项卡
模型
布局1
布局2
，默认情况下，“模型”选项卡是选中状态，表明当前绘图环境是模型空间，用户在这里一般按实际尺寸绘制二维或三维图形。当选择“布局 1”或“布局 2”选项卡时，就切换至图纸空间。用户可以将图纸空间想象成一张图纸（系统提供的模拟图纸），可在这张图纸上将模型空间的图样按不同缩放比例布置在图纸上。

5. 命令行与文本窗口

命令行位于 AutoCAD 程序窗口的底部，如图 1-10 所示，用户输入的命令、系统的提示及相关信息都反映在此窗口中。默认情况下，该窗口仅显示 2 行，将光标放在窗口的上边缘，当光标变成双向箭头时，按住鼠标左键向上拖动即可增加命令窗口显示的行数。

命令:
键入命令

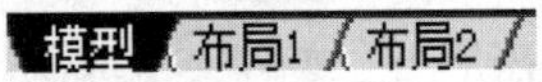

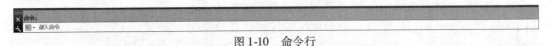

图 1-10　命令行

AutoCAD 文本窗口是记录 AutoCAD 命令的窗口，是放大的命令行，它记录了已执行的命令，也可以用来输入新命令。在 AutoCAD 2020 中，执行 TEXTSCR 命令或按【F2】键可打开 AutoCAD 文本窗口，它记录了对文档进行的所有操作，如图 1-11 所示。

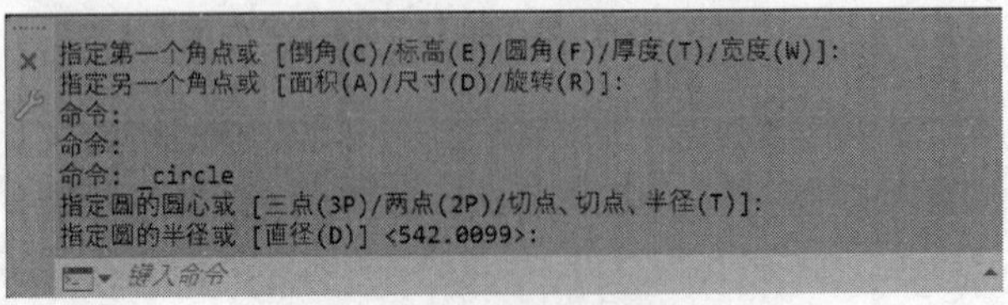

指定第一个角点或 [倒角(C)/标高(E)/圆角(F)/厚度(T)/宽度(W)]:
指定另一个角点或 [面积(A)/尺寸(D)/旋转(R)]:
命令:
命令:
命令: _circle
指定圆的圆心或 [三点(3P)/两点(2P)/切点、切点、半径(T)]:
指定圆的半径或 [直径(D)] <542.0099>:
键入命令

图 1-11　文本窗口

6. 状态栏

状态栏用来显示 AutoCAD 当前的状态，光标在工作区移动时，状态栏的“坐标”将动态地显示当前坐标值，如图 1-12 所示。

图1-12 状态栏

状态栏共可显示29个按钮,分别是"模型或图纸空间""显示图形栅格""捕捉模式""推断约束""动态输入""正交限制""角度限制""等轴测草图""显示捕捉参照线""将光标捕捉到二维参照点""显示/隐藏线宽""透明度""选择循环""将光标捕捉到三维参照点""将UCS捕捉到活动实体平面""过滤对象选择""显示小控件""注释对象显示""切换工作空间"等,单击各按钮即可在不同开关间切换。

1.2.3 退出AutoCAD

可以选择以下方式中的一种退出AutoCAD:
- 单击"关闭"按钮 。
- 选择"文件"→"退出"命令。
- 按【Ctrl+Q】组合键。
- 单击 按钮,选择"退出Autodesk AutoCAD 2020"命令。
- 在命令行中输入QUIT命令。

1.3 操作AutoCAD图形文件

1.3.1 创建新图形文件

① 可以选择以下方式中的一种创建新的图形文件:
- 选择"文件"→"新建"命令。
- 单击快速访问工具栏中的"新建"按钮 。
- 按【Ctrl+N】组合键。
- 在命令行中输入NEW命令。

② 在弹出的"选择样板"对话框中选择所需样板,单击"打开"按钮,如图1-13所示。

1.3.2 打开图形文件

① 可以选择以下方式中的一种打开图形文件:

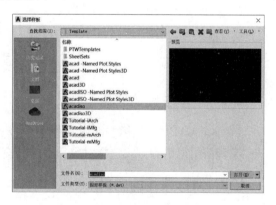

图1-13 "选择样板"对话框

- 选择"文件"→"打开"命令。
- 单击快速访问工具栏中的"打开"按钮 。
- 按【Ctrl+O】组合键。
- 在命令行中输入OPEN命令。

② 在弹出的"选择文件"对话框中选择文件所在路径,选中要打开的图形文件,如图1-14所示。

1.3.3 保存图形文件

① 可以选择以下方式中的一种保存图形文件：
- 选择"文件"→"保存"或"另存为"命令。
- 单击快速访问工具栏中的"保存"按钮 。
- 按【Ctrl + S】组合键。
- 在命令行中输入 SAVE 命令。

② 在弹出的"图形另存为"对话框中选择要保存的图形文件位置，在"文件名"文本框中输入要保存文件的名称、在"文件类型"下拉列表框中选择要保存文件的类型，如图 1-15 所示。

图 1-14 "选择文件"对话框

图 1-15 "图形另存为"对话框

1.4 鼠标的应用

1.4.1 鼠标左键的应用

在 AutoCAD 中，鼠标左键通常作为选择拾取键。在绘制图形时，经常需要直接选择对象，或者使用窗口等方式选择对象，这些操作都需要使用鼠标左键来完成。

1.4.2 鼠标滚轮的应用

在 AutoCAD 中，鼠标滚轮通常有三个作用：移动画面、放大或缩小画面和显示全部图形。
- 移动画面：按住鼠标滚轮，鼠标指针变为手的形状，然后移动鼠标，画面就会随着鼠标的移动而移动。
- 放大或缩小画面：向前滚动鼠标滚轮，将放大当前的画面；向后滚动鼠标滚轮，将缩小当前的画面。缩放画面是以鼠标所放置的位置为中心进行放大或缩小的。如果需要放大或缩小画面的某一处，只需将鼠标光标移到那里，然后滚动鼠标滚轮即可。
- 显示全部图形：如果当前文档中包含太多的图形，而没有显示出全部图形，则双击鼠标滚轮即可显示全部图形内容。

1.4.3 鼠标右键的应用

在 AutoCAD 中,鼠标右键通常有三个作用:确认、弹出快捷菜单和重复上一个命令。可以在系统中将鼠标右键预设为其中的一种功能。当鼠标右键被设置为确认功能时,就等同于按【Enter】键或【Space】键。关于鼠标右键功能的设置将在 1.5.4 节中讲解。

1.5 AutoCAD 绘图环境

不同行业和领域对图形界限、单位、图层、颜色、线型和线宽等属性有着不同的要求。在绘图过程中,先要确定图形的绘图界限,以保证图形的精确绘制和合理布局。因此,在 AutoCAD 中,要随时设置和改变绘图环境,以满足工程设计和绘图的实际需要。

1.5.1 切换工作空间

在 AutoCAD 2020 操作界面中,可使用多种方式切换工作空间。方法如下:
- 单击状态栏中的"切换工作空间"按钮 ,便可选择工作空间。
- 单击"工具"菜单栏中的"工作空间"按钮。
- 展开快速访问工具栏中的工作空间列表 草图与注释 ,如果没有工作空间显示,可以通过右侧下拉按钮展开选项来调取。

1.5.2 图形界限

图形界限是绘图的范围,相当于手工绘图时图纸的大小。设置合适的绘图界限,有利于确定图形绘制的大小、比例、图形之间的距离,有利于检查图形是否超出"图框"。在 AutoCAD 中,设置图形界限主要是为图形确定一个图纸的边界。

工程图样一般采用五种比较固定的图纸规格,需要设置图纸区域为 A0(1 189 × 841)、A1(841 × 594)、A2(594 × 420)、A3(420 × 297)、A4(297 × 210)。利用 AutoCAD 绘制工程图样时,通常是按照 1∶1 的比例进行绘图的,所以用户需要参照物体的实际尺寸来设置图形的界限。

1. 执行"图形界限"命令

设置"图形界限"有以下两种方法:
- 单击"格式"菜单栏中的"图形界限"按钮 图形界限(I) 。
- 在命令行中输入 LIMITS 命令。

2. 命令提示

```
命令:limits
重新设置模型空间界限:
指定左下角点或 [开(ON)/关(OFF)] <0.0000,0.0000>:
指定右上角点 <420.0000,297.0000>:
```

3. 命令说明

- 指定左下角:默认方式。指定图纸的左下角和右上角的坐标值。
- 开(ON):打开图形范围检查功能,如超出图形范围,则给出提示。

- 关(OFF)：关闭图形界限检查功能，所绘制的图形可以查出设置的范围。这是 AutoCAD 的默认方式。

1.5.3 单位设置

对任何图形而言，总有其大小、精度以及采用的单位。AutoCAD 中，在屏幕上显示的只是屏幕单位，但屏幕单位应该对应一个真实的单位。不同的单位其显示格式是不同的。同样，也可以设置或选择角度类型、精度和方向。利用"图形单位"对话框可以进行以上设置，如图 1-16 所示。打开"图形单位"对话框的方法有以下两种：

- 单击"格式"菜单栏中的"单位"按钮 。
- 在命令行中输入 UNITS 命令。

对话框中主要选项的功能如下：

（1）"长度"选项组

用于设置图形的长度类型和精度。长度类型包括"分数""工程""建筑""科数""小数"五种。长度精度有九种。默认长度的类型为"小数"，精确度为小数点后 4 位。

图 1-16 "图形单位"对话框

（2）"角度"选项组

用于设置图形的角度类型和精度。角度类型包括"十进制度数""度/分/秒""百分度""弧度""勘测"五种。角度精度有九种。默认角度以逆时针方向为正方向。如果选中"顺时针"复选框，则角度正方向为顺时针方向。

（3）"插入时的缩放单位"选项组

用于设置设计中心块插入时使用的图形单位。"用于缩放插入内容的单位"下拉列表框提供了 21 种设计中心块的图形单位，如"厘米""毫米""英寸""英尺"等。

（4）"方向"按钮

用于设置角度的起始位置和方向。单击"方向"按钮，弹出"方向控制"对话框，可设置多种基准角度，如图 1-17 所示。

图 1-17 "方向控制"对话框

1.5.4 其他环境的设置

通过对"选项"对话框的设置，可以更方便地进行工作，或者创建一种适合自己的工作环境，如图 1-18 所示。打开"选项"对话框的方法有以下三种：

- 选择"文件"→"选项"命令。
- 单击"工具"菜单栏中的"选项"按钮。
- 在命令行中输入 OPTIONS 命令。

该对话框包含 10 个选项卡，部分选项卡具体的设置内容介绍如下：

1．"文件"选项卡

"文件"选项卡通常不需要重新设置，只有在对 AutoCAD 增加外挂或增加其他辅助工具时才进行设置。

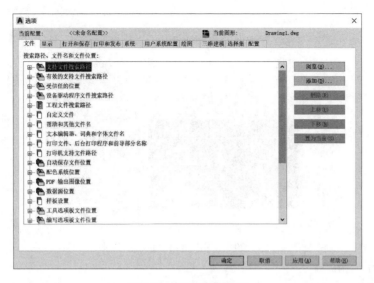

图1-18 "选项"对话框

2. "显示"选项卡

在"显示"选项卡中有三项内容需要进行设置,包括窗口颜色的设置、显示精度的设置和十字光标大小的设置,如图1-19所示。

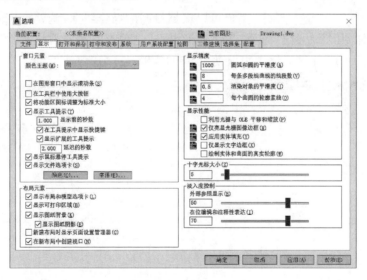

图1-19 "显示"选项卡

（1）设置颜色

单击"颜色"按钮,弹出"图形窗口颜色"对话框,如图1-20所示。在该对话框中可以为指定对象添加一些个性的颜色,使工作环境更加舒适。

在"界面元素"列表框中,选择需要设置颜色的选项,然后在"颜色"下拉列表框中选择喜欢的颜色,最后单击"应用并关闭"按钮,即可更改所选择元素的颜色。

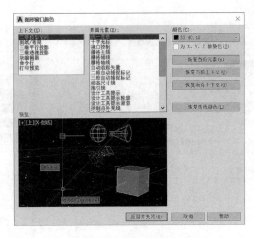

图1-20 "图形窗口颜色"对话框

(2) 设置显示精度

在"显示精度"选项组中,可以设置圆弧和圆的平滑度。AutoCAD 2020 的默认设置为 1 000,这是比较适中的设置。如果用户需要将显示精度提高,可以将圆弧和圆的平滑度设置为 6 000 左右;如果想更快速地显示图形的效果,可以将圆弧和圆的平滑度设置为 2 000 左右,不过这样的设置会使线条显得不够平滑。

(3) 设置十字光标大小

在"十字光标大小"选项组中,用户可以根据自己的操作习惯,调整十字光标的大小,十字光标可以延伸到屏幕边缘。拖动"十字光标大小"选项组右侧的滑块,即可调整光标的长度。图1-21 所示为将十字光标大小设置为 50 的效果。

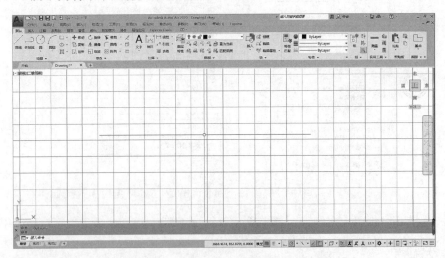

图1-21 十字光标大小设置为 50 的效果

— 注 意 —
十字光标预设尺寸为 5,其取值范围为 1～100,数值越大,十字光标越大,100 表示全屏幕显示十字光标。

3. "打开和保存"选项卡

在"打开和保存"选项卡中需要进行设置的内容包括保存格式、自动保存间隔时间、备份文件和显示的最近所用文件数等,如图1-22所示。

(1)设置保存格式

一般软件的升级比较快,而在实际工作中,有些用户却一直使用版本比较低的AutoCAD软件,但是低版本的软件打不开高版本软件绘制的图形,这就会导致用户在进行信息交流时很不方便。因此,在需要进行AutoCAD信息交流时,使用高版本软件的用户,可以选择用低版本的格式进行文档保存,这样可方便大家进行交流。

在AutoCAD 2020中,可以保存的版本格式包括AutoCAD 2018、AutoCAD 2013、AutoCAD 2010、AutoCAD 2007、AutoCAD 2004等多个版本,如图1-23所示。

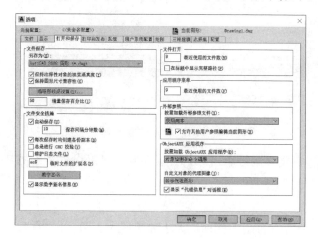

图1-22 "打开和保存"选项卡

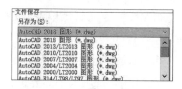

图1-23 设置保存格式

(2)设置自动保存间隔时间

选中"文件安全措施"选项组中的"自动保存"复选框,在"保存间隔分钟数"文本框中输入自动保存的时间间隔,单击"应用"按钮确定。

(3)设置备份文件

选中"每次保存时均创建备份副本"复选框,可以在保存文件时自动创建一份副本文件,在系统自动保存时也将创建一份副本文件。

保存后备份文件的扩展名为.ac$,此文件的默认保存位置在系统盘的Documents and Settings\Default User\Local Settings\Temp目录下。当需要使用自动保存的备份文件时,可以在备份文件的默认保存位置下找出并选择该文件,将该文件的扩展名.ac$修改为.dwg即可将其打开。

(4)设置显示的最近所用文件数

在"最近使用的文件数"文本框中设置显示的最近所用文件的数量,默认为9。图1-24所示为将"最近使用的文件数"设置为4以后的效果。

4. "用户系统配置"选项卡

在"用户系统配置"选项卡中需要设置"Windows标准操作"选项组,该选项组用于设置双击功能和快捷菜单功能，如图1-25所示。其中两项的含义如下：
- "双击进行编辑"复选框：选中该复选框，将启用控制绘图区域中的双击编辑功能。
- "绘图区域中使用快捷菜单"复选框：选中该复选框，当在绘图区域中右击时弹出快捷菜单；如果取消选中该复选框，在右击时将被判定为按【Enter】键。

图1-24 显示最近使用的文件

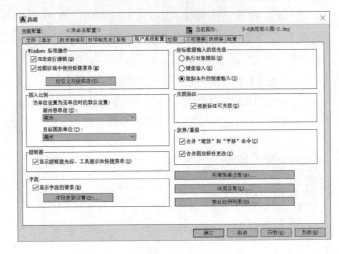

图1-25 "用户系统配置"选项卡

单击"自定义右键单击"按钮，弹出"自定义右键单击"对话框，在其中可以设置右击的功能，如图1-26所示。

5. "绘图"选项卡

在"绘图"选项卡中需要进行设置的内容有自动捕捉标记大小和靶框大小两项，如图1-27所示。

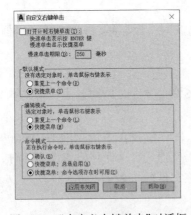

图1-26 "自定义右键单击"对话框

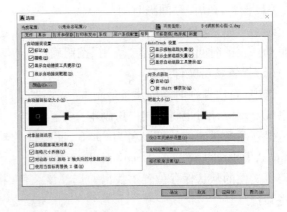

图1-27 "绘图"选项卡

（1）"自动捕捉标记大小"选项组

拖动"自动捕捉标记大小"选项组中的滑块，即可调整捕捉标记的大小，在滑块左侧的预览框中可以预览捕捉标记的大小。图1-28所示为较大的自动捕捉标记的样式。

(2)"靶框大小"选项组

拖动"靶框大小"选项组中的滑块,即可调整靶框的大小,在滑块左侧的预览框中可以预览靶框的大小。图1-29所示为较大的靶框形状。

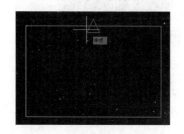 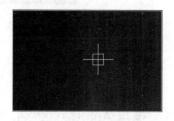

图1-28 较大的自动捕捉标记的样式　　　　图1-29 较大的靶框形状

6."选择集"选项卡

在"选择集"选项卡中需要进行设置的内容有拾取框大小和夹点尺寸两项,如图1-30所示。

图1-30 "选择集"选项卡

(1)"拾取框大小"选项组

拾取框是指在执行编辑时,光标所变成的一个小正方形框。合理设置拾取框的大小,对于快速、高效地选取图形是很重要的。若拾取框过大,在选择实体时很容易将与该实体邻近的其他实体选取在内;若拾取框过小,则不容易准确选取到实体目标。

拖动"拾取框大小"选项组中的滑块,即可调整拾取框的大小,在滑块左侧的预览框中可以预览拾取框的大小。图1-31所示为拾取图形时拾取框的形状。

(2)"夹点尺寸"选项组

夹点是指选择图形后,在图形的节点上所显示的图标。用户通过拖动夹点的方式,可以改变图形的形状和大小。为了准确选择夹点对象,用户可以根据需要设置夹点的大小。

拖动"夹点尺寸"选项组中的滑块,即可调整夹点的大小,在滑块左侧的预览框中可以预览夹点的大小。图1-32所示为矩形的四个夹点。

图 1-31　拾取框的形状

图 1-32　矩形的四个夹点

1.6　帮助系统

1.6.1　使用 AutoCAD 2020 的帮助

打开 AutoCAD 2020 帮助的方法如下：
- 单击"帮助"菜单栏中的"帮助"按钮 帮助(H)。
- 按【F1】键。

1.6.2　使用按钮命令提示

将光标放到功能区任意一个命令按钮上悬停，系统都会自动弹出相应的命令提示，帮助用户使用该命令，如图 1-33 所示。

图 1-33　命令提示

1.7　实例练习

练习一

操作、隐藏坐标系图标、添加"标注"和"文字"工具栏、隐藏"注释比例"工具栏，进一步熟悉 AutoCAD 2020 操作界面的管理。

练习二

进行定时保存图形文件、更改命令行显示行数和字体、设置拾取框大小等操作，进一步熟悉 AutoCAD 2020 的绘图环境及部分设置。

练习三

用鼠标进行画面移动、放大缩小及显示全部，熟练掌握鼠标在绘图区的应用。

第2章　设置线型、线宽、颜色、对象属性及图层

在工程设计绘图过程中,线条的种类、粗细各不相同。AutoCAD 系统提供了一个最有效的工具——图层,利用图层可以方便地对图形进行控制与操作,并用线型、线宽和颜色作为附加信息来表征对象的属性。

2.1 线　　型

为了使图形更加专业化,有必要在图形中使用不同的线型。线型就是由点、短画、间隔和符号组合而成的特征线。

1. 执行"线型"命令

- 单击"格式"菜单栏中的"线型"按钮。
- 单击"特性"面板中的▇按钮。
- 在命令行中输入 LINETYPE 命令。

2. 命令提示

执行该命令后,系统将弹出图 2-1 所示的"线型管理器"对话框,在线型管理器中显示了已载入的线型列表和一些线型设置项。

3. 命令说明

- "线型过滤器"下拉列表框:该下拉列表框中列出了显示线型的过滤条件。默认条件有三个,分别是显示所有线型、显示所有使用的线型和显示所有依赖于外部参照的线型。线型列表的内容由不同的选择内容决定。
- "反转过滤器"复选框:选中该复选框,显示线型的过滤条件就被取反了。例如,如果下拉列表中选择了"显示所有线型",并且选中"反转过滤器"复选框,那么所有线型都不会被显示出来。
- "加载"按钮:加载其他线型。在载入新的线型前,首先应仔细查看列表中是否包含需要的线型。如果确实没有,单击"加载"按钮,弹出"加载或重载线型"对话框,如图 2-2 所示,在该对话框中可选择需要的线型,也可单击"文件"按钮,在弹出的"选择线型文件"对话框中选择包含线型的库文件。
- "删除"按钮:单击此按钮可以将选定的线型从列表中删除。

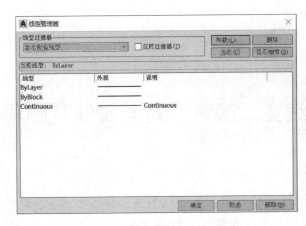
图 2-1 "线型管理器"对话框

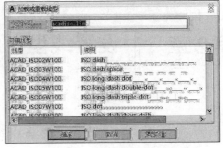
图 2-2 "加载或重载线型"对话框

> **注 意**
> ByLayer 和 ByBlock 两种线型控制方式和 Continuous 线型不能被删除。

- "当前"按钮：将线型管理器中选定的线型置为当前。
- "隐藏细节/显示细节"按钮：在线型管理器中选择某个线型后，单击该按钮，管理器中会隐藏或出现相应线型的详细信息，用户可以在"详细信息"栏中对线型属性加以修改。
- 全局比例因子：单击"显示细节"按钮后可调节全局比例因子，修改它会影响到当前图形中所有对象的线型比例效果，包括已绘制的和将要绘制的。
- 当前对象缩放比例：单击"显示细节"按钮后可调节当前对象缩放比例，设置当前对象的线型比例因子。修改该比例因子只对将要绘制的对象线型产生影响，而在修改它之前所绘制的对象则不受影响。

2.2 线宽和颜色

2.2.1 线宽

一般工程图中，对不同的线型（如粗实线、虚线、细实线等），绘制时线的宽度是不一样的，在绘制前应设置好，也可绘制一部分再修改。

1. 执行"线宽"命令

- 单击"格式"菜单栏中的"线宽"按钮。
- 单击"特性"面板中的 ≡ 按钮。
- 在命令行中输入 LWEIGHT 命令。

2. 命令提示

执行该命令后，系统将弹出图 2-3 所示"线宽设置"对话框。

3. 命令说明

- "线宽"列表框：设置图形线条的宽度。

- "列出单位"选项组:选择线宽的单位。
- "显示线宽"复选框:选中该复选框,系统将按实际线宽显示图形;否则,按默认设置显示线宽。
- "调整显示比例"选项组:确定线宽设置的显示比例。

要修改线宽,可单击"特性"工具栏中的"选择线宽"下拉列表,从中选择当前线型的线宽,如图2-4所示。

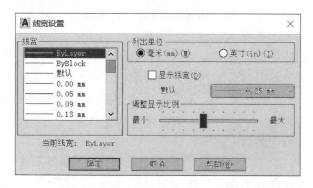

图2-3 "线宽设置"对话框

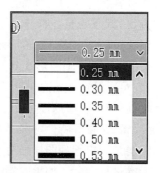

图2-4 选择线宽下拉列表

注 意

要观察改变线宽的效果,必须使状态栏中的"线宽"按钮处于有效状态;否则,按默认设置显示线宽。

2.2.2 颜色

1. 执行"颜色"命令

- 单击"格式"菜单栏中的"颜色"按钮。
- 单击"特性"面板中的●按钮。
- 在命令行中输入 DDCOLOR 命令。

2. 命令提示

执行该命令后,系统弹出图2-5所示"选择颜色"对话框。通过此对话框可以设置线型的颜色。

还可以通过"特性"工具栏中的"颜色控制"下拉列表框更改颜色;通过"线型控制"下拉列表框更改当前线型。

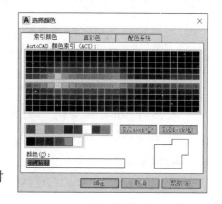

图2-5 "选择颜色"对话框

3. 命令说明

- "索引颜色"选项卡:AutoCAD 中使用的标准颜色。每种颜色用一个 AutoCAD 颜色索引(ACI)编号(1~255之间的整数)标识。
- "真彩色"选项卡:使用24位颜色定义显示 2^{24} 种颜色的一种方法。指定真彩色时可以使用 RGB 或 HSL 颜色模式。如果使用 RGB 颜色模式,则可以指定颜色的红、绿和蓝组合;如果使用 HSL 颜色模式,则可以指定颜色的色调、饱和度和亮度三种属性。

- "配色系统"选项卡:AutoCAD 包括几种标准的 PANTONE 配色系统。输入用户定义的配色系统可以进一步扩充可供使用的颜色选项。

2.3 图 层

使用图层绘图就好像在几张透明的纸上分别绘出同一张图的不同部分,然后再将所有透明的纸叠在一起,它们看起来仍是一幅整体图形。使用图层可以使图形更便于管理,修改更加方便,组合更加自如。

用 AutoCAD 绘图时,图形元素处于某个图层上,默认情况下,当前层是 0 层,若没有切换至其他图层,则所画图形在 0 层上。每个图层都有与其相关联的颜色、线型、线宽等属性信息,用户可以对这些信息进行设置或修改。当在某一层上作图时,生成的图形元素颜色、线型、线宽就与当前层的设置完全相同(默认情况)。对象的颜色将有助于辨别图样中相似实体,而线型、线宽等特性可轻易地表示出不同类型的图形元素。

图层是用户管理图样强有力的工具。绘图时应考虑将图样划分为哪些图层以及按什么样的标准进行划分。如果图层的划分较合理且采用合适的命名,则会使图形信息更清晰、更有序,方便以后修改、观察及打印图样。例如,对于土木工程图,常根据图形元素的性质划分图层,因而一般创建以下图层:轮廓线层、中心线层、虚线层、剖面线层。

在一幅桩柱式桥墩墩帽图中,用户可以把辅助线、墩帽、帽梁、桩柱、局部冲刷线、尺寸标注和文字标注等分别绘制在不同的图层上,每个图层都可以由用户来决定是否显示,在绘图和修改时就可以减少各部分相互之间的影响,暂时隐去不需要的部分,从而可以加快生成图形的速度。

2.3.1 创建及设置图层

1. 执行"图层"命令

- 单击"格式"菜单栏中的"图层"按钮。
- 单击"默认"选项卡"图层"面板中的"图层特性"按钮。

2. 命令提示

执行该命令后,弹出"图层特性管理器"对话框,如图 2-6 所示。

3. 命令说明

- "过滤器"窗口:在该窗口中,默认显示"全部"下的"所有使用的图层",也可根据实际需求右击选择"新建组过滤器"或"新建特性过滤器"命令,在弹出的"图层过滤器特性"对话框(见图 2-7)中进行设置。在"过滤器定义"列表框中可以选择设置各种过滤条件,符合该条件过滤的结果将在"过滤器预览"列表框中显示;可右击选择"删除"命令删除以前建立的自定义过滤器条件;单击"确定"按钮返回"图层特性管理"对话框,这时自定义过滤器就设置好了。
- "反转过滤器"复选框:选中该复选框,显示与过滤条件相反的图层。
- "新建图层"按钮:单击该按钮,新建图层将以临时名称"图层 1"显示在列表中。此时,"图层1"处于可编辑状态,用户可以输入新的名称。

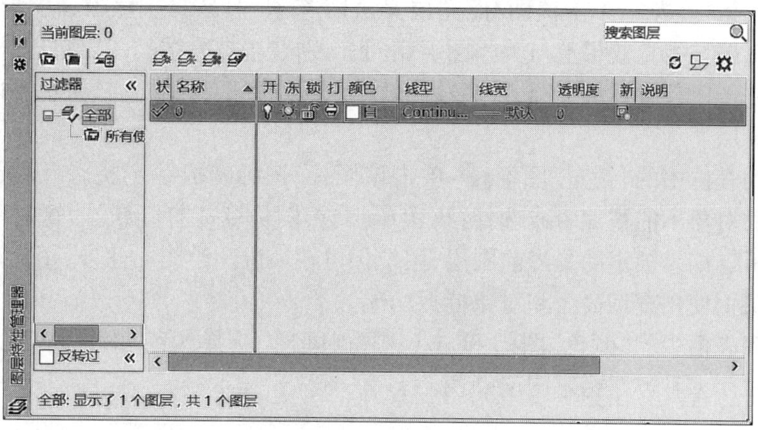

图 2-6 "图层特性管理器"对话框

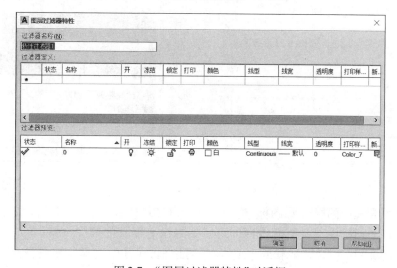

图 2-7 "图层过滤器特性"对话框

- 在所有视口中被冻结的新图层视口 ：创建新图层,然后在所有现有布局视口中将其冻结,可以单击"模型"和"布局"按钮访问此视口。
- "当前"按钮 ：选择一个图层,单击该按钮,即可将其设置为当前图层。绘图操作总是在当前图层上进行的,将某个图层设置为当前图层后,便可在其中进行各种编辑操作。
- "删除"按钮 ：删除所选择的图层。
- 图层列表框中的"灯泡"图标 ：该图标可以控制图层的显示状态,单击"灯泡"图标,图标将由黄转蓝,这时相应图层就被关闭了;再次单击该图标,又能使它由蓝转黄,相应的图层又被打开了。关闭图层是使一个图层由可见变为不可见的过程,关闭的图层与图形一起重生成,但不能被显示或打印。关闭图层可以减少图形各层之间的相互干扰。如果关闭当前层,AutoCAD 会显示出图 2-8 所示的警告提示对话框再次确认是否关闭当前图层。

- 图层列表框中的"太阳"图标：单击该图标,会使其由黄变蓝,这时图层被冻结了,图标变为"雪花",单击该图标,图层又被解冻了,但是要注意当前图层不能被冻结。冻结图层在视觉效果上与关闭图层相同,区别在于被冻结的图层将不被重生成,使用该功能可以节省系统资源,提高绘图效率。用户不能冻结当前层,也不能将冻结层改为当前层。
- 图层列表框中的"锁定"图标：单击该图标,图标变成锁定状态,图层被锁定了,图层上的对象不能被编辑或选择;再次单击它,图标变成打开状态,这时图层又可以被编辑了。如果锁定的是当前图层,用户仍可在该层上绘图。此外,用户还可以在锁定的图层上使用查询命令和对象捕捉功能。
- 图层列表框中的"颜色"图标：单击该图标,弹出"选择颜色"对话框(见图 2-9),在其中可以用多种方法指定图层颜色。

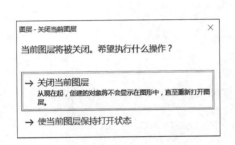

图 2-8　警告提示

图 2-9　"选择颜色"对话框

- 图层列表框中的"线型"图标：单击该图标,弹出图 2-10 所示的"选择线型"对话框,用户从该对话框中选择所需线型即可。如果没有需要的线型,可以单击"加载"按钮,弹出图 2-11 所示的"加载或重载线型"对话框,在其中选择所需线型,单击"确定"按钮,加载其他线型。

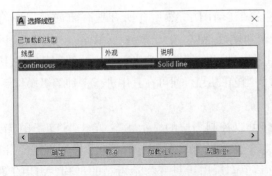

图 2-10　"选择线型"对话框

图 2-11　"加载或重载线型"对话框

- 图层列表框中的"线宽"图标：单击某一图层的该图标,弹出图 2-12 所示的"线宽"对话框,用户可从中选择所需线宽,单击"确定"按钮即可。

- "图层状态管理器"按钮：单击该按钮，弹出图 2-13 所示的"图层状态管理器"对话框。"图层状态"列表栏中列出了当前图层已保存下来的图层状态名称；单击"恢复"按钮将选中的图层状态恢复到当前图形中，只有那些在保存时已选中的特性和状态才能恢复；单击"输入"按钮，弹出"输入图层状态"对话框，如图 2-14 所示，用户可以将外部图层输入到当前图形文件中；单击"输出"按钮，用户可以将当前图形已保存下来的图层状态输出到一个 LAS 文件中。
- "要保存的新图层状态"对话框：单击"新建"按钮，弹出图 2-15 所示的"要保存的新图层状态"对话框，在"新图层状态名"文本框中输入图层状态的名称，如 aa，在"说明"文本框中输入相应的注释，单击"确定"按钮即可。

图 2-12 "线宽"对话框

图 2-13 "图层状态管理器"对话框

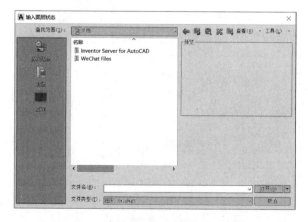

图 2-14 "输入图层状态"对话框

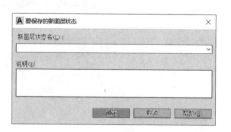

图 2-15 "要保存的新图层状态"对话框

2.3.2 有效使用图层

绘制复杂图形时，用户常常需要从一个图层切换到另一个图层，频繁地改变图层状态或是将某些对象移到其他层上，这些操作可以通过"图层特性管理器"对话框实现。除此之外，可以使用"图层"工具栏中图层控制下拉列表实现，如图 2-16 所示。

图层控制下拉列表框中包含以下三项功能：

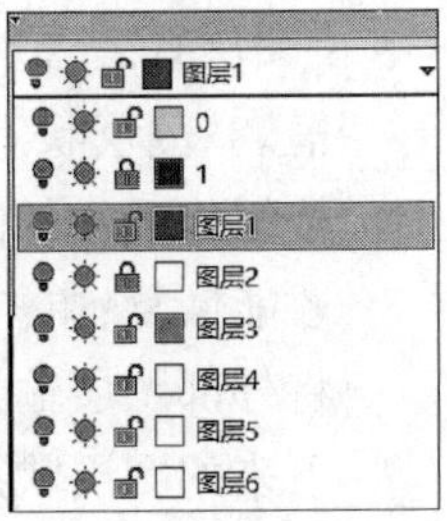

1. 切换当前图层

在该下拉列表框中选择需要设置为当前图层的图层即可。

2. 设置图层状态

可以通过单击图层上的"显示""冻结""锁定"图标设置图层状态。

3. 修改已有对象所在的图层

选中需要修改图层的对象，单击对象需放置的新图层即可。

图层控制下拉列表有三种显示模式：如果用户没有选择任何图形对象，则该下拉列表框显示当前图层；若选择了一个或多个对象，而这些对象又同属一个图层，则该下拉列表显示该图层；若选择了多个对象，而这些对象不属于同一图层时，则该下拉列表是空白的。

图 2-16 图层控制下拉列表

2.3.3 图层转换器

利用图层转换器可以修改当前图形中的图层标准，使之和另一图形中的图层或 CAD 标准匹配。用户还可使用图层转换器控制某些图层的可见性以及从图形中删除所有没使用的图层。

1. 执行"图层转换器"命令

- 选择"工具"→"CAD 标准"→"图层转换器"命令。
- 单击"图层"面板中的 按钮。
- 在命令行中输入 LAYTRANS 命令。

2. 命令提示

执行该命令后，弹出图 2-17 所示的"图层转换器"对话框。

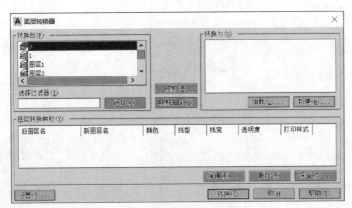

图 2-17 "图层转换器"对话框

如果要与其他图形交换数据，可以单击"加载"按钮，弹出"选择图形文件"对话框，在其中选择加载的图形文件，单击"打开"按钮，则加载图形文件后的"图层转换器"对话框如图 2-18 所示。

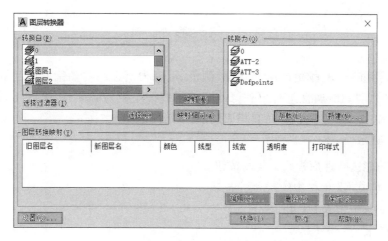

图 2-18 加载图形文件后的"图层转换器"对话框

3. 命令说明

- "转换自"列表框：该列表框列出了当前图形中的图层，用户可以在该列表框中选择想要转换的图层。其中，图层名前面标志块的颜色指示该图层是否被引用（黑色表示已被引用，白色表示未被引用，即该图层为空）。对于未被引用的图层，可右击该列表区，在弹出的快捷菜单中选择"清理图层"命令删除。
- "选择过滤器"文本框：用于设置"转换自"列表中显示哪些图层，此时可以使用通配符。设置选择过滤器后，单击"选择"按钮，将选择已使用"选择过滤器"指定的图层。
- "转换为"列表框：该列表框列出了转换成图层时的目标图层。其中，单击"加载"按钮，可将一个指定图形、样板文件或标准文件的图层装载到"转换为"列表框中；单击"新建"按钮，可在"转换为"列表框中创建一个新图层。
- "映射"按钮：映射"转换自"与"转换为"列表框中选择的图层，其映射关系将被增加到下面的"图层转换映射"列表框中。
- "映射相同"按钮：映射两个列表中所有名称相同的图层，并将其映射关系增加到下面的"图层转换映射"列表框中。
- "图层转换映射"列表框：该列表框列出了前面设置的图层映射关系，如图 2-19 所示。此外，一旦创建了图层转换映射，其下的"编辑""删除""保存"按钮将变为有效，单击这些按钮可以编辑、删除选定的图层转换映射，或者保存创建的图层映射转换。
- "转换"按钮：单击该按钮将开始对建立映射的图层进行转换。

图 2-19 "图层转换映射"列表框

2.4 对象特性

通过设置当前线型、颜色或层的线型、颜色,可以为所选的对象指定颜色和线型。但有时还需要对个别对象的属性进行单独修改。如果修改个别对象属性,那么可以选中要修改的对象,然后在"对象"工具栏中对其相应属性加以修改。

1. 执行"特性"命令
- 单击功能区特性面板右下角的按钮。
- 单击"格式"菜单栏中的"特性"按钮。
- 在命令行中输入 PROPERTIES 命令。

2. 命令提示

执行该命令后,弹出图 2-20 所示的"特性"窗口。用户可以通过该窗口对所选对象进行所需的修改。

3. 命令说明
- "快速选择"按钮 :单击该按钮,弹出图 2-21 所示的"快速选择"对话框,用户可通过该对话框快速创建供编辑用的选择集。

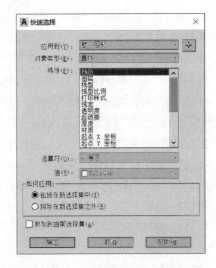

图 2-20 "特性"窗口　　　　图 2-21 "快速选择"对话框

- "选择对象"按钮:单击该按钮,光标切换到绘图窗口,并变为选择对象的小方框,用户可以选择需修改属性的对象。
- "切换 PICKADD 系统变量值"按钮:该按钮用于修改 PICKADD 系统变量的值,即切换到"特性"窗口中,设置是否可以选择多个对象进行编辑。

打开"特性"窗口,在没有对象被选中时,窗口显示整个图纸的特性;选择单个对象,窗口内列出该对象的全部特性;选择同一类型多个对象,窗口内列出这些对象的共有特性;选择不同类型的多个对象,窗口内只列出这些对象的基本特性。打开"特性"窗口后,用户仍可执行系统命令,即"特性"窗口与工具栏类似,其窗口大小和位置可以随意改变,也可锁定在绘图窗口中,如图 2-22 所示。

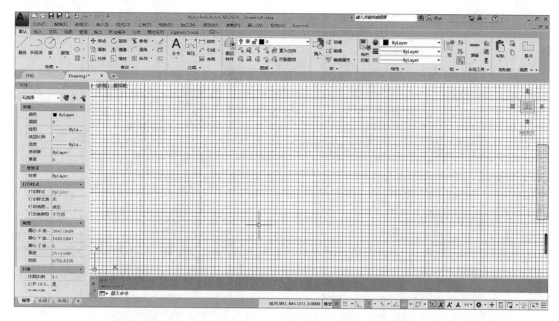

图 2-22 "特性"窗口的锁定

可将图 2-23(a)所示图形通过修改对象属性改成图 2-23(b)所示样式。

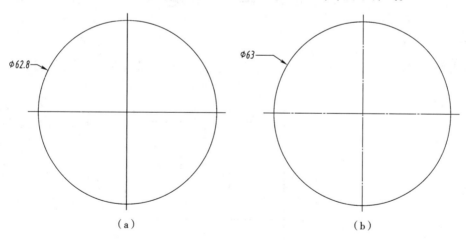

图 2-23 修改特性前后的图形

① 绘制完图 2-23(a)后,选择需修改属性的对象,首先选中尺寸标注文本,通过双击或上述介绍的方法打开"特性"窗口,需要更改的是"文字"部分的文字高度及测量单位,如图 2-24 所示。将文字高度改为 7,在"文字替代"文本框中输入需要替代的文字%%c63。关闭"特性"窗口,尺寸标注部分修改完毕。

② 选中圆的两条中心线,打开"特性"窗口,需要修改的是中心线的线型,所以单击"线

型"选项,在其右侧显示出可选择线型的下拉列表框,从中选择所需要的线型,如图2-25所示,关闭"特性"窗口即可。

图2-24 修改文字部分

图2-25 修改线型

2.5 实例练习

练习一

将外轮廓线层设置为红色,标注线层设置为蓝色,中心线层设置为黄色(见图2-26)。

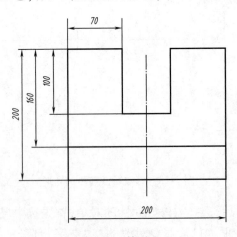

图2-26 练习一

练习二

将外轮廓线层设置为蓝色,标注线层设置为红色,中心线层设置为黄色(见图2-27)。

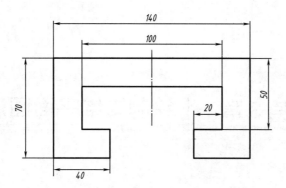

图 2-27 练习二

第 3 章 绘制二维平面图形

3.1 调用、撤销和重复命令

3.1.1 调用命令

AutoCAD 2020 为了满足不同用户的需要,体现操作的灵活性、方便性,通常可用多种方法实现相同的功能。通常使用下拉菜单、功能区面板和命令行三种方法激活 AutoCAD 命令。

1. 下拉菜单

AutoCAD 的下拉菜单中包含了绝大部分系统命令,几乎所有命令操作都可通过下拉菜单完成。例如,用户可以使用"绘图"和"修改"下拉菜单绘制和编辑基本二维图形。图 3-1 所示的"绘图"子菜单包括了 AutoCAD 的大部分绘图功能,图 3-2 所示的"修改"子菜单包括了 AutoCAD 的大部分编辑功能。

图 3-1 "绘图"子菜单

图 3-2 "修改"子菜单

2. 功能区面板

功能区面板中的每个按钮对应相应的绘图命令,单击按钮相当于调用相应的绘图命令。

将鼠标指针停留在按钮上,就会弹出该按钮的名称及使用方法,如图3-3所示。

3. 命令行

在命令行中的"命令:"字样后,输入相应的命令,按【Enter】键,根据提示行的提示信息进行绘图操作。这种方法在熟练掌握了AutoCAD的命令及其选项的具体功能后,应用时比其他方法快捷且准确性高。

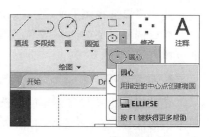

图3-3 绘图面板"椭圆"按钮

无论以哪种方法启动命令,命令提示都以同样的方式运作。AutoCAD在命令行中显示提示或显示一个对话框。命令提示的格式如下:

当前指令或[选项]〈当前值〉:

当前指令可通过选择、输入、指定等方式表达需要执行的命令。

方括号"[ ]"中以"/"隔开的内容表示各种选项。如果要选择选项,可在命令行中输入圆括号中的字母(输入时大、小写均可)。如果选项以数字开头,例如CIRCLE命令的选项3P,则输入数字和大写字母3P。

尖括号"〈 〉"中的内容是当前默认值。

3.1.2 撤销和重复命令

执行某个命令后,可随时按【Esc】键终止该命令,也可右击并在弹出的快捷菜单中选择"取消"命令。

在重复使用某个命令时,直接按【Enter】键则重复刚使用过的命令,也可右击并在弹出的快捷菜单中选择"重复"命令。

3.1.3 取消已执行的操作

在绘图过程中,当出现误操作而需要取消时,可使用快速访问工具栏中的"撤销"按钮 或使用UNDO命令实现。此方法可重复使用顺次取消多个操作。单击快速访问工具栏中的"恢复"按钮 或使用REDO命令可恢复最后一次取消的操作。OOPS命令可以恢复最后一个被擦除命令(Erase)所删除的实体。

3.1.4 选择图形对象

选择图形对象的常用方法有以下几种:

1. 鼠标拾取

该方法适用于所选对象较少且分散的情况。鼠标左键称为拾取键,即将鼠标移动到所选对象上后单击,该对象即被选中,继续移动鼠标可连续选择多个对象,对这多个对象可同时进行操作。想要反向选择,可以在按住【Shift】键的同时用鼠标拾取相应对象。

能否同时选择多个对象由变量PICKADD控制,当变量PICKADD设置为0时,不允许同时选择多个对象;当变量PICKADD设置为1时,允许同时选择多个对象。

2. 窗口选择

窗口选择对象的方法是使用鼠标自左向右拖出一个矩形,将被选对象全部框在矩形框内。使用窗口选择图形时，在拖动出的矩形框中，只有完全被框住的图形才会被选中。

窗口选择对象的命令是 WINDOW[W]，在命令行窗口提示"选择对象："状况下输入 W，即可执行该命令。

3. 交叉选择

交叉选择的操作方法与窗口选择的操作方法正好相反，它是使用鼠标自右向左拖动出一个矩形框，在拖动出的矩形框内的图形对象以及与矩形边线相接触的图形对象全部被选中。

交叉选择对象的命令是 CROSSING[C]，在命令行窗口提示"选择对象："状况下输入 C，即可执行该命令。

4. 栏选

栏选是指在编辑图形的过程中，在命令行窗口提示"选择对象："状况下输入 F 并确定，然后单击绘制任意折线，与这些折线相交的对象都被选中。在绘制图形的过程中，栏选功能在"修剪"命令和"延伸"命令的操作中非常实用。

5. 移除选择

如果要在已选中的对象中取消对某个对象的选择，可在命令行窗口提示"选择对象："状况下输入 R，并在绘图区中单击想要取消选择的对象。

6. 添加选择

添加选择是 AutoCAD 的默认方式，其作用与移除选择完全相反，如果已选择了移除方式，要在已选中的对象中再增加对某个对象的选择，可在命令行窗口提示"删除对象："状况下输入 A，并在绘图区中单击想要增加选择的对象。

3.2 绘制直线

3.2.1 绘制直线 LINE 命令

利用 LINE 命令可在二维或三维空间中绘制直线，执行命令后，AutoCAD 将在绘图区域内任意两个可选点之间绘制一条线。这些点既可以通过在屏幕上单击指定，也可以通过在命令窗口输入每个点的 x 坐标和 y 坐标指定，或者在命令行输入距离和角度值指定。在绘制完第一条线段之后，用户可以结束绘图命令，也可以继续绘制另外一条线段。这样生成的连续折线中的每一条直线都是独立对象，可以对每条直线单独进行编辑操作。

1. 执行"直线"命令

- 功能区："默认"选项卡→"绘图"面板→"直线"按钮╱。
- 菜单栏："绘图"→"直线"命令。
- 工具栏："绘图"工具栏中的"直线"按钮╱。
- 命令行：LINE[L]。

2. 命令提示

指定第一点：

在该提示下,拾取点 A,如图 3-4 所示,AutoCAD 提示:

指定下一点或[放弃(U)]:

在该提示下,拾取点 B,AutoCAD 提示:

指定下一点或[放弃(U)]:

在该提示下,拾取点 C,AutoCAD 提示:

指定下一点或[闭合(C)/放弃(U)]:

在该提示下,输入字母 C 使折线闭合,按【Enter】键结束。

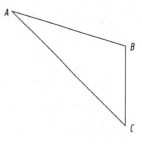

图 3-4 绘制直线

3. 命令说明

- 指定第一点:在此提示下,用户需指定直线起始点,若此时按【Enter】键,AutoCAD 将以上一次所画线段或圆弧的终点作为新直线的起点,如果绘图区没有线段或圆弧,AutoCAD 将出现提示"没有直线或圆弧可连续",并退出直线命令。
- 指定下一点:在此提示下,输入直线的端点。AutoCAD 继续提示"指定下一点或[放弃(U)]",用户可输入下一个端点,此时若按【Enter】键,命令结束。
- 放弃(U):输入字母 U 将删除上一条直线,输入 N 次 U 将删除上 N 条直线。
- 闭合(C):在此提示下,输入字母 C 所画折线将自动闭合。

3.2.2 利用点坐标画图

1. 利用绝对坐标绘制图 3-5 所示图形

操作步骤如下:

启动直线命令,系统提示:

指定第一点:	20,20
指定第二点或[放弃(U)]	50,20 (放弃(U):放弃上一步的操作)
指定第三点或[放弃(U)]	50,60
指定第二点或[放弃(U)]	20,20 (此步也可通过在对象捕捉中设置捕捉端点实现)

2. 利用相对坐标绘制图 3-6 所示图形

操作步骤如下:

启动直线命令,系统提示:

指定第一点:	20,20	
指定第二点或[放弃(U)]	@ 30,0	(放弃(U):放弃上一步的操作)
指定第二点或[放弃(U)]	@ 0,40	
指定第二点或[放弃(U)]	@ -30,-40	(此步也可通过闭合实现)

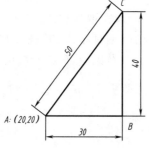

图 3-5 利用绝对坐标绘图

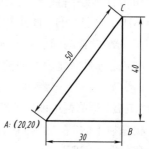

图 3-6 利用相对坐标绘图

3. 利用相对极坐标绘制图 3-7 所示图形

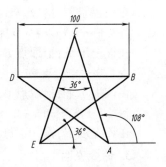

图 3-7 利用相对极坐标绘图

操作步骤如下：

① 启动"直线"命令。

② 在"指定第一点："命令行输入 A 点坐标值(0,0)。

③ 依次在命令行的"指定下一点或[放弃(U)]"提示下输入其他点坐标：

C(@ 100 <108)　E(@ 100 < -108)或(@ 100 <252)　B(@ 100 <36)　D(@ 100 <108)

④ 在命令行的"指定下一点或[闭合(C)/放弃(U)]："提示下输入 C，然后按【Enter】键。五角星绘制完成。

其他选项的含义如下：

- "闭合(C)"选项：表示以第一条线段的起点作为最后一条线段的终点，形成一个封闭的直线段环。
- "放弃(U)"选项：表示删除直线序列中最近一次绘制的线段，多次选择该选项，将按照绘制次序的逆序逐个删除线段。例如，在绘制直线过程中，可能绘出的直线不符合要求，即可在命令行输入 U 后按【Enter】键，来放弃刚才所画的最后一条直线。

3.2.3 利用栅格和捕捉画图

绘制初始对象时，用户使用光标定位点很难准确指定某个位置，总会存在或多或少的误差。例如，把直线的起点定位在已知两条直线的交点上，在实际操作时，光标总是定位不到交点上，常常看起来准确，当放大看时，会发现有所偏移。因此，AutoCAD 提供了栅格、捕捉等辅助绘图工具。

1. 显示栅格

栅格是 AutoCAD 在绘图区显示的一系列点阵，栅格所起的作用就像坐标纸，给用户提供直观的距离和位置参照，用户可以方便地通过捕捉功能捕捉设置好的点坐标，从而大大提高绘图效率。如图 3-8 所示，已知直线 B 与直线 A 的间距为一个栅格，直线 C 与直线 B 的间距为两个栅格。当启用栅格捕捉后，可以很方便地绘出直线 A、B 和 C。

图 3-8 利用栅格画线

在 AutoCAD 中，用户可以通过单击状态栏中的"栅格"按钮或按【F7】键，打开或关闭栅格显示，它以上一次设置的间隔打开栅格。利用"草图设置"对话框中的"捕捉和栅格"选项卡可进行栅格捕捉与栅格显示方面的设置，如图 3-9 所示。"草图设置"对话框的打开方法有以下几种：

- 选择"工具"菜单栏中的"草图设置"命令。
- 右击状态栏上的"栅格"按钮，选择"设置"命令。
- 在命令行输入 GRID 命令。

"草图设置"对话框中主要选项的功能如下:
(1)"启用捕捉"复选框

它可用于确定是否启用栅格捕捉功能。绘图过程中,可以直接通过按【F9】键或单击状态栏上的"捕捉"按钮实现栅格捕捉功能的启用与取消。

选中"启用捕捉"复选框后,单击"确定"按钮。此时在绘图区绘图时,光标只能停留在设置好的 x 轴和 y 轴方向的间距点上。捕捉 x 轴和 y 轴间距的默认值均为 10,所以此时在绘图区绘图光标是以 10 为单位移动的。

(2)"捕捉间距"选项组

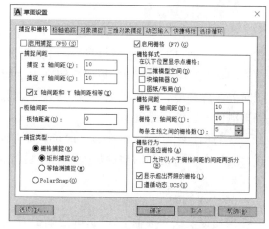

图 3-9 "草图设置"对话框

"捕捉间距"选项组中的"捕捉 X 轴间距""捕捉 Y 轴间距"两个文本框分别用来设置捕捉栅格在 x、y 方向上的间距。如果要使捕捉栅格旋转一定角度,可通过"角度"编辑框确定旋转角度值,并通过"X 基点""Y 基点"文本框确定旋转基点。

(3)"启用栅格"复选框

用于确定是否启用栅格显示功能。绘图过程中,用户可以直接通过按【F7】键或单击状态栏中的"栅格"按钮实现栅格显示的启用与取消。

选中"启用栅格"复选框后,绘图区将出现默认间距的栅格,如图 3-10 所示。

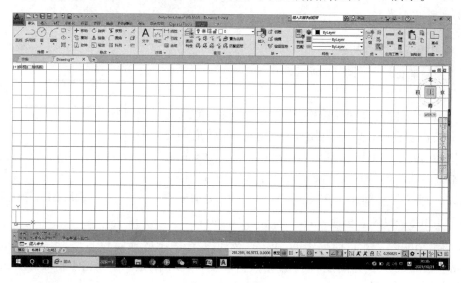

图 3-10 启用栅格

(4)"栅格间距"选项组

"栅格间距"选项组中的"栅格 X 轴间距""栅格 Y 轴间距"文本框分别用来设置显示的栅格点在 x、y 方向上的间距。如果选中"X 轴间距和 Y 轴间距相等"复选框,表示与捕捉栅格的间距相同,反之,可设置不同间距。

(5)"捕捉类型"选项组

该选项组用于设置捕捉模式。其中"栅格捕捉"单选按钮将捕捉模式设置成栅格捕捉模式。此时可通过"矩形捕捉"单选按钮将捕捉模式设置为标准矩形捕捉,即光标沿水平或垂直方向捕捉;"等轴测捕捉"单选按钮则表示捕捉模式为等轴测模式,此模式是绘制正等轴测图时的工作环境,在"等轴测捕捉"模式下,栅格和光标十字线已不再互相垂直,而是呈绘制等轴测图时的特定角度。

在"捕捉类型"选项组中,PolarSnap(极轴追踪)单选按钮用于将捕捉模式设置成极轴模式,在该模式下,光标的捕捉从极轴追踪起始点沿着在"极轴追踪"选项卡中设置的角增量方向捕捉。

(6)"极轴间距"选项组

当捕捉模式为极轴形式时,确定捕捉时光标移动的距离增量。用户可直接通过"极轴距离"文本框进行设置。

(7)"栅格行为"选项组

"自适应栅格"缩小时限制栅格密度。选中"允许以小于栅格间距的间距再拆分"复选框,放大时生成更多间距更小的栅格线。选中"显示超出界限的栅格"复选框,可显示超出 MILITS 命令区域指定的栅格。选中"遵循动态"复选框,可更改栅格平面以跟随动态 UCS 的 xy 平面。

> **注 意**
> 设置栅格时,栅格间距不要太小,否则将导致图形模糊,甚至无法显示栅格。栅格设置纵横比可以不是1:1。

2. 利用栅格捕捉绘制线

利用栅格捕捉绘制图 3-11 所示图形。

操作步骤如下:

① 右击状态栏上的"栅格"按钮,选择"设置"命令,打开"草图设置"对话框,选中"启用捕捉"复选框及"启用栅格"复选框。由图 3-11 可以看出,每条线两端点的 x 轴方向及 y 轴方向间距均为 10 的倍数,从"草图设置"对话框中可看出,在"捕捉 X 轴间距"和"捕捉 Y 轴间距"文本框中默认值即为 10,所以不必更改,单击"确定"按钮即可。

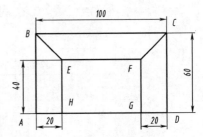

图 3-11 利用栅格捕捉绘制图

② 单击功能区"绘图"面板中的"直线"按钮,在绘图区任意位置拾取点 A,向上间距 6 个栅格点拾取点 B,向右间距 10 个栅格点拾取点 C,向下间距 6 个栅格点拾取点 D,输入字母 C,使线闭合,如图 3-12 所示。

③ 单击功能区"绘图"面板中的"直线"按钮,拾取点 B,由图 3-11 可知,点 E 与点 B 的 x 轴方向及 y 轴方向间距均为 20,即均为 2 个栅格间距,所以向右、下方向均移动 2 个栅格后拾取点 E,由点 E 向右间隔 6 个栅格点拾取点 F,拾取点 C 后按【Enter】键。

④ 输入 LINE 命令,拾取点 E,向下间距 4 个栅格点拾取点 H,同理绘制直线 FG,完整图形如图 3-13 所示。

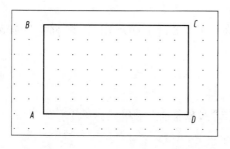
图 3-12 利用栅格捕捉绘制闭合线

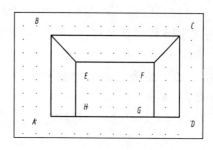
图 3-13 完整图形

3. 对象捕捉

利用对象捕捉，用户可以快速、准确地捕捉到一些特殊点，如捕捉端点、中点、平行线、圆心等。图 3-14 所示为"对象捕捉"工具栏。

启动"对象捕捉"的方法如下：

- 右击状态栏辅助绘图工具中的"对象捕捉"按钮。
- 在绘图区按住【Shift】键后右击，可弹出"对象捕捉"菜单（见图 3-15）。
- 右击状态栏辅助绘图工具中的"对象捕捉"按钮，选择"设置"命令。

4. 利用捕捉工具栏画线

图 3-16 所示的图中直线 BD 与 AC 平行，点 F 为直线 AH 的中点，下面利用捕捉工具栏绘制出该图。

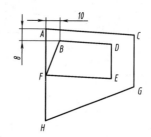

图 3-14 "对象捕捉"工具栏　图 3-15 "对象捕捉"菜单　图 3-16 利用捕捉工具栏绘制线

操作步骤如下：

（1）绘制外框四边形 ACGH

利用 LINE 命令在屏幕上适当位置拾取点 A、C、G、H 绘制出直线 AC、CG、GH。

在"指定下一点或[闭合(C)/放弃(U)]"提示下，输入字母 C 使线闭合，如图 3-17 所示。

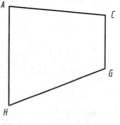
图 3-17 四边形 ACGH

(2) 在四边形 ACGH 基础上绘制四边形 BDEF

由图 3-16 可知点 B 对点 A 的相对坐标为(@10,-8),下面利用"对象捕捉"菜单中的"自"选项 确定点 B。

输入 LINE 命令,AutoCAD 提示:

指定第一点:

在该提示下,按住【Shift】键的同时右击,弹出"对象捕捉"菜单,选择"自"命令,AutoCAD 提示:

命令: line 指定第一点: from 基点:

在该提示下拾取点 A,即以点 A 作为基点。AutoCAD 提示:

命令: line 指定第一点: from 基点: <偏移>:@10,-8

在该提示下输入点 B 对点 A 的相对坐标(@10,-8)后按【Enter】键,AutoCAD 自动确定出点 B 的位置。AutoCAD 提示:

指定下一点或 [放弃(U)]:

在该提示下,利用"对象捕捉"工具栏中的"平行"选项 确定直线 AC 的平行线 BD。单击"平行"按钮 ,然后将鼠标指针移到直线 AC 上,此时在直线 AC 上出现平行线标记,继续向下移动鼠标出现图 3-18 所示的提示后,拾取点 D。

同理拾取点 E,此时 AutoCAD 提示:

指定下一点或 [闭合(C)/放弃(U)]:

在此提示下,利用"对象捕捉"工具栏中的"中点"选项 ,确定点 F,将光标移动到直线 AH 上,此时出现图 3-19 所示提示,单击即可确定点 F。此时 AutoCAD 提示:

指定下一点或 [闭合(C)/放弃(U)]:

在该提示下输入字母 C 使直线闭合,至此图形绘制完毕。

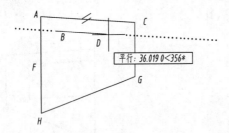
图 3-18　绘制直线 BD

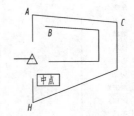
图 3-19　拾取直线中点

在本例中用到了"对象捕捉"工具栏中的四个选项,其他命令的功能如下:

- "交点" :捕捉几何对象间真实的或延伸的交点。
- "外观交点" :在二维空间中与"交点"选项功能相同。
- "范围" :使光标从几何对象端点开始移动,此时系统沿该对象显示出捕捉辅助点的相对极坐标,输入捕捉距离后,AutoCAD 定位一个新点。如图 3-20 所示,已知连续直线 ABCD,在此基础上绘制直线 AE。
- "垂足" :捕捉垂足。
- "节点" :捕捉到点对象。

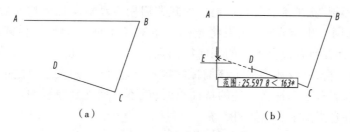

图 3-20 捕捉延长线上的点

- "最近点":捕捉距离光标最近的几何对象上的点。
- "圆心":捕捉圆、圆弧、椭圆的中心。
- "象限点":捕捉圆、圆弧、椭圆的 0°、90°、180°、270°处的点。
- "切点":在绘制相切的几何关系时,该捕捉方式可以捕捉切点。

5. 自动对象捕捉

在绘制图形的过程中,使用对象捕捉的频率非常高,如果在每捕捉一个对象特征点时都要先选择捕捉模式,工作效率将会大大降低。AutoCAD 提供了一种自动对象捕捉模式。可通过单击状态栏上的"对象捕捉"按钮或按【F3】键的方式切换自动捕捉的启用与否。具体设置方法如下:

右击状态栏上的"对象捕捉"按钮,在弹出的快捷菜单中选择"设置"命令,弹出"草图设置"对话框,选择"对象捕捉"选项卡,如图 3-21 所示。

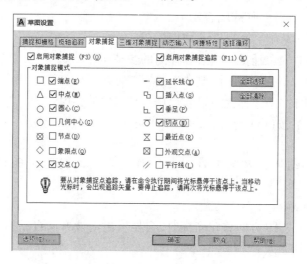

图 3-21 "对象捕捉"选项卡

各选项功能如下:
(1)"启用对象捕捉"复选框
用来确定是否启用自动捕捉功能。选中复选框启用,否则不启用。
(2)"启用对象捕捉追踪"复选框
用来确定是否启用对象捕捉追踪功能。

利用"对象捕捉"选项卡设置默认捕捉模式并启用自动对象捕捉功能后,绘图过程中每当 AutoCAD 提示用户确定点时,如果将光标位于对象上或自动捕捉模式对应的点附近,AutoCAD 会自动捕捉所有符合条件的几何特征点,并显示出相应的标记。如果把光标放在捕捉点上多停留一会,系统还会显示该捕捉的提示。这样,用户在选点之前,可以预览和确认捕捉点。因此,当有多个符合条件的特征点时,就不会捕捉到错误的点,这样就大大方便了用户的使用,并且提高了点捕捉的效率。

6. 利用自动捕捉画线

如图 3-22 所示,已知三角形 *ABC*,在此基础上绘制出图形 *BDEC*,要求直线 *DE* 和直线 *BC* 平行。

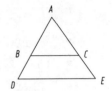

图 3-22 利用自动捕捉画线

操作步骤如下:

(1)利用 LINE 命令绘出三角形 *ABC*

输入 LINE 命令后按【Enter】键,AutoCAD 提示:

指定第一点:

在该提示下,在绘图区内任意位置拾取点 *A*,AutoCAD 提示:

指定下一点或 [放弃(U)]:

在该提示下拾取点 *B*,AutoCAD 提示:

指定下一点或 [放弃(U)]:

在该提示下拾取点 *C*,AutoCAD 提示:

指定下一点或 [闭合(C)/放弃(U)]:

在该提示下输入字母 C 使线闭合。

(2)在图形 *ABCA* 基础上绘制直线 *BD* 和 *EC*

右击状态栏上的"对象捕捉"按钮,在弹出的快捷菜单中选择"设置"命令,弹出"草图设置"对话框,显示"对象捕捉"选项卡,选中"端点""交点""延伸""平行"复选框,单击"确定"按钮。单击状态栏上的"对象捕捉"按钮,启用自动对象捕捉模式。

输入 LINE 命令后按【Enter】键,AutoCAD 提示:

指定第一点:

此时,将光标移动到点 *B* 附近时,AutoCAD 会自动捕捉到点 *B*,然后单击。AutoCAD 提示:

指定下一点或 [放弃(U)]:

在该提示下沿直线 *AB* 方向移动光标时,会显示出沿该方向自动捕捉的矢量,并浮出一个标签,在该方向上拾取点 *D*(见图 3-23)。

AutoCAD 提示:

指定下一点或 [放弃(U)]:

在该提示下,将光标移动到直线 *BC* 上时,在直线 *BC* 上会出现平行捕捉符号,此时将光标沿直线 *AC* 方向向下移动,将显示出过点 *D* 且平行于直线 *BC* 的直线与直线 *AC* 的延长线的交点(见图 3-24),此时单击拾取点 *E*。

AutoCAD 提示:

指定下一点或 [闭合(C)/放弃(U)]:

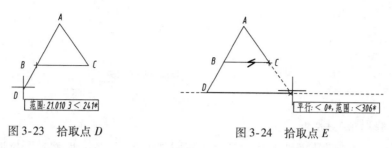

图 3-23　拾取点 *D*　　　　　图 3-24　拾取点 *E*

在该提示下,将光标移动到点 *C* 附近,系统自动捕捉到点 *C*,单击即可。

7. 极轴追踪

通过单击状态栏上的"极轴追踪"按钮或按【F10】键可切换极轴追踪的启用与否。

启用极轴追踪功能后,AutoCAD 命令提示指定下一点或第二点时,极轴追踪会显示由设置的极轴角度所定义的临时对齐路径,沿着该对齐路径将光标移到合适的位置单击,或者在保持该对齐路径不变的前提下直接输入目标点与对齐路径起点的直线距离,即可捕捉到对齐路径上的相应点位。

右击状态栏上的"极轴追踪"按钮,在弹出的快捷菜单中选择"设置"命令,弹出"草图设置"对话框,选择"极轴追踪"选项卡,如图 3-25 所示。

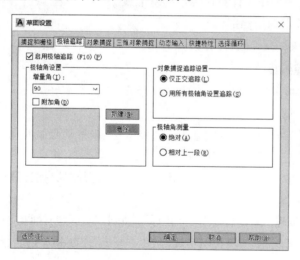

图 3-25　"极轴追踪"选项卡

各选项功能如下:

(1)"启用极轴追踪"复选框

用于打开或关闭极轴追踪。

(2)"增量角"下拉列表框

用户可通过该下拉列表框选择一个极轴追踪的角度增量。AutoCAD 提供了 90°、45°、30°、22.5°、18°、15°、10°、5°共八种追踪角度,其中 90°为默认值。例如,在下拉列表中选择 15°,单击"确定"按钮。此后,若用户打开极轴追踪画线,则光标将沿 0°、15°、30°、45°、60°、75°等方向进行追踪,在此方向上拾取点,AutoCAD 就在该方向上画线,如图 3-26 所示。

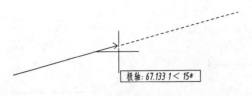

图 3-26 极轴追踪显示

(3)"附加角"复选框

该复选框用于设置极轴追踪时是否采用附加的角度追踪,也就是可以追踪除了极轴角的整数倍之外的角度。用户可以先选中"附加角"复选框,然后通过"新建"或者"删除"按钮增加或删除一个或多个任意角度的附加角。

(4)"仅正交追踪"单选按钮

选中该单选按钮后,AutoCAD 仅在水平和垂直方向上显示追踪数据。

(5)"用所有极轴角设置追踪"单选按钮

选中该单选按钮后,AutoCAD 在水平和垂直方向以及相应的极轴角度方向都显示追踪数据。

(6)"绝对"单选按钮

以当前坐标系的 x 轴作为计算极轴角的基准线。

(7)"相对上一段"单选按钮

以最后创建的对象为基准线计算极轴角度。

8. 利用极轴追踪画线

利用自动捕捉和极轴追踪画线,如图 3-27 所示。

操作步骤如下:

① 在"草图设置"对话框的"对象捕捉"选项卡中,设置对象捕捉方式为"端点""交点"。在"极轴追踪"选项卡中设置"增量角"为 15°。

② 单击状态栏中的"对象捕捉""极轴追踪"按钮,打开对象捕捉和极轴追踪功能。

③ 输入 LINE 命令,画直线 AB。

④ 按【Enter】键或输入 LINE 命令,将光标移动到点 A 附近,捕捉到点 A 后,将鼠标向上移动,移动过程中每增加 15°系统将出现提示,当系统提示为 45°时(见图 3-28),沿该方向拾取点 C。

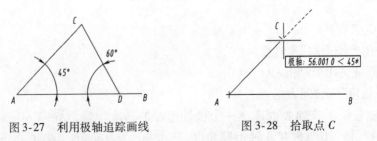

图 3-27 利用极轴追踪画线   图 3-28 拾取点 C

⑤ 向下移动鼠标,当出现图 3-29 所示提示时,再沿该方向向直线 AB 移动光标,将出现图 3-30 所示提示,此时拾取点 D。

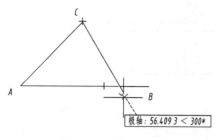
图 3-29 极轴追踪

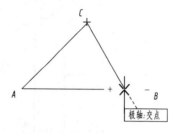
图 3-30 拾取点 D

3.2.4 利用正交模式辅助画线

正交模式,即只能绘制水平或垂直的直线。用户可以通过单击状态栏中的"正交模式"按钮或按【F8】键,打开或关闭正交模式。如果打开正交模式,光标将被限制沿水平或垂直方向的移动。因此,正交模式和极轴追踪模式不能同时打开。若打开了正交模式,极轴追踪模式将被自动关闭;反之,若打开了极轴追踪模式,正交模式将被关闭。

下面利用正交模式绘制图 3-31 所示图形。绘图步骤如下:

① 单击状态栏上的"正交模式"按钮,打开正交模式。

② 执行 LINE 命令,AutoCAD 提示:

指定第一点:

在该提示下,拾取点 B,AutoCAD 提示:

指定下一点或 [放弃(U)]: 60

向右移动光标,此时光标被锁定只能沿上、下、左、右四个方向移动,输入直线 BC 的长度 60 后按【Enter】键,AutoCAD 提示:

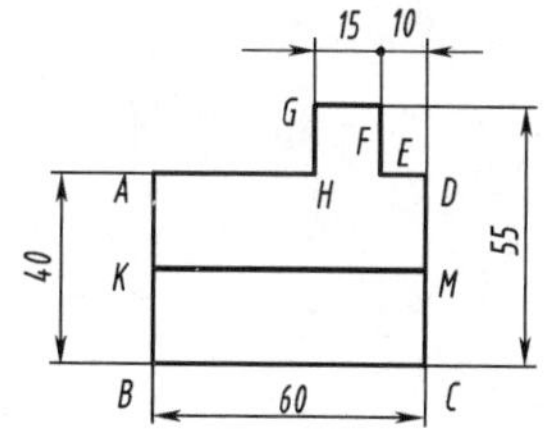

图 3-31 利用正交模式绘图

指定下一点或 [放弃(U)]: 40

在该提示下,向上移动光标,输入直线 CD 的长度 40 后按【Enter】键,AutoCAD 提示:

指定下一点或 [闭合(C)/放弃(U)]:

同理绘制出直线 DE、EF、FG、GH、HA 后,AutoCAD 提示:

指定下一点或 [闭合(C)/放弃(U)]: C

在该提示下输入字母 C,使线闭合。

在"草图设置"对话框中设置"对象捕捉"方式为"中点",单击状态栏中的"对象捕捉"按钮,启用对象捕捉模式。

在命令窗口中输入命令 LINE 后按【Enter】键,AutoCAD 提示:

指定第一点:

在该提示下,移动光标到直线 AB 上,系统会自动捕捉到直线 AB 的中点 K,单击拾取该点,移动光标到直线 DC 上,系统会自动捕捉到直线 DC 上的中点 M,单击拾取该点,即可绘出直线 KM。

3.2.5 绘制实例

实例如图 3-32 所示,绘制此视图可使用户练习并掌握 LINE 命令的用法,学会如何输入点的坐标、如何利用极轴追踪、对象捕捉等工具。

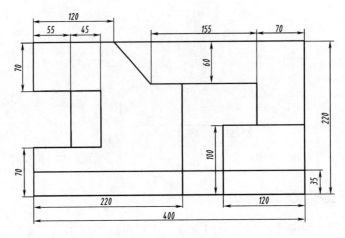

图 3-32　综合绘图

绘图步骤如下：

① 利用正交模式绘制多边形外框 ABCDHEFGA，如图 3-33 所示。

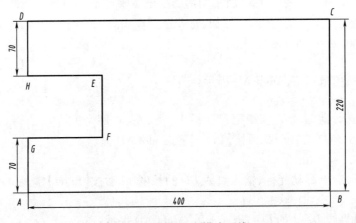

图 3-33　利用正交模式画线

打开正交模式，使用 LINE 命令，通过输入线段长度绘制直线 AB、BC、CD、DH、HE、EF、FG 和 GA。

```
命令:line
指定第一点:                                        (拾取点 A)
指定下一点或 [放弃(U)]: 400                         (画直线 AB)
指定下一点或 [放弃(U)]: 220                         (画直线 BC)
指定下一点或 [闭合(C)/放弃(U)]: 400                 (画直线 CD)
指定下一点或 [闭合(C)/放弃(U)]: 70                  (画直线 DH)
指定下一点或 [闭合(C)/放弃(U)]: 100                 (画直线 HE)
指定下一点或 [闭合(C)/放弃(U)]: 80                  (画直线 EF)
指定下一点或 [闭合(C)/放弃(U)]: 100                 (画直线 FG)
指定下一点或 [闭合(C)/放弃(U)]:C                    (闭合直线)
```

② 在图 3-33 所示图形的基础上绘制直线 AB、CD、EF、GH 和 HM，如图 3-34 所示。

弹出"对象捕捉"工具栏。

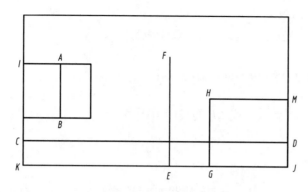

图 3-34　利用捕捉模式画线

命令：line
指定第一点：
在该提示下,选择"对象捕捉"菜单中的"临时追踪点"命令 ,AutoCAD 提示：
tt 指定临时对象追踪点：
拾取点 *I* 后,移动光标向右追踪,AutoCAD 提示：
指定第一点：55
输入点 *A* 到点 *I* 距离 55,AutoCAD 提示：
指定下一点或 [放弃(U)]：
在该提示下选择"对象捕捉"菜单中的"垂足"命令 ,AutoCAD 提示：
per 到
移动光标向下追踪,系统会自动捕捉到点 *B*,拾取点 *B* 即可。
直线 *CD* 的绘制方法与直线 *AB* 的绘制方法基本一致。

命令：line
指定第一点：
在该提示下,选择"对象捕捉"菜单中的"临时追踪点"命令 ,AutoCAD 提示：
tt 指定临时对象追踪点：
拾取点 *K* 后,移动光标向上追踪,AutoCAD 提示：
指定第一点：35
输入点 *C* 到点 *K* 距离 35,AutoCAD 提示：
指定下一点或 [放弃(U)]：
在该提示下选择"对象捕捉"菜单中的"垂足"命令 ,AutoCAD 提示：
per 到
移动光标向右追踪,系统会自动捕捉到点 *D*,拾取点 *D* 即可。
绘制直线 *EF*。

命令：line
指定第一点：
在该提示下,选择"对象捕捉"菜单中的"临时追踪点"命令 ,AutoCAD 提示：

tt 指定临时对象追踪点:

拾取点 K 后,移动光标向右追踪,AutoCAD 提示:

指定第一点:220

输入点 E 到点 K 距离 220,AutoCAD 提示:

指定下一点或 [放弃(U)]:160

移动光标向上追踪,输入直线 EF 的长度 160。

绘制直线 GHM。

命令:line
指定第一点:

在该提示下,选择"对象捕捉"菜单中的"临时追踪点"命令 ,AutoCAD 提示:

tt 指定临时对象追踪点:

拾取点 J 后,移动光标向左追踪,AutoCAD 提示:

指定第一点:120

输入点 G 到点 J 距离 120,AutoCAD 提示:

指定下一点或 [放弃(U)]:100

移动光标向上追踪,输入直线 GH 的长度 100,AutoCAD 提示:

指定下一点或 [放弃(U)]:

在该提示下选择"对象捕捉"菜单中的"垂足"命令 ,AutoCAD 提示:

per 到

移动光标向右追踪,系统会自动捕捉到点 M,拾取点 M 即可。

③ 绘制剩余线条,如图 3-35 所示。

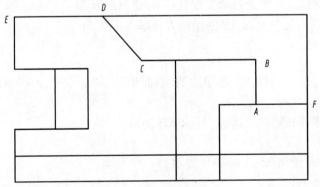

图 3-35 绘制折线 ABCD

启用绘制直线命令,AutoCAD 提示:

指定第一点:

在该提示下,选择"对象捕捉"菜单中的"临时追踪点"命令 ,AutoCAD 提示:

tt 指定临时对象追踪点:

拾取点 F 后,移动光标向左追踪,AutoCAD 提示:

指定第一点:

指定下一点或 [放弃(U)]:60

移动光标向上追踪,输入直线 AB 的长度 60,AutoCAD 提示:

指定下一点或 [放弃(U)]:155

移动光标向右追踪,输入直线 *BC* 的长度 155,AutoCAD 提示:

指定下一点或 [闭合(C)/放弃(U)]:

在该提示下,选择"对象捕捉"菜单中的"临时追踪点"命令 ,AutoCAD 提示:

tt 指定临时对象追踪点:

拾取点 *E* 后,移动光标向右追踪,AutoCAD 提示:

指定下一点或 [闭合(C)/放弃(U)]:120

输入点 *D* 到点 *E* 的距离 120 确定即可。

3.3 构造线和射线

3.3.1 构造线

构造线是指按指定的方式和距离绘制一条或一族无穷长的直线,没有起点和终点。这些线在工程绘图中可作为辅助线。当绘制多个视图时,为了保证投影关系,可先绘制出若干条构造线,再以构造线为基准画图。在绘图时,通常将构造线单独放在一个图层上,图形绘制完后可将构造线所在图层关闭。

1. 功能

通过指定两点绘制构造线:一点为中心点;另一点为构造线通过点,确定构造线的方向。每执行一次命令,可绘制一族构造线。

2. 调用

- 功能区:"默认"选项卡→"绘图"面板→"构造线"按钮 。
- 菜单栏:"绘图"→"构造线"命令。
- 工具栏:"绘图"工具栏中的"构造线"按钮 。
- 命令行:XLINE[XL]。

3. 操作

① 执行该命令后,命令行将会提示:

XLINE 指定点或 [水平(H) 垂直(V) 角度(A) 二等分(B) 偏移(O)]:

② 在该命令下指定一点,系统会继续提示:

XLINE 指定通过点:

③ 在该提示下给出构造线的一个通过点,可绘制一条穿过起点和通过点的无穷长直线。此时系统会继续提示指定通过点,这样,可绘制一族穿过起点和各通过点的无穷长直线,按【Enter】键结束该命令。

④ 命令说明:

- 指定点:使用该选项时可通过指定两点绘制构造线。用户可指定多个通过点来绘制多条交于第一个通过点的构造线。最后通过按【Esc】键或【Enter】键退出构造线的绘制,如图 3-36 所示。
- 水平:该选项用于绘制一条或多条水平的构造线。

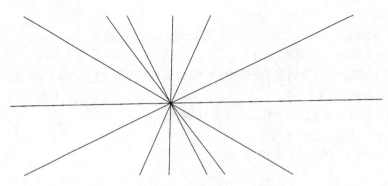

图 3-36　交于第一个通过点的多条构造线

- 垂直：该选项用于绘制一条或多条垂直的构造线。
- 角度：该选项用于绘制一条或多条按固定角度倾斜于 x 轴或参照直线的构造线。默认倾斜角度为 0°。选择"角度"选项后，AutoCAD 给出提示"输入构造线角度（0）或［参照(R)］："，如果直接指定角度，用户可绘制一条或多条按指定角度倾斜于 x 轴的构造线；如果选择"参照"选项，用户需要指定一条已存在的直线作为参照直线，并且指定构造线倾斜于该参照直线的角度，默认倾斜角度为 0°。
- 二等分：绘制等分已知角的参照线。
- 偏移：按平行复制方式绘制参照线。

3.3.2　射线

射线是以某点为起点，向一端无限延伸的直线，主要用于绘制辅助线。

1. 功能

通过指定射线的起点和通过点绘制射线。每执行一次射线绘制命令，可绘制一族射线，这些射线以指定的第一点为共同的起点。

2. 调用

- 功能区："默认"选项卡→"绘图"面板→"射线"按钮。
- 菜单栏："绘图"→"射线"命令。
- 命令行：RAY。

3. 操作

① 执行该命令后，命令行将会提示：

> RAY 指定起点：

② 在该命令下指定一点，系统会继续提示：

> RAY 指定通过点：

③ 在该提示下指定射线的通过点，即可绘制出起点为端点的射线。

④ 指定起点后，可在"指定通过点"提示下指定多个通过点，直到按【Esc】键或按【Enter】键确认结束命令。

3.4 绘制圆、圆弧和圆环

3.4.1 圆

1. 功能

按指定方式绘制圆。

2. 调用

- 功能区:"默认"选项卡→"绘图"面板→"圆"按钮 。
- 菜单栏:"绘图"→"圆"命令。
- 工具栏:"绘图"工具栏中的"圆"按钮 。
- 命令行:CIRCLE[C]。

3. 操作

执行该命令后,命令行将会提示:

```
CIRCLE 指定圆的圆心或 [三点(3P) 两点(2P) 切点、切点、半径(T)]:
```

①"指定圆的圆心":指定圆的圆心。

②"指定圆的半径":指定圆的半径。即通过指定圆的圆心和半径绘制一个图,如图 3-37(a)所示。

各选项的含义如下:

- "直径(D)"选项:通过指定圆心和直径绘制一个圆,如图 3-37(b)所示。
- "三点(3P)"选项:通过指定三点绘制一个圆,如图 3-37(c)所示。
- "两点(2P)"选项:通过指定两点绘制一个圆,如图 3-37(d)所示。
- "切点、切点、半径(T)"选项:通过以指定的值为半径,与两已知对象(圆或直线)相切来绘制一个圆,如图 3-37(e)所示。

③ 若在菜单栏或功能区中选择"相切、相切、相切"方式绘制时,执行该命令后命令行将会提示:

```
CIRCLE 指定圆的圆心或 [三点(3P) 两点(2P) 切点、切点、半径(T)]: _3p 指定圆上的第一个点: _tan 到
```

"_3p 指定圆上第一点:_tan 到":指定圆的第一个切点的位置。命令将继续提示:

```
CIRCLE 指定圆上的第二个点: _tan 到
```

指定圆的第二个切点的位置。命令行将继续提示:

```
CIRCLE 指定圆上的第三个点: _tan 到
```

指定圆的第三个切点的位置。即通过依次指定三个已知对象(圆或直线)相切绘制一个圆,如图 3-37(f)所示。

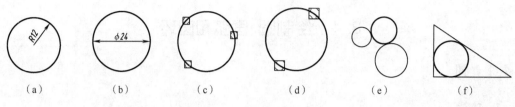

图 3-37　圆的各种绘制方法

3.4.2　圆弧

AutoCAD 2020 提供了多种绘制圆弧的方法,如图 3-38 所示。用户可根据不同的情况灵活选择不同的绘制方法。

1. 功能

指定方式绘制圆弧。

2. 调用

- 功能区:"默认"选项卡→"绘图"面板→"圆弧"按钮。
- 菜单栏:"绘图"→"圆弧"命令。
- 工具栏:"绘图"工具栏中的"圆弧"按钮。
- 命令行:ARC。

3. 操作

下面以"三点(P)"的方式为例介绍绘图的具体过程。

执行该命令后,命令行将提示:

图 3-38　绘制圆弧命令方式

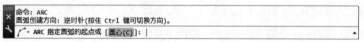

①"圆弧创建方向":指定圆弧绘制时的方向,默认状态为逆时针。

②"指定圆弧的起点":输入圆弧起点,命令行将继续提示:

"指定圆弧的第二个点":输入圆弧的第二点,命令行将继续提示:

"指定圆弧的端点":输入圆弧的端点,即通过依次指定三个点绘制一个圆弧。

可以使用以下 11 种方式绘制一个圆弧。

①"三点(P)":通过给定的三个点绘制一个圆弧,即圆弧的起点、通过的第二点和端点。

②"起点、圆心、端点(S)":通过指定圆弧的起点、圆心和端点绘制圆弧。

③"起点、圆心、角度(T)":通过指定圆弧的起点、圆心和角度绘制圆弧。

④"起点、圆心、长度(A)":通过指定圆弧的起点、圆心和弦长绘制圆弧。

⑤"起点、端点、角度(N)":通过指定圆弧的起点、端点和角度绘制圆弧。

⑥"起点、端点、方向(D)":通过指定圆弧的起点、端点和方向绘制圆弧。

⑦"起点、端点、半径(R)":通过指定圆弧的起点、端点和半径绘制圆弧。

⑧"圆心、起点、端点(C)":通过指定圆弧的圆心、起点和端点绘制圆弧。
⑨"圆心、起点、角度(E)":通过指定圆弧的圆心、起点和角度绘制圆弧。
⑩"圆心、起点、长度(L)":通过指定圆弧的圆心、起点和长度绘制圆弧。
⑪"继续(O)":创建圆弧使其相切于上一次绘制的直线或圆弧。选择该命令后,在命令行中"指定圆弧的起点或[圆心(C):]"提示下直接按【Enter】键,系统将以最后一次绘制的线段或圆弧过程中确定的最后一点为新圆弧的起点,以最后所绘线段方向或圆弧终止点处的切线方向为新圆弧在起始点处的切线方向,然后再指定一点,就可以绘制出一个圆弧。

— 说 明 —
当使用"起点、圆心、长度"方式绘制圆弧时,有时不能绘制成功,这是因为在使用该命令时,给定的弦长不能超过起点到圆心距离的两倍。另外,在命令的"指定弦长"提示下,所输入的值如果为负值,则该值的绝对值作为对应整圆空缺部分圆弧的弦长。

3.4.3 圆环

1. 功能

用户可通过指定圆环的内、外直径绘制圆环,也可绘制填充圆。

2. 调用

- 功能区:"默认"选项卡→"绘图"面板→"圆环"按钮 ◎。
- 菜单栏:"绘图"→"圆环"命令。
- 命令行:DONUT。

3. 操作

执行该命令后,命令行将提示:

①"指定圆环的内径<默认值>":输入圆环的内径。如果没有输入内径的数值,直接按【Enter】键确定,则内径为默认值(以下操作相同:如果没有输入新的数值,直接按【Enter】键确认,则为默认值)。
②"指定圆环的外径<默认值>":输入圆环的外径。
③"指定圆环的中心点":指定圆环的中心位置。
④"<退出>":退出绘制圆环的操作。
图3-39所示为用该命令绘制的圆环和填充圆。

— 说 明 —
在该提示下分别指定圆环的内径、外径和中心点,即可绘制圆环。当指定多个中心点时,系统可以绘制出多个相同内径和外径的圆环。当圆环的内径设置为0时,绘制出的圆环将是一个被填充的圆。圆环的填充可通过FILL命令控制。图3-39(a)所示为填充模式下的圆环,图3-39(b)所示为填充模式关闭时绘制出的圆环。

 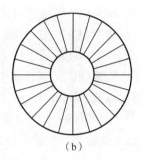

(a) （b）

图 3-39 圆环的两种模式

3.5 矩形和多边形

3.5.1 矩形

1. 功能

可按指定线宽绘制矩形,还可绘制四角带倒角或圆角的矩形。

2. 调用

- 功能区:"默认"选项卡→"绘图"面板→"矩形"按钮。
- 菜单栏:"绘图"→"矩形"命令。
- 工具栏:"绘图"工具栏中的"矩形"按钮。
- 命令行:RECTANG[REC]。

注:在 AutoCAD 中,使用 RECTANG 命令绘制矩形,默认方法为指定第一角点和第二角点。

3. 操作

执行该命令后,命令行将提示:

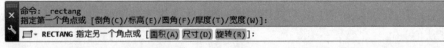

"指定第一个角点":在默认状态下,通过指定两个对角点绘制矩形。当指定了矩形第一个角点后,在命令行的提示下,指定另一个角点,即可绘制一个矩形,如图 3-40(a)所示。

各选项的含义如下:

- "倒角(C)"选项:绘制一个带倒角的矩形。选择此项后需要指定矩形的两个倒角距离,当设置倒角距离后,仍返回系统提示中的第二行,完成矩形绘制,如图 3-40(b)所示。
- "标高(E)"选项:指定矩形所在的平面高度,在默认情况下,矩形在 xy 平面内。该选项一般用于三维绘图。
- "圆角(F)"选项:绘制一个带圆角的矩形。选择此项后需要指定圆角的半径,当设置半径后,仍返回系统提示中的第二行,完成矩形绘制,如图 3-40(c)所示。

- "厚度(T)"选项:按指定的厚度绘制矩形,该选项一般用于三维绘图。
- "宽度(W)"选项:按指定的线宽绘制矩形。选择此项后需要指定矩形的线宽。当设置线宽后,仍返回系统提示中的第二行,完成矩形绘制,如图3-40(d)所示。
- "面积(A)"选项:通过指定矩形的面积和长度(或宽度)绘制矩形。
- "尺寸(D)"选项:通过指定矩形的长度、宽度和矩形另一角点的方向绘制矩形。
- "旋转(R)"选项:通过指定旋转角度和两个参考点绘制矩形。

─ 说 明 ─
① 在操作该命令时所设选项内容将作为当前设置,下一次画矩形仍按上次设置绘制,直至重新设置。
② 在绘制有倒角或圆角的矩形时,如果长度或宽度太小而无法使用当前设置创建矩形,那么绘制出来的矩形将不带圆角或倒角。

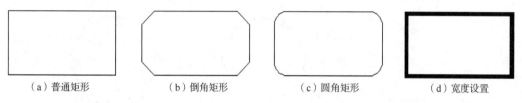

(a)普通矩形　　　(b)倒角矩形　　　(c)圆角矩形　　　(d)宽度设置

图 3-40　利用"矩形"命令绘制的各种形状的矩形

用户只需指定矩形对角线的两个端点就能绘制矩形。绘制时,可设置矩形边线的宽度和指定顶点处的倒角距离及圆角半径。

3.5.2　多边形

一个多边形必有一个内切圆和外接圆。因此,在AutoCAD 2020中,可间接通过圆绘制多边形,然后结合多边形的边数、中心点等数据,确定一个多边形的位置和大小。

另外,也可通过指定多边形的一条边的位置和大小确定多边形。AutoCAD 2020中支持绘制边数为3~1 024的多边形。

1. 功能

按指定方式绘制多种多边形。

2. 调用

- 功能区:"默认"选项卡→"绘图"面板→"多边形"按钮⬠。
- 菜单栏:"绘图"→"多边形"命令。
- 工具栏:"绘图"工具栏中的"多边形"按钮⬠。
- 命令行:POLYGON。

3. 操作

执行该命令后,命令行提示:

①"输入侧面数<4>":给出正多边形的边数,默认值为4。
②"指定正多边形的中心点":给出正多边形的中心点,默认点为圆心。
③"输入选项":选择是以内接于圆(I)还是以外切于圆(C)的方式绘制正多边形,系统的默认方式为 I 方式。
④"指定圆的半径":给出圆的半径值。

各选项的含义如下:
- "边(E)"选项:按给定正多边形的边长的方式绘制正多边形,即指定正多边形的一条边的两个端点确定整个正多边形。分别输入两点后,AutoCAD 会自动以此两点距离作为边长,并以该两点连线作为一条边绘制所指定的正多边形。
- "内接于圆(I)"选项:使用正多边形的外接圆的方式绘制正多边形。
- "外切于圆(C)"选项:使用正多边形的内切圆的方式绘制正多边形。

图 3-41 所示为使用"正多边形"命令所绘制的各种正多边形。

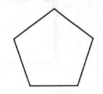  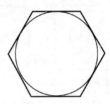

（a）"边"确定正多边形　　（b）"内接于圆"正多边形　　（c）"外切于圆"正多边形

图 3-41　各种正多边形

4. 绘图示例

绘制图 3-42 所示的矩形与多边形。

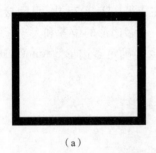 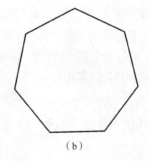

（a）　　　　　　　　　　　　（b）

图 3-42　矩形和多边形

绘制矩形:
命令:rectang
当前矩形模式: 厚度=10.000 0　宽度=5.000 0
指定第一个角点或 [倒角(C)/标高(E)/圆角(F)/厚度(T)/宽度(W)]:w
　　　　　　　　　　　　　　　　　（选择宽度选项,表示接下来要设置线的宽度）
指定矩形的线宽 <5.000 0>:4
指定第一个角点或 [倒角(C)/标高(E)/圆角(F)/厚度(T)/宽度(W)]:　　　　（任意拾取）
指定另一个角点或 [尺寸(D)]:　　　　　　　　　　　　　　　　　　　　（任意拾取）

绘制多边形：

命令：polygon 输入边的数目 <6>：7
指定正多边形的中心点或 [边(E)]： (按【Enter】键)
输入选项 [内接于圆(I)/外切于圆(C)] <C>：I
指定圆的半径： (任意拾取)

3.6 多线和多段线

3.6.1 多线

所谓多线是指由多条平行线构成的直线,连续绘制的多线是一个图元。多线是由 1～16 条平行线组成的,多线内的直线线型可以相同,也可以不同,而且平行线之间的间距和数目是可以调整的。多线常用于绘制建筑图、土木工程图,特别是在绘制房屋结构图中,多线的应用将带来很大的方便。在绘制多线前应先对多线样式进行定义,然后用定义的样式绘制多线。

1. 功能

按指定的间距、线型、条数及端口形式一次绘制多条平行线(简称多线)。

2. 调用

- 菜单栏:"绘图"→"多线"命令。
- 命令行:MLINE[ML]。

3. 操作

执行该命令后,命令行提示：

```
命令: MLINE
当前设置: 对正 = 上, 比例 = 20.00, 样式 = STANDARD
指定起点或 [对正(J)/比例(S)/样式(ST)]:
指定下一点:
指定下一点或 [放弃(U)]:
  ↘▼ MLINE 指定下一点或 [闭合(C) 放弃(U)]:
```

①"当前设置":说明了当前多线绘图格式的对正方式、比例及多线样式。

②"指定起点":在默认情况下,需要指定多线的起始点,以当前格式绘制多线,其绘制方法与绘制直线相似。

各选项的含义如下：

①"对正(J)"选项:该选项用于确定绘制多线时的对正方式,即多线上的哪一条线将随光标移动。

执行该选项后,命令行将会提示：

"输入对正类型":确定绘制多线时的对正方式,在默认情况下为上。其中各选项的含义如下：

- "上(T)"选项:表示当从左向右绘制多线时,多线上位于最顶端的线将随光标移动。
- "无(Z)"选项:表示绘制多线时,多线的中心线将随着光标移动。
- "下(B)"选项:表示当从左向右绘制多线时,多线上最底端的线将随着光标移动。

②"比例(S)"选项:该选项用于确定所绘多线宽度相对于定义的多线宽度的比例因子,

默认为1。该比例不影响线型的比例。

③"样式(ST)"选项:该选项用于确定绘制多线时所使用的多线样式,默认样式为STANDARD。

执行该选项后,命令行将会提示:

"输入多线样式名":输入定义过的多线样式名称。

"?"选项:在命令行输入"?"后按【Enter】键,命令行将显示已有多线的样式,从中进行选择即可。

图3-43所示为在矩形的基础上绘制多线 *ABCD*。

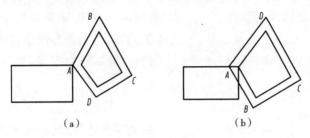

图3-43　绘制多线

在矩形的基础上,打开对象捕捉功能,设置捕捉方式为"交点",启用多线命令,AutoCAD提示:

命令:mline
当前设置:对正=上,比例=20.00,样式=STANDARD
指定起点或 [对正(J)/比例(S)/样式(ST)]:

在该提示下,拾取点 *A*,AutoCAD 提示:

指定下一点:

在该提示下,拾取点 *B*,AutoCAD 提示:

指定下一点或 [放弃(U)]:

在该提示下,拾取点 *C*,AutoCAD 提示:

指定下一点或 [闭合(C)/放弃(U)]:

在该提示下,输入字母 C,按【Enter】键。

在绘制过程中,所选点 *B* 分别为图3-43所示样式时,会出现图示两种效果。

3.6.2　更改多线样式

1. 功能

根据需要定义多线的样式,设置其线条数目和线的拐角方式。

2. 调用

- 菜单栏:"格式"→"多线样式"命令。
- 命令行:MLSTYLE。

3. 操作

执行该命令后,弹出"多线样式"对话框,如图 3-44 所示。

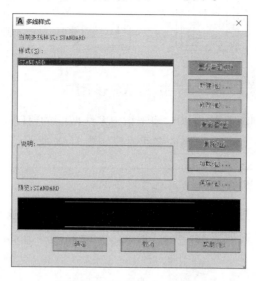

图 3-44 "多线样式"对话框

该对话框中各选项的含义如下:
(1)"置为当前"按钮
将选择好的多线线型样式设置成当前多线绘制样式。
(2)"新建"按钮
创建新的多线样式,如图 3-45 所示,ABC 为新样式命名。
单击"继续"按钮,弹出图 3-46 所示对话框。

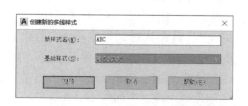

图 3-45 "创建新的多线样式"对话框

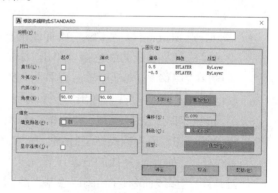

图 3-46 "修改多线样式"对话框

- "说明"文本框:为多线样式添加描述性文字,不可以超过 255 个字符。
- "封口"选项组:当选中"直线"选项的"起点"复选框时,多线起始端封闭;当选中"直线"选项的"端点"复选框时,多线终止端封闭;选中"外弧"的两个复选框时,多线的最外侧两条直线的起始端和终止端会封闭,且封闭端变为弧线;选中"内弧"的两个复选框时,从外到内侧相应的偶数条直线两端会封闭,如图 3-47 所示。

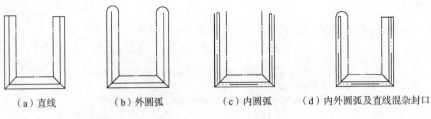

(a) 直线　　　(b) 外圆弧　　　(c) 内圆弧　　　(d) 内外圆弧及直线混杂封口

图 3-47　多线的不同封口

- "角度"文本框：其默认值为 90°，用于指定多线两端的封闭直线与多线中轴所成的角度，输入新的数值如 45°，绘制的多线封口如图 3-48 所示。

注意
起点和端点的封口可以不同，角度也可以不同。

"填充"选项组中的"填充颜色"下拉列表框用于决定绘制多线时是否进行填充，其颜色值可以通过"选择颜色"选项改变，单击"确定"按钮关闭对话框，在多线内填充紫色，如图 3-49 所示。

图 3-48　45°的封口　　　　　图 3-49　填充颜色的多线

当选中"显示连接"复选框时，可以在连续绘制的多线线段之间的拐角处显示交叉线，如图 3-50 所示。

- "图元"选项组：可以向多线中添加新的直线或删除直线，可以设置直线相对于多线中心的偏移量及直线的颜色等。单击"添加"按钮，将向多线中添加一个偏移量为 0 的新线，在"偏移"文本框中输入偏移量，如 2；单击"颜色"按钮，设置该新线的颜色，如蓝色；单击"线型"按钮，弹出"选择线型"对话框，在其中选择所需的线型后单击"确定"按钮，如果"选择线型"对话框中没有所需线型，则在该对话框中单击"加载"按钮，弹出"加载或重载线型"对话框，在其中选择线型后，单击"确定"按钮，返回到"新建多线样式"对话框，新线的线型设置完毕后，单击"确定"按钮，然后单击"置为当前"按钮，再启用多线命令，在绘图区绘制多线，此时绘制出的多线对象如图 3-51 所示。

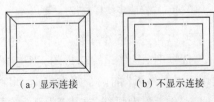

(a) 显示连接　　(b) 不显示连接

图 3-50　显示连接与不显示连接的多线

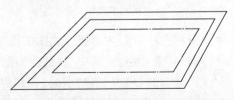

图 3-51　使用多线样式绘制的多线对象

(3)"修改"按钮

对设置好的多线样式进行修改。

(4)"重命名"按钮

对多线样式的名称进行修改。

(5)"删除"按钮

删除多线样式。

(6)"加载"按钮

单击该按钮,弹出"加载多线样式"对话框,如图 3-52 所示。可以在这里加载新的多线样式,已定义的多线样式一般都存放在 AutoCAD 2020 的 Support 子目录中扩展名为 .mln 的文件中。单击对话框上方的"文件"按钮,弹出"从文件加载多线样式"对话框,如图 3-53 所示。系统提示用户选择 Support 子目录下扩展名为 .mln 的库文件,用户也可以单击"查找文件"按钮进行手动查找。在这里单击"取消"按钮返回到"加载多线样式"对话框,再单击"取消"按钮,返回到"多线样式"对话框。

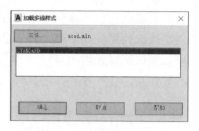

图 3-52 "加载多线样式"对话框

(7)"保存"按钮

单击该按钮可以将当前多线样式保存为扩展名为 .mln 的库文件。在弹出的"保存多线样式"对话框中,单击"保存"按钮即可保存多线样式,如图 3-54 所示。最后单击"确定"按钮回到绘图区。

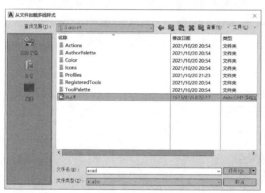

图 3-53 "从文件加载多线样式"对话框

图 3-54 "保存多线样式"对话框

3.6.3 编辑多线样式

1. 功能

根据需要按照提供的多线样式编辑命令编辑多线对象。

2. 调用

- 菜单栏:"修改"→"对象"→"多线"命令。
- 命令行:MLEDIT。

3. 操作

执行该命令后，弹出"多线编辑工具"对话框，如图 3-55 所示。

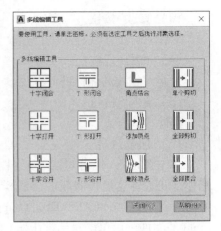

图 3-55　"多线编辑工具"对话框

对话框中的各个图例按钮形象地说明了编辑多线的方法和编辑后的样式。

① 使用三个"十字形"按钮 ▦、▦、▦，可以消除各种相交线。当选择十字形中的某个按钮后，还需要选取两条多线（注意：AutoCAD 总是用所选的第二条多线去切断所选的第一条多线）。在使用"十字合并"按钮时，可以生成配对元素的直角，如果没有配对元素，则多线将不被切断。各种效果如图 3-56 所示。

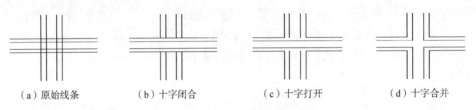

（a）原始线条　　　（b）十字闭合　　　（c）十字打开　　　（d）十字合并

图 3-56　多线的十字形编辑效果

② 使用三个"T字形"按钮 ▦、▦、▦ 和"角点结合"按钮 ⌐，也可以消除相交线。这四个按钮的使用与十字形按钮的使用相同。此外，"角点结合"按钮还可以消除多线一侧的延伸线，从而形成直角。使用该按钮时需要选取两条多线（注意：只需在想保留的第一条多线某部分上拾取点），AutoCAD 就会将多线剪裁或延伸到它们相交，如图 3-57 所示。

（a）原始线条　　（b）T形闭合　　（c）T形打开　　（d）T形合并　　（e）角点结合

图 3-57　多线的 T 形和角点编辑效果

③ 使用"添加顶点"按钮 ▦，可以为多线增加若干顶点。使用"删除顶点"按钮 ▦，则可以从包含三个或更多顶点的多线上删除顶点，若当前选取的多线只有两个顶点，那么该按钮将无效。

④ 使用剪切按钮 ▦、▦ 可以切断多线。其中"单个剪切"按钮用于切断多线中一条，只需简单地拾取要切断的多线某一元素（某一条）上的两点，则这两点中的连线即被删去（实际上是不显示）；"全部剪切"按钮用于切断整条多线。

⑤ 使用"全部接合"按钮 ▦，以重新显示所选两点间的任何切断部分。

3.6.4 多段线

多段线是由相连的直线段或弧线序列组成的,可作为单一的对象使用。要想一次性编辑所有线段,就要使用多段线。使用多段线时,可以分别编辑每条线段或弧线,设置各线段或弧线的宽度,使线段或弧线的始末端点具有不同的线宽,也可设置封闭或者打开多段线。

1. 功能

激活一次命令即可绘制具有不同线宽的由直线和圆弧组成的图形。

2. 调用

- 功能区:"默认"选项卡→"绘图"面板→"多段线"按钮。
- 菜单栏:"绘图"→"多段线"命令。
- 工具栏:"绘图"工具栏中的"多段线"按钮。
- 命令行:PLINE。

3. 操作

执行该命令后,命令行将会提示:

- "指定起点":要求给出多段线的起点。
- "当前线宽":显示当前多段线的宽度,默认值为 0。
- "指定下一个点":用 PLINE 命令绘图分直线方式和圆弧方式,默认为直线方式,初始宽度为零。如果要绘制不带线宽的直线,可直接在提示行(默认项)输入直线的下一点,给出后仍出现上面直线方式提示行,可继续拾取点画直线或按【Enter】键结束命令(与 LINE 命令操作相同)。默认选项是"指定下一个点"。

4. 各选项的含义

① 下一点:默认选项,指定当前线段的端点。

② 圆弧:从绘制直线段切换到绘制弧线段并出现提示选项。

各选项的功能如下:

- 圆弧的端点:指定圆弧的第一点,圆弧将从上一段多段线端点的切线方向开始。
- 角度:指定从起点开始的圆弧的包含角,输入正数将按逆时针方向创建圆弧,输入负数将按顺时针方向创建圆弧。
- 圆心:指定圆弧的圆心。
- 闭合:闭合圆弧多段线。
- 方向:指定圆弧的起点方向。
- 半宽:指定圆弧多段线的半宽度。
- 直线:退出绘制圆弧多段线操作,并返回到绘制多段线的初始提示。
- 半径:指定圆弧的半径。
- 第二点:用于以三点确定圆弧时,指定圆弧的第二点和端点。
- 闭合:用直线段或圆弧封闭多段线。

③ 半宽:指定多段线的半宽度,即线段的中心到其一边的宽度,且起始半宽与结束半宽可以不同。

④ 长度：指定新多段线直线段的长度，如果前一段为直线，则延长方向与其相同；如果前一段为弧线段，则延长方向与其切线方向相同。

⑤ 放弃：删除刚绘制的一段多段线。

⑥ 宽度：指定多段线线宽，且其起始宽度和结束宽度可以不同。

使用如下命令序列绘制图 3-58 所示的多段线。

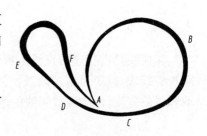

图 3-58　多段线示例

启用多段线命令后，AutoCAD 提示：

命令：pline
指定起点：

在该提示下，在绘图区任意拾取一点 A，AutoCAD 提示：

当前线宽为 10.000 0
指定下一个点或 [圆弧(A)/半宽(H)/长度(L)/放弃(U)/宽度(W)]：a
指定圆弧的端点或
[角度(A)/圆心(CE)/方向(D)/半宽(H)/直线(L)/半径(R)/第二个点(S)/放弃(U)/宽度(W)]：w
指定起点宽度 <10.000 0>：1
指定端点宽度 <1.000 0>：4

在上述提示下，分别输入各提示行后面的字母或数值，AutoCAD 提示：

指定圆弧的端点或
[角度(A)/圆心(CE)/方向(D)/半宽(H)/直线(L)/半径(R)/第二个点(S)/放弃(U)/宽度(W)]：

在该提示下，拾取点 B，AutoCAD 提示：

指定圆弧的端点或
[角度(A)/圆心(CE)/闭合(CL)/方向(D)/半宽(H)/直线(L)/半径(R)/第二个点(S)/放弃(U)/宽度(W)]：

在该提示下，拾取点 C，AutoCAD 提示：

指定圆弧的端点或
[角度(A)/圆心(CE)/闭合(CL)/方向(D)/半宽(H)/直线(L)/半径(R)/第二个点(S)/放弃(U)/宽度(W)]：w
指定起点宽度 <4.000 0>：
指定端点宽度 <4.000 0>：2

在以上提示中，提示后没有输入内容的按【Enter】键，以下同理。

指定圆弧的端点或
[角度(A)/圆心(CE)/闭合(CL)/方向(D)/半宽(H)/直线(L)/半径(R)/第二个点(S)/放弃(U)/宽度(W)]：

在该提示下，拾取点 D，AutoCAD 提示：

指定圆弧的端点或
[角度(A)/圆心(CE)/闭合(CL)/方向(D)/半宽(H)/直线(L)/半径(R)/第二个点(S)/放弃(U)/宽度(W)]：l
指定下一点或 [圆弧(A)/闭合(C)/半宽(H)/长度(L)/放弃(U)/宽度(W)]：w
指定起点宽度 <2.000 0>：
指定端点宽度 <2.000 0>：5
指定下一点或 [圆弧(A)/闭合(C)/半宽(H)/长度(L)/放弃(U)/宽度(W)]：

在该提示下，拾取点 E，AutoCAD 提示：

指定下一点或 [圆弧(A)/闭合(C)/半宽(H)/长度(L)/放弃(U)/宽度(W)]：a

指定圆弧的端点或

[角度(A)/圆心(CE)/闭合(CL)/方向(D)/半宽(H)/直线(L)/半径(R)/第二个点(S)/放弃(U)/宽度(W)]:r

指定圆弧的半径:3

指定圆弧的端点或 [角度(A)]:a

指定包含角:25

指定圆弧的弦方向 <136>:

指定圆弧的端点或

[角度(A)/圆心(CE)/闭合(CL)/方向(D)/半宽(H)/直线(L)/半径(R)/第二个点(S)/放弃(U)/宽度(W)]:

在该提示下,拾取点 F,AutoCAD 提示:

指定圆弧的端点或

[角度(A)/圆心(CE)/闭合(CL)/方向(D)/半宽(H)/直线(L)/半径(R)/第二个点(S)/放弃(U)/宽度(W)]:w

指定起点宽度 <5.000 0>:

指定端点宽度 <5.000 0>:1

指定圆弧的端点或

[角度(A)/圆心(CE)/闭合(CL)/方向(D)/半宽(H)/直线(L)/半径(R)/第二个点(S)/放弃(U)/宽度(W)]:cl

多段线的起点与终点宽度设置相同,则画出的是一条等宽直线,这与绘制两条平行线并封口后再填充的效果是相同的,但彼此所占内存空间却相差很大。例如,房建图中常见的柱子■可以用矩形填充,也可以用多段线来绘制。

练习绘制图 3-59 所示多段线。

图 3-59　多段线的绘制

3.6.5　编辑多段线

1. 功能

编辑多段线和三维多边形网络。

2. 调用

- 功能区:"默认"选项卡→"修改"面板→"编辑多段线"按钮。
- 菜单栏:"修改"→"对象"→"多段线"命令。
- 工具栏:"修改Ⅱ"工具栏中的"编辑多段线"按钮。
- 命令行:PEDIT[PE]。

3. 操作

执行该命令后,命令行将提示:

```
命令: _pedit
PEDIT 选择多段线或 [多条(M)]:
```

①"选择多段线":此时选择要编辑的多段线。

②"多条(M)"选项:用于选择多个多段线对象。如果选择的对象不是多段线,命令行将提示:

```
选定的对象不是多段线
PEDIT 是否将其转换为多段线? <Y>
```

输入 Y 或 N,选择的对象是否转换为多段线。如果输入 N,则此命令结束。选择完多段线对象后,命令行将继续提示:

> PEDIT 输入选项 [闭合(C)/合并(J)/宽度(W)/编辑顶点(E)/拟合(F)/样条曲线(S)/非曲线化(D)/线型生成(L)/反转(R)/放弃(U)]:

"输入选项":此时只能输入对应字母选择各个选项编辑多段线。各选项的含义如下:
- "闭合(C)/打开(O)"选项:如果选择的是闭合多段线,则此选项显示为"打开(O)";如果选择的是打开多段线,则此选项显示为"闭合(C)"。设置效果如图 3-60 所示。其中,图 3-60(a)为封闭的原始图形,图 3-60(b)为"选择对象"预览,图 3-60(c)为"打开"效果图。

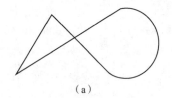
(a)
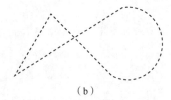
(b)
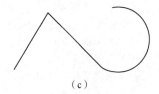
(c)

图 3-60 "闭合"与"打开"效果

- "合并(J)"选项:用于在开放的多段线的尾端点添加直线、圆弧或多段线。如果选择的对象是直线或圆弧,那么要求直线或圆弧与多段线是彼此首尾相连的,合并的结果是将多个对象合并为一个多段线对象,如果合并的是多个多段线,命令行将提示输入合并多段线的允许距离。
- "宽度(W)"选项:选择该选项可将整个多段线指定为统一宽度。
- "编辑顶点(E)"选项:用于对多段线的各个顶点逐个进行编辑。选择该选项后,在多段线起点处出现一个斜的十字叉"×",它为当前顶点的标记,并在命令行出现进行后续操作的提示,如图 3-61 所示。这些选项允许用户进行移动、插入顶点和修改任意两点间的线宽等操作。

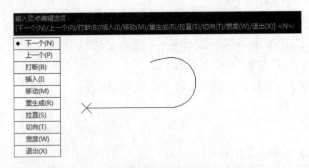

图 3-61 编辑顶点

- "拟合(F)"选项:表示用圆弧拟合多段线,即转换为由圆弧连接每个顶点的平滑曲线。转换后的曲线将通过多段线的每个顶点,图 3-62(a)所示为"拟合前"的多段线,图 3-62(b)所示为"拟合后"的效果。
- "样条曲线(S)"选项:将多段线对象用样条曲线拟合。图 3-63(a)所示为修改前的图形。执行该选项后对象仍是多段线,其样条曲线化编辑效果如图 3-63(b)所示。
- "非曲线化(D)"选项:将指定多段线中的圆弧用直线代替。对于选用"拟合(F)"或"样条曲线(S)"选项后生成的圆弧拟合曲线或样条曲线,则删去生成曲线时新插入的顶点,恢复成由直线段组成的多段线。

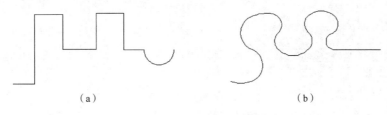

图 3-62　生成圆弧拟合曲线

图 3-63　生成 B 样条曲线

- "线型生成(L)"选项:当多段线的线型为点画线等非连续线型时,控制多段线的线型生成方式开关。

选择此项,命令行将会提示:

选择"开(ON)"选项时,将在每个顶点处允许以短画开始和结束生成线型,选择"关(OFF)"选项时,将在每个顶点处以长画开始和结束生成线型。"线型生成"不能用于带变宽线段的多段线,只用于生成经过多段线顶点的连续图案线型。
- "反转(R)"选项:反转多段线顶点的顺序。使用此选项可反转使用包含文字线型的对象的方向。例如,根据多段线的创建方向,线型中的文字可能会倒置显示。
- "放弃(U)"选项:撤销上一步操作,可一直返回到使用 PEDIT 命令之前的状态。

3.6.6　样条曲线

1. 功能

绘制样条曲线。

2. 调用

- 功能区:"默认"选项卡→"绘图"面板→"样条曲线拟合点"按钮 或"默认"选项卡→"绘图"面板→"样条曲线控制点"按钮 。
- 菜单栏:"绘图"→"样条曲线"命令。
- 工具栏:"绘图"工具栏中的"样条曲线"按钮 。

- 命令行:SPLINE。

3. 操作

执行"样条曲线拟合点"命令后,命令行提示:

```
命令: _SPLINE
当前设置: 方式=拟合    节点=弦
指定第一个点或 [方式(M)/节点(K)/对象(O)]: _M
输入样条曲线创建方式 [拟合(F)/控制点(CV)] <拟合>: _FIT
当前设置: 方式=拟合    节点=弦
指定第一个点或 [方式(M)/节点(K)/对象(O)]:
输入下一个点或 [起点切向(T)/公差(L)]:
 SPLINE 输入下一个点或 [端点相切(T) 公差(L) 放弃(U)]:
```

①"当前设置":显示当前绘制样条曲线的方式及状态。

②"指定第一个点":给出样条曲线的第一点。

③"输入样条曲线创建方式":绘制样条曲线有"拟合"和"控制点"两种方式,默认方式为"拟合"。

④"输入下一个点":给出样条曲线的第二点(此选项可连续使用,依次给出若干个点),直到绘制完成。

各选项的含义如下:

- "方式(M)"选项:绘制样条曲线有"拟合(F)"和"控制点(CV)"两种方式。
- "节点(K)"选项:在"拟合"方式中是以曲线的弦长控制样条的形状;在"控制点"方式中是以点的阶数控制样条的形状。
- "对象(O)"选项:将二维或三维的二次或三次样条曲线拟合多段线转换为等价的样条曲线,然后删除该多段线。
- "起点切向(T)"选项:给出起点的切线方向。
- "端点相切(T)"选项:给出终点的切线方向。
- "公差(L)"选项:选择此项后,命令行将会提示:

```
输入下一个点或 [端点相切(T)/公差(L)/放弃(U)]: l
 SPLINE 指定拟合公差<0.0000>:
```

"指定拟合公差":输入拟合公差值。默认值为0。拟合公差值决定了所画曲线与指定点的接近程度。拟合公差越大,离指定点越远;拟合公差为0,将通过指定点。

- "放弃(U)"选项:放弃最后一次的选择。

采用"样条曲线拟合点"命令,绘制的图形如图3-64(a)所示。

执行"样条曲线控制点"命令后,命令行提示:

```
命令: _SPLINE
当前设置: 方式=拟合    节点=弦
指定第一个点或 [方式(M)/节点(K)/对象(O)]: _M
输入样条曲线创建方式 [拟合(F)/控制点(CV)] <拟合>: _CV
当前设置: 方式=控制点    阶数=3
指定第一个点或 [方式(M)/阶数(D)/对象(O)]:
输入下一个点:
 SPLINE 输入下一个点或 [放弃(U)]:
```

此命令可选择控制样条曲线形状的控制点阶数,而上一个命令是选择控制样条曲线形状的拟合点,其他各选项的含义与上述相似,不再重复,绘图结果如图3-64(b)所示。

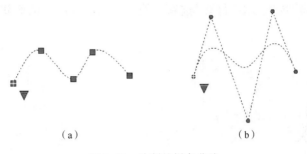

（a） （b）

图 3-64 绘制的样条曲线

3.6.7 编辑样条曲线

1. 功能

编辑各种样条曲线。

2. 调用

- 功能区："默认"选项卡→"修改"面板→"编辑样条曲线"按钮 ⌀。
- 菜单栏："修改"→"对象"→"样条曲线"命令。
- 工具栏："修改Ⅱ"工具栏中的"编辑样条曲线"按钮 ⌀。
- 命令行：SPLINEDIT。

3. 操作

执行该命令后，命令行将会提示：

```
命令: _splinedit
⌀ ▼ SPLINEDIT 选择样条曲线:
```

选择要编辑的样条曲线，此时可选择样条曲线对象或样条曲线拟合多段线，选择后夹点将出现在控制点上。命令行将会继续提示：

```
⌀ ▼ SPLINEDIT 输入选项 [闭合(C) 合并(J) 拟合数据(F) 编辑顶点(E) 转换为多段线(P) 反转(R) 放弃(U) 退出(X)] <退出>:
```

"输入选项"：输入对应的字母选择编辑选项。

各选项的含义如下：

① "闭合（C）"选项：用于闭合开放的样条曲线，如果选定的样条曲线为闭合，则"闭合"选项将由"打开"选项替换。

② "合并（J）"选项：用于将样条曲线的首尾相连。

③ "拟合数据（F）"选项：用于编辑样条曲线的拟合数据。拟合数据包括所有的拟合点、拟合公差及绘制样条曲线时与之相关联的切线。选择该选项后，命令行将会提示：

```
输入拟合数据选项
⌀ ▼ SPLINEDIT [添加(A) 闭合(C) 删除(D) 扭折(K) 移动(M) 清理(P) 切线(T) 公差(L) 退出(X)]
<退出>:
```

- "添加（A）"选项：用于在样条曲线中增加拟合点。
- "闭合（C）"选项：用于闭合开放的样条曲线[见图3-65（a）]。如果选定的样条曲线为闭合,则"闭合"选项将由"打开"选项替换。样条曲线闭合的编辑效果如图 3-65(b)所示。

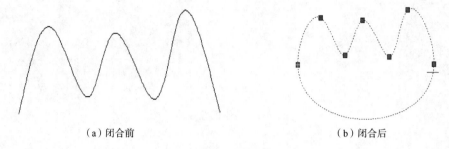

(a)闭合前　　　　　　　　　(b)闭合后

图 3-65　闭合的编辑效果

- "删除(D)"选项:用于从样条曲线中删除拟合点并用其余点重新拟合样条曲线。
- "扭折(K)"选项:在样条曲线上的指定位置添加节点和拟合点。
- "移动(M)"选项:用于把指定拟合点移动到新位置。
- "清理(P)"选项:从图形数据库中删除样条曲线的拟合数据。清理样条曲线的拟合数据,运行编辑样条曲线命令后,将不显示"拟合数据(F)"选项。
- "切线(T)"选项:编辑样条曲线的起点和端点切向。
- "公差(L)"选项:为样条曲线指定新的公差值并重新拟合。
- "退出(X)"选项:退出拟合数据编辑。

④ 编辑顶点(E):用于精密调整样条曲线顶点。选择该选项后,命令行将提示:

```
SPLINEDIT 输入选项 [打开(O) 拟合数据(F) 编辑顶点(E) 转换为多段线(P) 反转(R) 放弃(U) 退出(X)] <退出>:
```

各选项的含义如下:
- "添加(A)"选项:增加控制部分样条的控制点数。
- "删除(D)"选项:增加样条曲线的控制点。
- "提高阶数(E)"选项:增加样条曲线上控制点的数目。
- "移动(M)"选项:对样条曲线的顶点进行移动。
- "权值(W)"选项:修改不同样条曲线控制点的权值。较大的权值会将样条曲线拉近其控制点。

⑤ "转换为多段线(P)"选项:用于将样条曲线转换为多段线。

⑥ "反转(E)"选项:反转样条曲线的方向。

⑦ "放弃(U)"选项:还原操作,每选择一次"放弃(U)"选项,取消上一次的编辑操作,可一直返回到编辑任务开始时的状态。

使用样条曲线命令绘制图 3-66 所示图形。

在绘制该图形时,首先启用样条曲线命令,AutoCAD 提示:

命令:spline

指定第一个点或 [对象(O)]:

在该提示下,在绘图区拾取样条曲线的第一点 A,AutoCAD 提示:

指定下一点:

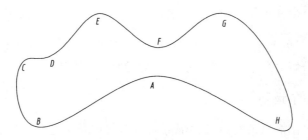

图 3-66　样条曲线绘制的图形

指定下一点或 [闭合(C)/拟合公差(F)] <起点切向>：
指定下一点或 [闭合(C)/拟合公差(F)] <起点切向>：
指定下一点或 [闭合(C)/拟合公差(F)] <起点切向>：
指定下一点或 [闭合(C)/拟合公差(F)] <起点切向>：
指定下一点或 [闭合(C)/拟合公差(F)] <起点切向>：
指定下一点或 [闭合(C)/拟合公差(F)] <起点切向>：

在上述提示下，分别拾取点 B、C、D、E、F、G、H，AutoCAD 提示：

指定下一点或 [闭合(C)/拟合公差(F)] <起点切向>：

在该提示下输入字母 C，使样条曲线闭合，AutoCAD 提示：

指定切向：

在该提示下，通过移动鼠标选取切线方向，单击拾取点，以样条曲线起点到该点的连线作为起点的切向。

3.7　面域与图案填充

3.7.1　创建面域

面域是包含表面的二维图形，不能直接生成。可以将圆、封闭的非自相交的二维多段线、轨迹转换为面域。

1. 执行"面域"命令

- 功能区："默认"选项卡→"绘图"面板→"面域"按钮 ◎。
- 菜单栏："绘图"→"面域"命令。
- 工具栏："绘图"工具栏中的"面域"按钮 ◎。
- 命令行：REGION。

2. 命令提示

绘制图 3-67 所示图形，该图形是由两个圆弧及两条直线构成的闭合图形。

图 3-67　面域

命令：region
选择对象：指定对角点：找到 4 个

在该提示下选择图 3-67 中各对象，按【Enter】键。

选择对象：(按【Enter】键)
已提取 1 个环。
已创建 1 个面域。

3. 命令说明

将图 3-67 中各对象创建为一个面域后,相当于将图中四个对象组合为一个对象。应用在后续内容学习的分解命令中即可将组合在一起的对象分解还原。

3.7.2 面域的布尔运算

共面的多个面域图形对象在有公共部分时可以使用布尔运算,尤其是在通过二维图形创建三维实体时通过布尔运算会提高效率。

1. 命令格式

- 功能区:菜单→"修改"→"实体编辑"→"并集"、"差集"或"交集"命令。
- 切换工作空间为"三维建模",单击"实体编辑"面板中的 、 或 按钮。
- 在命令行中输入 UNION(并集)、SUBTRACT(差集)或 INTERSECT(交集)。

2. 命令提示

在图 3-68 中对两个面域图形分别执行"并集""差集""交集"布尔运算,得到的结果如图 3-68 所示。

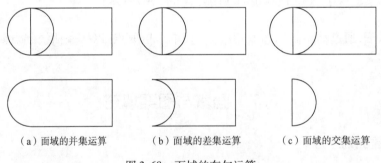

（a）面域的并集运算　　　（b）面域的差集运算　　　（c）面域的交集运算

图 3-68　面域的布尔运算

```
选择对象:找到 1 个,总计 2 个                                    (选择圆和矩形)
选择对象:                                                        (按【Enter】键)
已提取 2 个环。
已创建 2 个面域。
```

面域的并集运算。

```
命令:union
选择对象:找到 1 个
选择对象:找到 1 个,总计 2 个                                    (选择圆和矩形)
选择对象:                                                        (按【Enter】键)
```

面域的差集运算。

```
命令:subtract 选择要从中减去的实体或面域…
选择对象:找到 1 个                                               (选择矩形)
选择对象:                                                        (按【Enter】键)
选择要减去的实体或面域 …                                          (选择圆)
选择对象:找到 1 个                                               (按【Enter】键)
选择对象:
```

面域的交集运算。

```
命令：intersect
选择对象：找到 1 个                                              （选择矩形和圆）
选择对象：找到 1 个,总计 2 个
选择对象：                                                       （按【Enter】键）
```

3.7.3 图案填充

许多绘图软件都可以通过图案填充的过程填充图形的某些区域。AutoCAD 也不例外，它可用图案填充来区分部件中的不同零件或者表现组成对象的材质。例如，各种剖视图中的剖面线。

1. 功能

用填充图案填充指定的区域或选定的对象。

2. 调用

- 功能区："默认"选项卡→"绘图"面板→"图案填充"按钮 。
- 菜单栏："绘图"→"图案填充"命令。
- 工具栏："绘图"工具栏中的"图案填充"按钮 。
- 命令行：BHATCH 或 BH 或 H。

3. 操作

执行该命令后，在功能区弹出"图案填充创建"选项卡，该选项卡有"边界""图案""特性""原点""选项""关闭"六个面板，如图 3-69 所示。通过这六个面板即可创建和编辑填充方式。

图 3-69 "图案填充创建"选项卡

3.7.4 创建填充边界

图案的填充边界可以是圆、矩形等封闭对象，也可以是由直线、多段线、圆弧等对象首尾相连而形成的封闭区域。创建填充边界可以避免图案填充时填充到不需要填充的区域图形中。相关选项可在"图案填充创建"选项卡中的"边界"面板和"边界"展开面板上激活，如图 3-70 所示。

（a）"边界"面板　　　（b）"边界"展开面板

图 3-70 "边界"面板和"边界"展开面板

1. "拾取点"按钮

根据围绕指定点形成封闭区域的现有对象方式确定填充图案的边界。在执行"图案填充"命令后,单击该按钮,命令行将会提示:

"拾取内部点":此时为默认状态,即拾取闭合区域的内部点。在需要填充区域的任意点位置单击,则在包围该点的封闭区域预览,命令行将会继续提示:

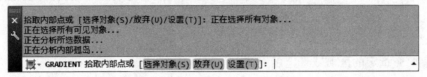

表明系统正在对所选取的对象进行数据、内部孤岛和可见性等特性的检测,此时需要在填充区域的任意点位置继续单击,然后按【Enter】键或右击确认即可实现填充,如图3-71所示。

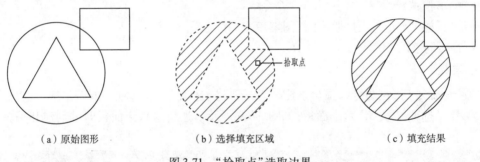

(a)原始图形　　　　　(b)选择填充区域　　　　　(c)填充结果

图3-71　"拾取点"选取边界

各选项的含义如下:
- "选择对象(S)"选项:根据构成封闭区域的选定对象确定边界。可通过选择封闭对象的方法确定填充边界,但并不能自动检测内部对象。相当于下面介绍的"选择"按钮。
- "放弃(U)"选项:删除最后的一次选择命令。
- "设置(T)"选项:用于设置填充的图案和渐变色。

如果点拾取的区域没有形成闭合的边界,系统将弹出对话框,告知无法确定闭合的边界,如图3-72所示,此时返回图形中修改。

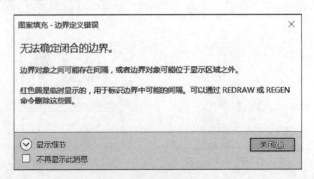

图3-72　"图案填充-边界定义错误"对话框

2. "选择"按钮

通过直接选取边界对象的方式确定填充图案的边界,不能自动检测内部对象。单击该按钮,命令行将会提示:

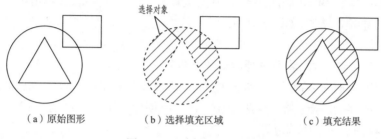

此项操作与"拾取点"确定边界的过程类似,不同的只是直接选取边界对象,操作结果如图 3-73 所示。

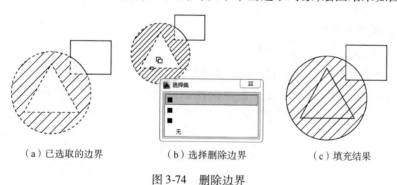

图 3-73 "选择"选取边界

3. "删除"按钮

从边界定义中删除以前选择的任何边界对象。单击该按钮,命令行将会提示:

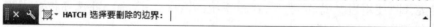

"选择要删除的边界":选择的对象是从边界定义中要删除的边界对象。此时单击要删除的边界对象后,系统会弹出"选择集"对话框,从中单击选取对象,绘图结果如图 3-74 所示。

(a)已选取的边界　　(b)选择删除边界　　(c)填充结果

图 3-74 删除边界

4. "重新创建"按钮

在图案填充周围重新创建一个边界,并将其与图案填充对象相关联。单击该按钮,命令行将会提示:

用户可根据需要,在选项中进行选择。重新创建的图案填充边界可以是多段线也可以是面域对象。

5. "显示边界对象"按钮

显示填充区域的边界。单击该按钮,将所选择的作为填充边界的对象以高亮方式显示。只有通过"拾取点"按钮或"选择"按钮选取了填充边界,"显示边界对象"按钮才可以使用。

6. "不保留边界"按钮

图 3-75 "不保留边界"下拉列表框

指定是否将边界保留为对象,并确定应用于这些对象的对象类型。创建图案填充时,创建多段线或面域作为图案填充的边缘,并将图案填充对象与其关联。单击下拉按钮,可打开下拉列表框,从中选取选项,如图 3-75 所示。

各选项的含义如下:
- "不保留边界"选项:将所选择的对象不保留为边界。
- "保留边界"选项:在该下拉列表中选择"多段线"或"面域"选项,以确定边界数据以何种类型存储。当选择"多段线"选项时,将创建一个多段线边界;当选择"面域"选项时,将创建一个面域边界。

7. "使用当前视口"按钮

指定使用当前视口中的对象作为边界集,即指定边界集。单击"拾取点"按钮以根据指定点的方式确定填充区域时,有两种定义边界集的方式:一种是将当前视口范围内的所有对象定义为边界集,即"使用当前视口"选项,这是系统的默认方式,选择此选项将放弃当前的任何边界集;另一种方式是系统根据用户选定的一组对象构造一个封闭的边界集。

3.7.5 创建填充图案

1. 选择图案填充类型

AutoCAD 为了满足各行业的需要设置了许多填充图案,默认情况下填充的图案是 ANSI31 图案,即金属材料的剖面符号。有关图例在"图案填充创建"选项卡的"图案"面板和"图案"展开面板中,如图 3-76 所示。此面板用于选择系统已定义好的可用填充图案(预定义填充图案),单击"图案"下拉按钮,可显示出所有的填充图案,用户可从中直接选取。

(a)"图案"面板

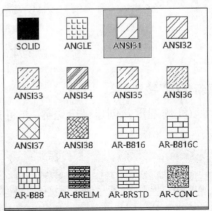
(b)"图案"展开面板

图 3-76 "图案"和"图案"展开面板

在"图案填充创建"选项卡的"特性"面板(见图 3-77)中,"图案"下拉列表框提供了四种用于设置填充图案的类型,如图 3-78 所示。

图 3-77 "特性"面板

图 3-78 "图案"下拉列表框

"图案"下拉列表框各选项的含义如下:
- "实体"选项:即纯色。选择该选项,可以自动选择 SOLID 纯色图案进行填充操作。
- "渐变色"选项:选择该选项,可以选择两种颜色之间的渐变效果进行填充操作。
- "图案"选项:选择该选项,可以使用 AutoCAD 自带的 50 多种行业标准和 14 种 ISO 标准的预定义填充图案,如图 3-76 所示。因此通常选择此项就能满足一般用户的要求。
- "用户定义"选项:基于图形的当前线型创建直线图案。可以控制用户定义图案中直线的角度和间距。

2. 设置图案填充属性

在"图案填充创建"选项卡的"特性"面板(见图 3-77)中,可以设置填充图案的倾斜角度、疏密程度以及图案填充原点等属性。

"特性"面板中各选项的含义如下:

①"使用当前项"下拉列表框。在"使用当前项"下拉列表中可使用为实体填充和填充图案指定的颜色替代当前颜色。有若干种颜色可选择,如图 3-79 所示。

②"无"下拉列表框。在"无"下拉列表中可指定填充图案的背景色。有若干种颜色可选择,如图 3-80 所示。

③"图案填充透明度"文本框。显示图案填充透明度的当前值,或接收替代图案填充透明度的值。在"使用当前项"下拉列表中可以对图案填充透明度值用当前对象特性设置。有四项内容,如图 3-81 所示。

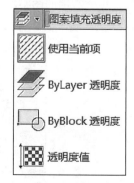

图 3-79 "使用当前项"下拉列表框　　图 3-80 "无"下拉列表框　　图 3-81 "图案填充透明度"文本框

④"角度"文本框。设置填充图案的角度(相对当前 UCS 坐标系的 X 轴)。45°剖面线(ANSI31 图案)角度设为 0°或 90°。

⑤"比例"文本框。用于设置填充图案的缩放比例(疏密程度),可在下拉列表框中选择,也可在文本框中直接输入比例值。当"图案"设置为"用户定义"时,此选项不可用。

3. 设置图案填充的原点

原点是用于控制填充图案生成的起始位置。某些图案填充(如砖块图案)需要与图案填充边界上的一点对齐。默认情况下,所有图案填充原点都对应于当前的 UCS 原点。

①"设定原点"按钮。设置新的图案填充原点,即移动图层图案以便与指定原点对齐。单击"原点"面板上的下拉按钮,可弹出图 3-82 所示的"原点"面板及其展开面板。

(a)"原点"面板

(b)"原点"展开面板

图 3-82 "原点"面板和"原点"展开面板

② 单击 ![buttons] 中的任意一个按钮,分别可以设置新原点为左下、右上、左上、右上、中心和坐标原点。通过拾取点直接指定新的图案填充原点。

③"存储为默认原点"按钮。将设置的新图案填充原点设置为默认状态,即将新图案填充原点的值存储在 HPORIGIN 系统变量中。

── 说 明 ──
在进行图案填充时,若命令提示行出现"图案填充间距太密,或短画尺寸太小"或"无法对边界进行图案填充"等类似的提示信息,表示比例不正确,需要根据绘图区的图形界限调整比例。比例值越小,填充图案越密;越大,则越疏。

4. 设置图案填充的相关选项

控制几个常用的图案填充或填充选项。相关选项可在"图案填充创建"选项卡的"选项"面板和"选项"展开面板上激活,如图 3-83 所示。

(a)"选项"面板

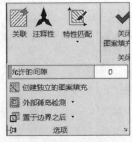
(b)"选项"展开面板

图 3-83 "选项"面板和"选项"展开面板

①"关联"按钮。指定图案填充或填充为关联图案填充,关联的图案填充在修改其边界时将会更新。如用夹点编辑功能对边界进行拉伸等编辑操作时,系统会根据边界的新位置重新生成填充图案,如图 3-84 所示。

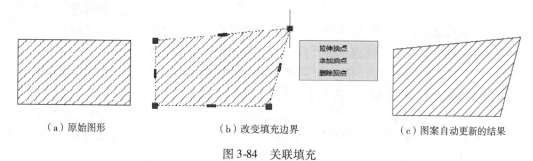

(a) 原始图形　　　　　(b) 改变填充边界　　　　(c) 图案自动更新的结果

图 3-84　关联填充

②"注释性"按钮。指定根据视口比例自动调整填充图案的比例。此特性会自动完成缩放注释过程,从而使注释能够以正确的大小在图纸上打印或显示。

③"特性匹配"下拉按钮。单击此按钮,即可弹出图 3-85 所示的下拉列表。各选项的含义如下:

- "使用当前原点"按钮。使用选定图案填充对象的特性去设置图案填充特性,图案填充原点除外。也就是选择图中已有填充图案作为当前填充图案填充新区域,相当于"格式刷"。
- "用源图案填充原点"按钮。使用选定图案填充对象的特性设置图案填充特性,包括图案填充原点。

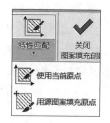

图 3-85　"特性匹配"的下拉列表框

④"允许的间隙"文本框。设置将对象用作图案填充边界时可以忽略的最大间隙。默认值为 0,此值指定对象必须封闭区域而没有间隙。如果填充区域不封闭,则可以在"允许的间隙"文本框内按图形单位输入一个值(0~5 000),以设置将对象用作图案填充边界时可以忽略的最大间隙。任何小于或等于指定值的间隙都将被忽略,并将边界视为封闭。

⑤"创建独立的图案填充"选项。控制当前指定了几个独立的闭合边界时,是创建单个图案填充对象,还是创建多个图案填充对象。也就是将同一个填充图案同时应用于多个填充区域时,选中此复选框,可以使每个区域的图案填充都是一个独立的对象,修改其中某个,不会改变其他图案填充,不选此复选框,选中填充的图案时,填充图案是一个整体(夹点显示),如图 3-86 所示。

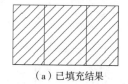 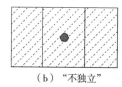 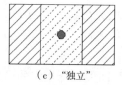 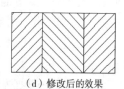

(a) 已填充结果　　　(b) "不独立"　　　(c) "独立"　　　(d) 修改后的效果

图 3-86　创建独立的图案填充

⑥"外部孤岛检测"选项。指定在最外层边界内填充对象的方法。如果不存在内部边

界,则指定孤岛检测样式没有意义。因为可以定义精确的边界集,所以一般情况下最好使用"普通"样式。单击此下拉按钮,即可弹出图 3-87 所示的下拉列表。

各选项的含义如下:

- "普通孤岛检测"选项:普通样式是从外部边界向内(在交替区域内)填充。如果系统遇到一个内部孤岛,它将停止进行图案填充,直至遇到孤岛内的另一个孤岛,如图 3-88(a)所示。
- "外部孤岛检测"选项:外部样式只在最外层区域内进行填充,如图 3-88(b)所示。
- "忽略孤岛检测"选项:忽略所有内部的边界对象,填充图案时将通过这些对象,如图 3-88(c)所示。
- "无孤岛检测"选项:关闭已使用的传统孤岛检测方法,变为"忽略孤岛检测"方式。当指定点或选择对象定义填充边界时,可以在绘图区域右击,在弹出的快捷菜单中选择"普通孤岛检测""外部孤岛检测""忽略孤岛检测"命令。

图 3-87 "外部孤岛检测"下拉列表框

另外,以普通方式填充时,如果填充边界内有诸如文字、属性等特殊对象,且在选择填充边界时也选择了它们,填充时图案填充在这些对象处会自动断开,就像用一个比它们略大的看不见的框保护起来一样,以使这些对象更加清晰,如图 3-88(d)所示。

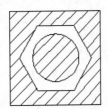 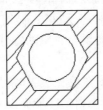 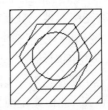 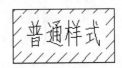

(a) 普通孤岛检测　　(b) 外部孤岛检测　　(c) 忽略孤岛检测　　(d) 文字属性按孤岛处理

图 3-88 "外部孤岛检测"样式

---说 明---

孤岛检测方式仅适用于"拾取点"的方法来指定的填充边界。而当使用"选择对象"的方法指定填充边界时,将不检测孤岛,系统将填充所指定对象内的所有区域。

---

⑦"置于边界之后"选项。即绘图次序,也就是为图案填充或填充指定绘图次序。单击此下拉按钮,即可弹出图 3-89 所示的下拉列表,其中有"不指定""后置""前置""置于边界之后""置于边界之前"五个选项。图案填充可以不指定次序,或放在所有其他对象之后,或所有其他对象之前、图案填充边界之后或图案填充边界之前。

单击相应的选项按钮,即可选择相应的绘图次序。

5. "关闭"面板

单击此选项,退出"图案填充"并关闭上下文有关选项卡,返回"默认"选项卡的状态。

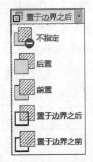

图 3-89 "置于边界之后"下拉列表框

3.7.6 编辑填充图案

在为图形填充了图案后,如果对填充效果不满意,还可以通过"图案填充"编辑命令对其进行编辑。编辑内容包括填充比例、旋转角度、填充图案和属性等方面。

AutoCAD 2020 增强了图案填充的编辑功能,可以编辑多个图案填充对象。即使选择多个图案填充对象时,也会自动显示上下文"图案填充编辑器"选项卡。

1. 快速编辑填充图案

快速编辑填充图案的功能为:对指定区域的填充图案进行编辑和修改。

调用该命令有以下两种方法。

- 菜单栏:"修改"→"对象"→"图案填充"命令。
- 命令行:HATCHEDIT。

执行该命令后,命令行将会提示:

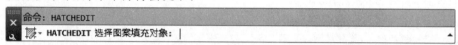

在选择要修改的图案填充对象之后,系统将打开图 3-90 所示"图案填充创建"选项卡(直接在填充图案上双击要修改的填充图案,也可打开该选项卡)。

图 3-90 "图案填充创建"选项卡

"继承特性"按钮：该选项等同于"选项"面板中的"特性匹配"。即选择图中已有填充图案作为当前填充图案填充新的区域在选择要修改的图案填充对象后,单击此按钮,对话框将暂时关闭,命令行将会提示：

此时在已有的填充图案上单击,系统将返回到"图案填充编辑"对话框,并在"样例"中显示新的填充图案,最后单击"确定"按钮。

该对话框中的其他选项与前面介绍的"图案填充创建"选项卡的各选项内容基本相同,此时按照创建填充图案的方法可以重新设置满足要求的填充参数,不再重复。

2. 分解图案

填充的图案是一个特殊的图块,无论填充的形状多么复杂,它都是一个整体,如图 3-91(a)所示。因此,不能直接修改、编辑其中的某一个元素。但当选择菜单"修改"→"分解"命令将其分解后,即可进行单独编辑。分解后的图案不再是一个整体,而是一组对象,如图 3-91(b)所示。

3. 设置填充图案的可见性

在绘制较大的图形时,往往需要花较长时间等待填充图形的生成,此时可以通过使用

FILL 命令、系统变量 FILLMODE 和使用图层来控制图案填充的可见性,提高显示速度。

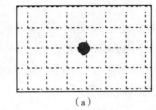
（a）

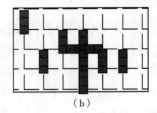
（b）

图 3-91　分解前和分解后图案显示

要设置填充图案的可见性,有以下两种方法调用该命令。
- 命令行:FILL 或 FILLMODE。
- 使用图层。

在进行操作时,各方法的情况如下。

① 执行 FILL 命令后,命令行将会提示:

在该提示下输入 ON 或 OFF ,并按【Enter】键确认。当再对图形进行图案填充时,填充的图案将可见或者不可见。受 FILL 命令影响的对象包括图案填充(包含实体填充)、二维实面、宽多段线和多线及宽线。

② 执行 FILLMODE 命令后,命令行将会提示:

在该提示下输入 0 并按【Enter】键确认。当图形再重新生成时,其中填充的图案就会消失。将系统变量 FILLMODE 值设置为 0 与将 FILL 命令设置为 OFF 是等效的,使图案填充不可见;将 FILLMODE 值设置为 1 或将 FILL 命令设置为 ON 时,使图案填充可见。以上可以选择菜单"视图"→"重生成"命令,重新生成图形以观察效果。

③ 使用图层:通常情况下,将填充图案单独放在一个图层上,这样,控制图层的可见性就可控制图案填充的可见性,关闭或冻结图层可以使该图层上的填充图案不可见。值得一提的是,在使用图层控制图案的可见性时,使用不同的控制方式会影响填充图案与其边界的关联关系。

- 关闭填充图案所在的图层,填充图案与其边界仍保持关联关系。即填充图案随边界的变化而自动调整位置。
- 冻结填充图案所在的图层,填充图案与其边界就会脱离关联关系。当对填充边界进行修改时,填充图案不随边界的改变而改变。
- 锁定填充图案所在的图层,填充图案与其边界也会脱离关联关系。

4. 修剪填充图案

图案与图案填充的对象,可以在不调用"分解"命令的前提下,通过后面所讲的"修剪"命令进行修剪。

3.7.7 渐变色填充

在 AutoCAD 2020 中，除了可以使用图案对图形进行填充外，还可以使用渐变色进行填充。在用渐变色对图形进行填充时，可以使用渐变填充来模拟光的反射效果，也可以使用一种颜色由深到浅地平滑过渡或在两种颜色之间平滑过渡。

1. 功能

用渐变色填充指定的区域或选定的对象。

2. 调用

- 功能区："默认"选项卡→"绘图"面板→"渐变色"按钮。
- 菜单栏："绘图"→"渐变色"命令。
- 工具栏："绘图"工具栏中的"渐变色"按钮。
- 命令行：GRADIENT。

3. 操作

执行该命令后，会在功能区打开"图案填充创建"选项卡，如图 3-92 所示。通过该选项卡可以在指定对象上创建具有渐变色彩的填充图案。渐变填充在两种颜色之间，或者一种颜色的不同灰度之间过渡。

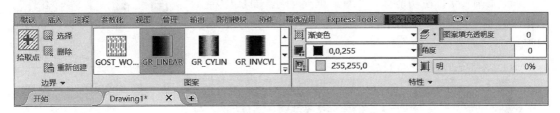

图 3-92 "图案填充创建"选项卡

创建渐变色填充图案的方法与前面介绍的创建普通填充图案的方法基本相同，这里不再详细介绍。

"图案填充创建"选项卡中各选项的含义如下：

- "渐变色 1"下拉列表框：用于设置渐变图案中的第一种颜色。单击下拉按钮，在弹出的下拉列表中单击相应颜色即可，如图 3-93 所示。
- "渐变色 2"下拉列表框：用于设置渐变图案中的第二种颜色。方法同"渐变色 1"。
- "渐变色角度"文本框：用于设置相对于 WCS 的 x 轴指定渐变色角度。
- "渐变明暗"按钮：单击该按钮，可以启用或禁用单色渐变明暗的选项。创建单色渐变填充。

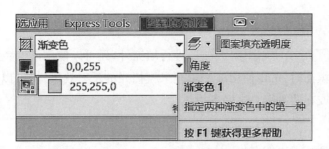 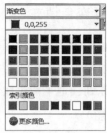

图 3-93 "渐变色 1"下拉列表框

3.7.8 创建单色渐变填充

1. 功能

单色渐变填充就是使用一种颜色不同灰度之间的过渡进行填充。

2. 调用

功能区:"默认"选项卡→"绘图"面板→"渐变色"按钮→"渐变明暗"按钮 →"明"。

3. 操作

执行该命令后,在功能区的"图案填充创建"面板中将显示出单色渐变色图例,单击下拉按钮,打开图 3-94 所示的单色"图案"下拉列表。

执行该命令后,命令行将会提示:

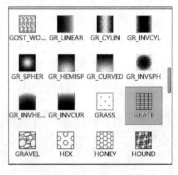

图 3-94 单色"图案"下拉列表

在所要填充的图形内部拾取填充区域后,命令行将会继续提示:

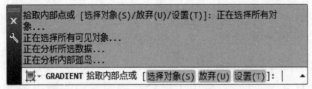

命令行提示:系统正在对所选取的对象进行数据、内部孤岛和可见性等特性的检测,此时需要在填充区域的任意点位置继续单击,然后按【Enter】键或右击确认即可实现渐变色填充,绘图结果如图 3-95 所示。

图 3-95 "单色渐变"填充图形

3.7.9 创建双色渐变填充

1. 功能

双色渐变填充就是从一种颜色过渡到另一种单色进行填充。

其他各选项的含义和图案填充相同,不再赘述。

2. 调用

功能区:"默认"选项卡→"绘图"面板→"渐变色"按钮→"渐变明暗"按钮→"暗"。

3. 操作

执行该命令后,在功能区的"图案填充创建"面板中将显示出双色渐变色图例。单击下拉按钮,打开图 3-96 所示的双色"图案"下拉列表,显示用于渐变填充的九种固定图案,这些图案包括线性扫掠状、球状和抛物面状图案。

执行该命令后,命令行也将会提示:

```
命令: _gradient
GRADIENT 拾取内部点或 [选择对象(S) 放弃(U) 设置(T)]:
```

此时,在所要填充的图形内部拾取填充区域(操作方法与"单色渐变填充"相同)按【Enter】键确认。绘图结果如图 3-97 所示。

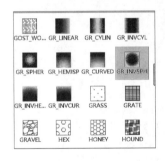

图 3-96 双色"图案"下拉列表框

图 3-97 "双色渐变"填充图形

3.8 块

在绘图时,用户会用到一些通用部件,AutoCAD 中可以将这些通用部件定义成块,也可以把一个实体、一段文字甚至整个图形定义成一个图块,插入图形中的不同地方或者存储成图形文件。

在一个图形中,所有图形实体均可用绘图命令逐一绘制出来。如果需要绘制许多相同或相似的单个或一组实体,一个基本的方法是重复绘制这些实体,但这样做不仅乏味、费时,而且不一定能保证这些实体完全相同。利用计算机绘图的一个基本原则是,同样的图形不应绘制两次。因此,AutoCAD 提供了各种各样的复制命令。但是,简单实体的复制所占用的存储空间相当大,而块则是解决一组实体既能以不同比例和旋转角进行复制,又占用较少存储空间的一个途径。

块是一个或多个对象形成的对象集合。该对象集合可以看成一个单一对象。用户可以在图形中插入块,或对块执行比例缩放、旋转等操作。但是,由于块被作为一个整体,因此用户无法修改块中对象。如果确实希望修改块中对象,可以先将块分解为组成块的独立对象,然后再进行修改。修改结束后,再把这些对象重定义成块。AutoCAD可自动根据块修改后的定义,更新该块的所有引用。

3.8.1 创建内部块

1. 功能

将单个的多个图形对象集合成一个图形单元,保存于当前图形文件内,以供当前文件重复使用,这种块称为"内部块"。

2. 调用

- 功能区:"默认"选项卡→"块"面板→"创建"按钮 。
- 功能区:"插入"选项卡→"块定义"面板→"创建块"按钮 。
- 菜单栏:"绘图"→"块"→"创建"命令。
- 工具栏:"绘图"工具栏中的"创建"按钮 。
- 命令行:BLOCK 或 BMAKE。

3. 命令提示

执行该命令后,弹出图3-98所示的"块定义"对话框。

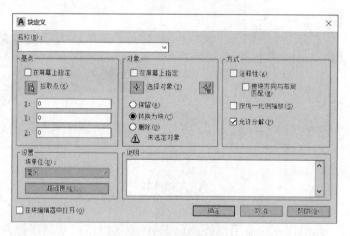

图3-98 "块定义"对话框

4. 命令说明

- "名称"下拉列表框:该编辑框用于输入块名。
- "基点"选项组:提示用户输入基点。用户可以输入基点的坐标,也可单击"拾取点"按钮 在屏幕上直接拾取。在插入一个块时,AutoCAD需要用户指定块在图形中的插入点,插入的块将以"基点"为基准,放在图形中指定的位置。
- "选择对象"按钮 :该按钮供用户选择组成块的对象。单击该按钮,关闭"块定义"对话框,返回到绘图区,完成对象选取后将重新显示对话框。

- "快速选择"按钮：单击该按钮，弹出"快速选择"对话框，如图 3-99 所示。使用该对话框可以定义一个选择集。
- "保留"单选按钮：选中该单选按钮，创建块后，将选定的对象保留在图形中。
- "转换为块"单选按钮：选中该单选按钮，创建块后，将选定对象转换成图形中的一个块引用。
- "删除"单选按钮：创建块后，从图形中删除选定的对象。

将图 3-100 所示图形定义为块的步骤如下：

执行块创建命令，弹出"块定义"对话框，在"名称"下拉列表框中输入块的名称为"地面线"。然后单击"对象"选项组中的"选择对象"按钮，返回到绘图窗口。选择图 3-100 所示图形，按【Enter】键，弹出"块定义"对话框，

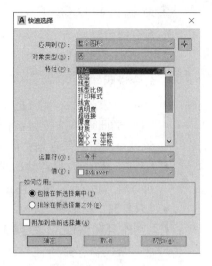

图 3-99 "快速选择"对话框

这时"对象"选项组和预览图标栏中都会发生相应的变化，"对象"选项组中会提示被选中对象的数量，预览图标栏中显示出被选中图形的小图标，如图 3-101 所示。

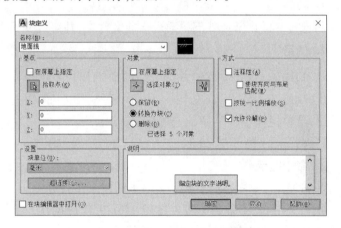

图 3-100 定义为块的图形　　图 3-101 "块定义"对话框中的显示内容

单击"基点"选项组中的"拾取点"按钮，返回到绘图窗口，在绘图区指定一点，弹出"块定义"对话框。基点的位置将影响以后对该块的使用，所以选择时应当谨慎。在"说明"文本框中可对所定义的块进行必要的说明。单击"确定"按钮，完成对块的定义。

3.8.2 创建外部块

1. 功能

可以将内部块或一组对象或当前整个图形，以独立的一个图形文件保存于磁盘上，以供所有图形文件重复使用，这种块称为"外部块"。

2. 调用

① 功能区："插入"选项卡 →"块定义"面板→"写块"按钮。

② 命令行：WBLOCK 或 W。

3. 命令提示

执行该命令，弹出图 3-102 所示"写块"对话框。

4. 命令说明

- "块"单选按钮：将定义的块保存到文件中。
- "整个图形"单选按钮：将当前图形的全部对象以块的形式保存到文件中。
- "基点"选项组：保存块时选择的参考位置点，可以输入固定点，也可由鼠标拾取。
- "对象"选项组：通过选择对象保存到文件。
- "文件名和路径"下拉列表框：输入块的文件名和块的保存路径。
- "插入单位"下拉列表框：设置缩放单位。

图 3-102 "写块"对话框

3.8.3 插入块

1. 功能

将已定义的内部或外部块插入当前文件中，并可改变插入比例和旋转角度。

2. 调用

① 功能区："默认"选项卡→"块"面板→"插入"按钮。
② 功能区："插入"选项卡→"块"面板→"插入"按钮。
③ 菜单栏："插入"→"块选项板"命令。
④ 命令行：INSERT 或 I。

3. 命令提示

执行调用①、②命令后，弹出图 3-103 所示下拉列表。

执行调用③、④命令及图 3-103 中"最近使用的块"命令后，弹出图 3-104 所示块选项面板"最近使用"选项卡。

4. 命令说明

- "插入块"按钮下拉菜单中图形为最近使用或新建的块图形及名称。
- 图 3-104 所示块选项面板中，"插入点"复选框为显示指定块的插入点的提示；"比例"复选框为插入块时显示指定比例的提示，可以设置插入的块在 x、y、z 轴三个方向的插入比例；"旋转"复选框为插入块时显示指定旋转角度的提示，可在角度文本框中设置块插入时的旋转角度；"重复放置"复选框为重复插入其他块实例的提示；"分解"复选框为分解块并插入该块的各个部分，选定"分解"时，只可以指定统一比例因子。

图 3-103 插入块下拉列表

- 单击"插入块"下拉列表中的"其他图形中的块"命令,弹出图 3-105 所示的"选择图形文件"对话框,可在对话框中选择要插入块的图形文件。

图 3-104　块选项面板

图 3-105　选择块图形文件

5. 块插入示例

在图 3-106 所示土坑边缘线内侧插入边坡毛线。

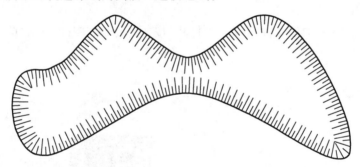

图 3-106　插入长度间隔变化的边坡毛线

(1) 绘制边坡毛线

利用直线命令绘制一条长度为 7 的线段。利用定义块命令将其定义为边坡毛线,插入基点选择直线的上端点。

(2) 插入边坡毛线

命令:divide　　　　　　　　　　　　　　　　　　　　　　　　(等分线条命令)
选择要定数等分的对象:
输入线段数目或 [块(B)]:b　　　　　　　　　　　　　　　　　(选择图块模式)
输入要插入的块名:边坡毛线
是否对齐块和对象? [是(Y)/否(N)] <Y>:　　　　　　　　　　　(按【Enter】键)
输入线段数目:210　　　　　　　　　　　　　　　　　(输入数值后按【Enter】键)

3.8.4　块的修改

当插入的图块不能完全符合要求而需要修改时,要使用 EXPLODE(分解)命令炸开图块,作为下一级图元文件才可以修改,如果图块有嵌套,即图块中有图块,有时一次炸不开,需要局部做二次炸开。

3.8.5 使用外部参照

外部参照是指在一幅图形中对另一幅外部图形的引用。外部参照有两种基本用途。首先,它是用户在当前图形中引入不必修改的标准元素的一个途径;其次,它是在多个图形中应用相同图形数据的一种手段。

当任何一个用户对外部参照图形进行修改后,系统都会自动在它所附加的或覆盖的图形中将其更新,这是外部参照和块引用的显著区别。

1. 功能

外部参照是指在一幅图形中对另一幅外部图形的引用。

2. 调用

- 菜单栏:"插入"→"外部参照"命令。
- 命令行:XATTACH。

3. 命令提示

执行该命令后,弹出图 3-107 所示"选择参照文件"对话框。

4. 命令说明

在该对话框中选择参照文件后,单击"打开"按钮,弹出图 3-108 所示"附着外部参照"对话框。

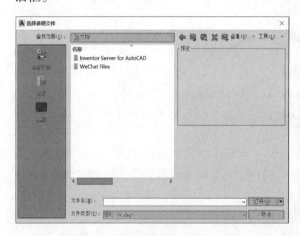

图 3-107 "选择参照文件"对话框

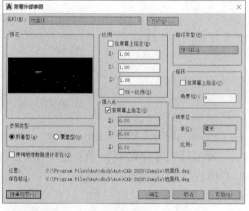

图 3-108 "附着外部参照"对话框

- "名称"下拉列表框:显示外部参照文件的名称。
- "参照类型"选项组:设置外部参照的类型。
- "插入点"选项组:设置参照图形的插入点。
- "比例"选项组:设置参照图形的插入比例。
- "旋转"选项组:设置参照图形在插入时的旋转角度。

3.9 实例练习

练习一(见图 3-109)

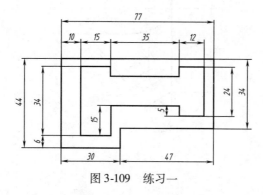

图 3-109　练习一

练习二(见图 3-110)

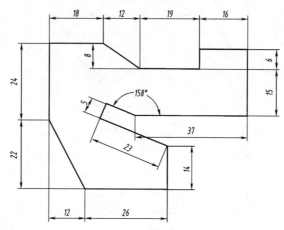

图 3-110　练习二

练习三(见图 3-111)

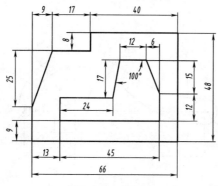

图 3-111　练习三

练习四（见图3-112）

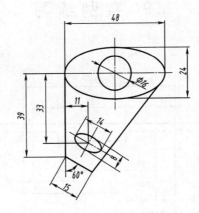

图3-112　练习四

练习五（见图3-113）

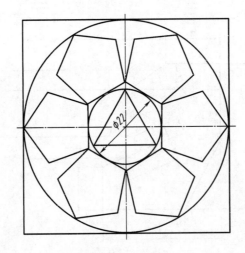

图3-113　练习五

练习六（见图3-114）

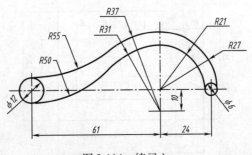

图3-114　练习六

练习七(见图 3-115)

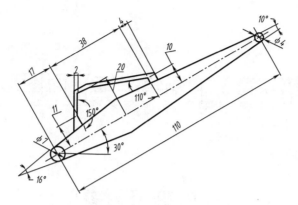

图 3-115　练习七

练习八(见图 3-116)

练习九(见图 3-117)

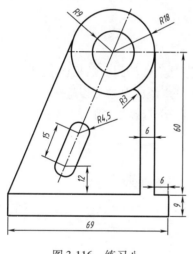

图 3-116　练习八

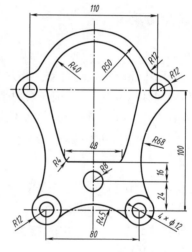

图 3-117　练习九

第4章　编辑二维平面图形

4.1　调整对象

在 AutoCAD 中,可以通过"删除""移动""旋转"等方式改变图形对象的位置,以达到调整对象的目的。

通常可以通过下列方法调用调整对象的命令:功能区"修改"面板;"修改"下拉菜单。

4.1.1　删除对象

1. 功能

可以从图形中删除选定的对象。此方法不会将对象移动到剪贴板(通过剪贴板,随后可以将对象粘贴到其他位置)。有时无须选择要删除的对象,而是可以输入一个选项。例如,输入 L,则删除绘制的上一个对象;输入 P,则删除前一个选择集;输入 ALL,则删除所有对象;还可以输入"?",以获得所有选项的列表。

2. 调用

- 功能区:"默认"选项卡→"修改"面板→"删除"按钮。
- 菜单栏:"修改"→"删除"命令。
- 工具栏:"修改"工具栏中的"删除"按钮。
- 命令行:ERASE。

3. 操作

① 执行"删除"命令后,命令行提示:

```
命令: _erase
        ERASE 选择对象:
```

② 选择要删除的对象,命令行提示:

```
选择对象: 找到 1 个
        ERASE 选择对象:
```

③ 命令行继续提示选择对象。在此提示下可继续选择其他要删除的对象,完毕后按【Enter】键确认选择,命令结束,删除已选择的对象。

比"删除"命令更快捷的删除操作是选择对象后按【Delete】键,或单击"删除"按钮,或右击并从弹出的快捷菜单中选择"删除"命令。

还有,在命令行输入命令 OOPS,可以恢复最近删除的选择集,即使删除一些对象之后对图形进行了其他操作,OOPS 命令也能够代替 UNDO 命令恢复删除的对象,但不会恢复其他修改。

4.1.2 移动对象

1. 功能

通过移动对象可以调整绘图中各个对象间的相对或绝对位置。使用 AutoCAD 提供的"移动"命令可以按指定的位置或距离精确地移动对象,移动对象仅仅是位置平移,而不改变对象的方向和大小。

2. 调用

- 功能区:"默认"选项卡→"修改"面板→"移动"按钮✥ 移动。
- 菜单栏:"修改"→"移动"命令。
- 工具栏:"修改"工具栏中的"移动"按钮✥。
- 命令行:MOVE。

3. 操作

① 执行"移动"命令后,命令行提示:

> 命令: _move
> ✥▼ MOVE 选择对象:

② 在该提示下选择要移动的对象并按【Enter】键确认,命令行继续提示:

> 选择对象: 指定对角点: 找到 6 个
> ✥▼ MOVE 选择对象:

③ 在绘图区域指定基点位置,即指定移动的起点,或直接输入距离值后按【Enter】键,命令行提示:

> 指定基点或 [位移(D)] <位移>:
> ✥▼ MOVE 指定第二个点或 <使用第一个点作为位移>:

结合使用第一个点来指定一个矢量,以指明选定对象要移动的距离和方向。建议使用相对坐标给出移动的方向和距离。如果按【Enter】键以接受将第一个点用作位移值,则第一个点将被认为是相对 x、y、z 的位移。

位移(D)选项:指定相对距离和方向,指定的两点定义一个矢量,指示复制对象的放置离原位置有多远以及以哪个方向放置。

用"位移"选项移动对象时,命令行提示:

> 指定基点或 [位移(D)] <位移>: d
> ✥▼ MOVE 指定位移 <0.0000, 0.0000, 0.0000>:

根据提示输入移动后的图形相对于移动前图形的距离后按【Enter】键,即完成移动。使用定点设备确定基点(通常选取图形的特征点)后,在确定第二个点时,还可配合使用"正交"模式、"对象捕捉"或"极轴追踪"来确定移动对象的位置。

4.1.3 旋转对象

1. 功能

在编辑调整绘图时,常需要旋转对象来改变其放置方式及位置。使用"旋转"命令可以围绕基点将选定对象旋转到一个绝对的角度。

2. 调用

- 功能区:"默认"选项卡→"修改"面板→"旋转"按钮 旋转。
- 菜单栏:"修改"→"旋转"命令。
- 工具栏:"修改"工具栏中的"旋转"按钮。
- 命令行:ROTATE。

3. 操作

① 执行"旋转"命令后,命令行提示:

```
命令:_rotate
UCS 当前的正角方向: ANGDIR=逆时针 ANGBASE=0.00
ROTATE 选择对象:
```

> 提示
> 说明当前角度的正方向为逆时针方向,x 轴正方向为零角度方向。

② 在该提示下选择要旋转的对象,可依次选择多个对象并按【Enter】键确认,命令行提示:

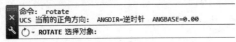

③ 根据提示指定对象旋转的基点,即对象旋转时所围绕的中心点。可用鼠标拾取绘图区上的点,也可以输入坐标值指定点,命令行提示:

`ROTATE 指定旋转角度, 或 [复制(C) 参照(R)] <0.00>:`

④ 在此提示下直接输入角度值指定角度,系统将按指定的基点和角度旋转所选对象。角度为正时逆时针旋转,角度为负时顺时针旋转,也可以用鼠标在某角度方向上单击以指定角度,如图 4-1 所示。

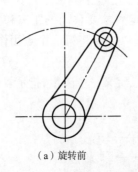
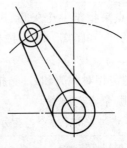

(a)旋转前   (b)旋转后(旋转角度为60°)

图 4-1 旋转操作

- "复制(C)"选项:创建要旋转的选定对象的副本,旋转后原对象不会被删除。命令行提示:

```
指定旋转角度，或 [复制(C)/参照(R)] <0.00>: c
旋转一组选定对象。
ROTATE 指定旋转角度，或 [复制(C) 参照(R)] <0.00>:
```

此时再输入旋转的角度值，并按【Enter】键确认，即完成复制旋转，图 4-2 所示为复制旋转对象前后对比。

- "参照(R)"选项：将对象从指定的角度旋转到新的绝对角度。选择参照后，命令行提示：

```
指定旋转角度，或 [复制(C)/参照(R)] <0.00>: r
指定参照角 <0.00>: 15
ROTATE 指定新角度或 [点(P)] <0.00>:
```

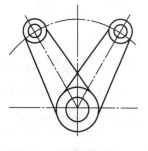

图 4-2　复制旋转对象

根据提示需要依次指定参照方向的角度值和相对于参照方向的角度值。参照角度即从旋转基点到对象某一参照点的连线与 x 轴正方向的角度，该角度值可以直接输入，也可以通过拾取旋转基点和对象上的参照点来定义。

这种旋转方式的执行过程是：将对象先假想地绕基点旋转参照角度（转动方向与由系统变量 ANGDIR 确定的方向相反），然后再旋转新角度，这种旋转方式的实际旋转角度为（新角度 − 参照角），选定对象即可按此角度旋转。

"点(P)"选项：可拾取任意两个点以指定新的角度，不再局限于将基点作为参照点。根据提示指定第一点，再指定第二点，据此可进行对象的旋转，命令行提示：

```
指定旋转角度，或 [复制(C)/参照(R)] <0.00>: r
指定参照角 <0.00>: 15
指定新角度或 [点(P)] <0.00>: p
ROTATE 指定第一点： 指定第二点：
```

4. 操作示例

将图 4-3(a)所示的矩形绕 A 点旋转到三角形斜边上，旋转角度未知，旋转结果如图 4-3(b)所示。此时，可通过"参照"选项，指定参照角来确定实际的转角，操作步骤如下：

① 调用"旋转"命令，选择矩形对象和指定基点。

② 选择"参照(R)"选项后，系统提示指定参照角，通过拾取旋转基点 A 和旋转对象上的参照点 B 来确定此角。

③ 确定好参照角后，系统提示指定新角度，通过拾取 C 点来确定此角，此时矩形就可绕 A 点旋转到三角形斜边上。

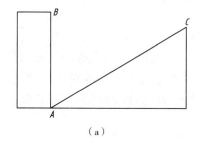 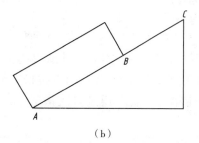

(a)　　　　　　　　　　　　(b)

图 4-3　"参照"旋转

4.2 创建对象副本

创建对象副本包括"复制对象""镜像对象""偏移对象""阵列对象"。AutoCAD 2020 中,复制、镜像、偏移和阵列操作可以用来创建与原对象相同的副本,且可一次创建多个。

4.2.1 复制对象

1. 功能

在指定方向上按指定距离复制对象。在绘图中,当需要绘制一个或多个与原对象完全相同的对象时,不必逐个去绘制,只要使用 AutoCAD 提供的"复制"命令,配合坐标、对象捕捉、对象追踪等工具,即可按指定位置精确创建一个或多个原始对象的副本对象。使用 COPYMODE 系统变量,可以控制是否自动创建多个副本。

2. 调用

- 功能区:"默认"选项卡→"修改"面板→"复制"按钮。
- 菜单栏:"修改"→"复制"命令。
- 工具栏:"修改"工具栏中的"复制"按钮。
- 命令行:COPY。

3. 操作

① 执行"复制"命令后,命令行提示:

```
命令: _copy
COPY 选择对象:
```

② 在该提示下选择要复制的对象,使用对象选择方法可依次选择多个对象后按【Enter】键确认,命令行提示:

```
选择对象: 指定对角点: 找到 8 个
选择对象:
当前设置: 复制模式 = 多个
COPY 指定基点或 [位移(D) 模式(O)] <位移>:
```

③ 此时显示了复制操作的当前模式为"多个",注意复制的操作过程与移动的操作过程完全一致,也是通过指定基点和第二个点来确定复制对象的位移矢量。根据提示可用鼠标拾取指定复制的基点或者直接输入坐标值,命令行提示:

```
指定基点或 [位移(D)/模式(O)] <位移>:
COPY 指定第二个点或 [阵列(A)] <使用第一个点作为位移>:
```

④ 在该提示下直接按【Enter】键,系统将以第一点的各坐标分量作为复制的位移量复制对象。如果指定第二个点,系统就会按指定位置创建所选对象的副本对象,之后命令行会反复提示"指定第二个点",通过多次指定第二个点的位置,即可创建多个副本对象。命令行提示:

```
指定第二个点或 [阵列(A)] <使用第一个点作为位移>:
COPY 指定第二个点或 [阵列(A) 退出(E) 放弃(U)] <退出>:
```

复制命令包含了"放弃(U)"选项,它可以在一个复制操作过程中撤销多个复制的对象;

"退出(E)"即完成复制,可按【Enter】键或【Esc】键。

- "位移(D)"选项:使用坐标指定相对距离和方向。指定的两点定义一个矢量,指示复制对象的放置离原位置有多远以及往哪个方向放置。如果在"指定第二个点"提示下按【Enter】键,则第一个点将被认为是相对 x、y、z 的位移。例如,如果指定基点为"2,3"并在下一个提示下按【Enter】键,对象将被复制到距其当前位置在 x 方向上 2 个单位、在 y 方向上 3 个单位的位置。
- "模式(O)"选项:控制命令是否自动重复(COPYMODE 系统变量)。命令行提示:

```
指定基点或 [位移(D)/模式(O)] <位移>: o
COPY 输入复制模式选项 [单个(S) 多个(M)] <多个>:
```

单个(S):创建选定对象的单个副本,并结束命令。

多个(M):替代"单个"模式设置,在命令执行期间,将 COPY 命令设置为自动重复。

- "阵列(A)"选项:用"阵列"选项复制对象时,命令行提示:

```
指定第二个点或 [阵列(A)] <使用第一个点作为位移>: A
COPY 输入要进行阵列的项目数:
```

指定在线性阵列中排列的副本数量。指定阵列中的项目数,包括原始选择集,之后命令行提示:

```
输入要进行阵列的项目数: 5
COPY 指定第二个点或 [布满(F)]:
```

"指定第二个点":确定阵列相对于基点的距离和方向。默认情况下,阵列中的第一个副本将放置在指定的位移,其余副本使用相同的增量位移放置在超出该点的线性阵列中,如图 4-4 所示。

"布满(F)"选项:重新定义阵列以使用指定的位移作为最后一个副本而不是第一个副本的位置,在原始选择集和最终副本之间布满其他副本,如图 4-5 所示。

图 4-4 "阵列"复制　　　　图 4-5 "布满"阵列复制

4. 利用剪贴板进行复制粘贴

除了用 AutoCAD 命令进行复制,一次可以复制出一个或多个相同的被选定对象,还可以使用 Windows 剪贴板来剪切或复制对象,可以从一个图形(文件)到另一个图形(文件)、从图纸空间到模型空间(反之亦然),或者在 AutoCAD 和其他应用程序之间复制对象,但一次只能复制出一个相同的被选定对象。

①不带基点复制。"复制"操作有四种方法:选择菜单"编辑"→"复制"命令;按【Ctrl + C】组合键;右击并在弹出的快捷菜单中选择"剪贴板"→"复制"命令;运行 COPYCLIP 命令。每种方法,命令行都提示:

```
命令: _copyclip
COPYCLIP 选择对象:
```

根据提示选择对象后确认选择即可。完成复制后还要进行"粘贴"操作,同样有四种方法:选择菜单"编辑"→"粘贴"命令;按【Ctrl+V】组合键;右击并在弹出的快捷菜单中选择"剪贴板"→"粘贴"命令;运行 PASTECLIP 命令。命令行提示:

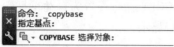

根据提示在图中某位置单击,系统便在该位置复制出相同的对象。

②带基点复制。将选定的对象与指定的基点一起复制到剪贴板。使用 COPYCLIP 或 CUTCLIP 命令将对象复制或剪切到剪贴板后,很难把这些对象粘贴到另一个图形中准确的位置上,但带基点复制的方法可以解决这个问题。此时"复制"操作有四种方法:选择菜单"编辑"→"带基点复制"命令;按【Ctrl+Shift+C】组合键;右击并在弹出的快捷菜单中选择"剪贴板"→"带基点复制"命令;运行 COPYBASE 命令。命令行提示:

```
命令:_copybase
指定基点:
 - COPYBASE 选择对象:
```

根据提示先选择基点,再选择对象,最后确认选择即可。完成复制后再进行"粘贴"操作,只是粘贴使用 COPYBASE 命令复制的对象时,将相对于指定的基点放置该对象。以上是在先执行命令然后再选择对象的复制操作,也可以先选择对象后再进行复制、粘贴操作,这里不再赘述。

5. 通过拖动移动和复制对象

可以在其中一个选定的对象上单击来选择对象,并将其拖动到新位置或按【Ctrl】键进行复制。使用此方法,可以在打开的图形以及其他应用程序之间拖放对象。如果使用鼠标右键而非左键进行拖动,拖动对象后系统会显示一个快捷菜单,包括"移动到此处""复制到此处""粘贴为块""取消"等命令。

另外,也可以使用"夹点"快速移动和复制对象。

4.2.2 镜像

1. 功能

创建选定对象的镜像副本。即可以创建表示半个图形的对象,选择这些对象并沿指定的线进行镜像以创建另一半。该命令主要用于创建对称性的对象,而不必绘制整个图形,通过指定临时镜像线镜像对象,镜像时可以删除原对象,也可保留原对象。默认情况下,镜像文字对象时,不更改文字的方向。

2. 调用

- 功能区:"默认"选项卡→"修改"面板→"镜像"按钮 △。
- 菜单栏:"修改"→"镜像"命令。
- 工具栏:"修改"工具栏中的"镜像"按钮 △。
- 命令行:MIRROR。

3. 操作

① 执行"镜像"命令后,命令行提示:

```
命令:_mirror
MIRROR 选择对象:
```

② 在该提示下使用一种对象选择方法来选择要镜像的对象,按【Enter】键完成,命令行提示:

```
选择对象:指定对角点:找到 1 个
选择对象:
MIRROR 指定镜像线的第一点:指定镜像线的第二点:
```

③ 依次指定镜像线上的两个端点。指定的两个点将成为直线的两个端点,选定对象相对于这条直线被镜像。命令行提示:

```
指定镜像线的第一点:指定镜像线的第二点:
MIRROR 要删除源对象吗?[是(Y) 否(N)] <N>:
```

④ 确定在镜像原始对象后,是删除还是保留它们。在该提示下直接按【Enter】键,则创建镜像对象的同时将保留源对象,达到绕指定轴翻转对象创建对称的镜像图像。如果输入 Y 并按【Enter】键,则创建镜像对象的同时会删除掉源对象。

利用镜像命令绘制对称图形非常方便。如图 4-6 所示,绘制出零件的半部分,另一半即可通过镜像命令来实现,下面通过此图形的绘制对镜像命令选项进行说明。

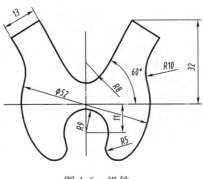

图 4-6 机件

首先绘制出图形的右半部分,如图 4-7 所示。打开对象捕捉和极轴追踪,设置捕捉方式为"交点""圆心",设置增量角为 60°。

① 绘制点画线 A、B(确定主要定位线)。点画线 A、B 的两端点均任意拾取。

```
命令:line 指定第一点:
指定下一点或 [放弃(U)]:
指定下一点或 [放弃(U)]:
命令:line 指定第一点:
指定下一点或 [放弃(U)]:
指定下一点或 [放弃(U)]:
```

② 绘制直线 C、D(定位线)。直线 C、D 的第一端点均采用临时追踪的方法拾取,另一端点任意拾取。

```
命令:line 指定第一点:tt 指定临时对象追踪点:
指定第一点:32
指定下一点或 [放弃(U)]:
指定下一点或 [放弃(U)]:
命令:line 指定第一点:tt 指定临时对象追踪点:
指定第一点:11
指定下一点或 [放弃(U)]:
指定下一点或 [放弃(U)]:
```

③ 绘制直线 E、F、G。利用极轴追踪直线 E 与点画线 B 的夹角为 60°,利用捕捉交点捕捉到直线 E 的第二个端点,利用极轴追踪 330°方向输入直线 F 的长度 13,同理利用极轴追踪

和交点捕捉绘制直线 G 的端点。

命令：
LINE 指定第一点：
指定下一点或 [放弃(U)]：
指定下一点或 [放弃(U)]：13
指定下一点或 [放弃(U)]：
指定下一点或 [闭合(C)/放弃(U)]：

④ 绘制圆 H、K。捕捉圆心后输入半径即可。

命令：circle 指定圆的圆心或 [三点(3P)/两点(2P)/相切、相切、半径(T)]：
指定圆的半径或 [直径(D)] <26.000 0>：26
命令：circle 指定圆的圆心或 [三点(3P)/两点(2P)/相切、相切、半径(T)]：
指定圆的半径或 [直径(D)] <26.000 0>：9

⑤ 绘制圆 M、N。利用"相切、相切、半径"的方式绘制圆 M、N。

命令：circle 指定圆的圆心或 [三点(3P)/两点(2P)/相切、相切、半径(T)]：T
指定对象与圆的第一个切点：
指定对象与圆的第二个切点：
指定圆的半径 <9.000 0>：5
命令：circle 指定圆的圆心或 [三点(3P)/两点(2P)/相切、相切、半径(T)]：T
指定对象与圆的第一个切点：
指定对象与圆的第二个切点：
指定圆的半径 <5.000 0>：10

⑥ 利用修剪命令修剪多余线条。使图 4-7 变为图 4-8 所示样式。

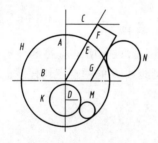
图 4-7 零件的主要定位线与右半部

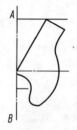
图 4-8 修剪后的图形

⑦ 启用镜像命令。启用镜像命令，AutoCAD 提示：

命令：mirror
选择对象：
在该提示下，选择图 4-8 所示的图形，AutoCAD 提示：
指定对角点：找到 10 个
选择对象：
在该提示下，按【Enter】键确认，AutoCAD 提示：
指定镜像线的第一点：
在该提示下，拾取点 A，AutoCAD 提示：
指定镜像线的第二点：
在该提示下，拾取点 B，AutoCAD 提示：
是否删除源对象？[是(Y)/否(N)] <N>：

在该提示下[N为默认值,即"不删除"],按【Enter】键不删除原对象,图4-8所示图形在使用镜像命令后为图4-9所示图形(直线AB实际是一条对称轴)。

⑧ 绘制圆C。在图4-9的基础上,绘制圆C,如图4-10所示,经修剪成为图4-6所示图形。

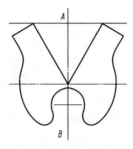 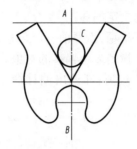

图4-9　镜像后的图形　　　　图4-10　绘制圆C

```
命令:circle 指定圆的圆心或 [三点(3P)/两点(2P)/相切、相切、半径(T)]: T
指定对象与圆的第一个切点:
指定对象与圆的第二个切点:
指定圆的半径 <10.000 0>:8
```

⑨ 修剪。用"修剪"命令,修剪多余线条。

4.2.3　偏移对象

1. 功能

创建同心圆、平行线和平行曲线。可以指定偏移距离或通过点偏移对象,偏移对象后,可以使用修剪和延伸等方式创建包含多条平行线和曲线的图形。为了使用方便,"偏移"命令将重复,要退出该命令,可按【Enter】键。

2. 调用

- 功能区:"默认"选项卡→"修改"面板→"偏移"按钮。
- 菜单栏:"修改"→"偏移"命令。
- 工具栏:"修改"工具栏中的"偏移"按钮。
- 命令行:OFFSET。

3. 操作

① 执行"偏移"操作后,命令行提示:

```
命令: _offset
当前设置: 删除源=否　图层=源　OFFSETGAPTYPE=0
OFFSET 指定偏移距离或 [通过(T) 删除(E) 图层(L)] <通过>:
```

② 当前设置显示了偏移设置为不删除偏移源、偏移后对象仍在原图层、OFFSETGAPTYPE系统变量的值为0。指定偏移距离,在距现有对象指定的距离处创建对象,输入偏移距离后按【Enter】键,命令行提示:

```
指定偏移距离或 [通过(T)/删除(E)/图层(L)] <5.00>:
选择要偏移的对象, 或 [退出(E)/放弃(U)] <退出>:
OFFSET 指定要偏移的那一侧上的点, 或 [退出(E) 多个(M) 放弃(U)] <退出>:
```

③ 此时选择要偏移的对象,接着在对象一侧指定某个点以指示在原始对象的内部还是外部偏移对象。偏移操作只允许一次选择一个对象,但是偏移操作会自动重复,可以偏移一个对象后再选择另一个对象,且只能以"单击选择"的方式选择要偏移的对象。多次响应命令行提示可按指定的距离创建多个偏移对象。

图 4-11 所示为指定偏移距离的操作。

- "放弃(U)"选项:恢复前一个偏移,它可以在一个偏移操作过程中撤销多个偏移的对象。
- "退出(E)"选项:即退出偏移命令,可按【Enter】键或【Esc】键。

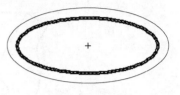

图 4-11 指定偏移距离

- "多个(M)"选项:输入"多个"偏移模式,这将使用当前偏移距离重复进行偏移操作,而不需要选择一次偏移一次,还能反映出此时距选择的对象的距离,按【Enter】键后又回到"选择要偏移的对象"状态。
- "通过(T)"选项:创建通过指定点的对象,命令行提示:

```
当前设置: 删除源=否  图层=源  OFFSETGAPTYPE=0
指定偏移距离或 [通过(T)/删除(E)/图层(L)] <通过>: t
选择要偏移的对象, 或 [退出(E)/放弃(U)] <退出>:
OFFSET 指定通过点或 [退出(E) 多个(M) 放弃(U)] <退出>:
```

选择要偏移的对象,然后指定一个通过点,将通过指定点创建偏移对象,并且系统会反复做出"选择要偏移的对象"提示,多次响应以上提示后,可依次通过指定点创建多个偏移对象。图 4-12 所示为"通过"偏移对象操作。

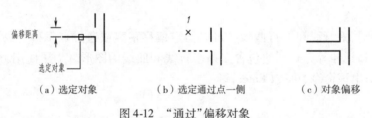

(a) 选定对象　　　　(b) 选定通过点一侧　　　　(c) 对象偏移

图 4-12 "通过"偏移对象

- "删除(E)"选项:偏移源对象后将其删除,命令行提示:

```
指定偏移距离或 [通过(T)/删除(E)/图层(L)] <通过>: e
要在偏移后删除源对象吗?[是(Y)/否(N)] <否>: y
OFFSET 指定偏移距离或 [通过(T) 删除(E) 图层(L)] <通过>:
```

- "图层(L)"选项:确定将偏移对象创建在当前图层上还是源对象所在的图层上,命令行提示:

```
指定偏移距离或 [通过(T)/删除(E)/图层(L)] <通过>: l
OFFSET 输入偏移对象的图层选项 [当前(C) 源(S)] <源>:
```

偏移对象是创建其形状与原始对象平行的新对象。一种有效的绘图技巧是偏移对象,然后修剪或延伸其端点。如果偏移圆或圆弧,则会创建更大或更小的圆或圆弧,具体取决于指定为向哪一侧偏移。如果偏移多段线,将生成平行于原始对象的多段线,样条曲线在偏移距离大于可调整的距离时将自动进行修剪。如果给定的距离值或要通过的点的位置不合适,或指定的对象不能由"偏移"命令确认,系统会给出相应的提示。

OFFSETGAPTYPE 系统变量用于控制偏移多段线时处理线段之间的潜在间隙的方式。

如果值为0,延伸线段填补间隙;如果值为1,用一个圆弧填补间隙,圆弧的半径等于偏移距离;如果值为2,用一个倒角线段填补间隙,在原始对象上从每个倒角到其相应顶点的垂直距离等于偏移距离。

4.2.4 阵列

1. 功能

阵列对象就是以矩形、路径或环形方式多重复制对象。对于矩形阵列,可以通过指定行和列的数目以及两者之间的距离来控制阵列后的效果;对于路径阵列,可以通过路径指定阵列对象数目以及两者之间的距离来控制阵列后的效果;而对于环形阵列,则需要确定组成阵列的副本数量以及是否旋转副本等。

2. 调用

- 功能区:"默认"选项卡→"修改"面板→"阵列"下拉按钮 阵列 →"矩形阵列"按钮 矩形阵列 或"路径阵列"按钮 路径阵列 或"环形阵列"按钮 环形阵列 。
- 菜单栏:"修改"→"阵列"→"矩形阵列"命令或"路径阵列"命令或"环形阵列"命令。
- 工具栏:"修改"工具栏中的"矩形阵列"按钮 或"路径阵列"按钮 或"环形阵列"按钮 。
- 命令行:"矩形阵列"ARRAYRECT,"路径阵列"ARRAYPATH,"环形阵列"ARRAYPOLAR。

3. 矩形阵列

将对象副本分布到行、列的任意组合。

① 执行阵列命令后,功能区显示阵列创建选项卡,功能面板变为阵列创建面板。在类型面板中可选阵列方式。命令行提示:

```
命令: _arrayrect
ARRAYRECT 选择对象:
```

② 在该提示下选择要在阵列中使用的对象,按【Enter】键完成,命令行提示:

```
选择对象:
类型 = 矩形  关联 = 是
选择夹点以编辑阵列或 [关联(AS)/基点(B)/计数(COU)/间距(S)/列数(COL)/行数(R)/层数(L)/退出(X)] <退出>:
ARRAYRECT 选择夹点以编辑阵列或 [关联(AS) 基点(B) 计数(COU) 间距(S) 列数(COL) 行数(R) 层数(L) 退出(X)]
<退出>:
```

③ 执行"行数(R)"选项,指定阵列的行数、它们之间的距离以及行之间的增量。命令行提示:

```
输入行数数或 [表达式(E)] <3>:
指定 行数 之间的距离 或 [总计(T)/表达式(E)] <80.03>: t
输入起点和端点 行数 之间的总距离 <160.05>:
ARRAYRECT 指定 行数 之间的标高增量或 [表达式(E)] <0>:
```

根据提示输入行数、行间距(指定从每个对象的相同位置测量的每行之间的距离)及其增量(设置每个后续行的增大或减小的距离)等,完成阵列行数和间距的编辑。各项含义如下:

- "总计(T)"选项:指定从开始和结束对象上的相同位置测量的起点和终点行之间的总距离。
- "表达式(E)"选项:基于数学公式或方程式导出值。

④ 执行"列数(COL)"选项,编辑列数和列间距。命令行提示:

```
选择夹点以编辑阵列或 [关联(AS)/基点(B)/计数(COU)/间距(S)/列数(COL)/行数(R)/层数(L)/退出(X)] <退出>: col
输入列数数或 [表达式(E)] <4>:
ARRAYRECT 指定 列数 之间的距离或 [总计(T) 表达式(E)] <80.03>:
```

根据提示输入列数、列间距(指定从每个对象的相同位置测量的每列之间的距离),完成列数、列间距的编辑。各选项的含义如下:

- "总计(T)"选项:指定从开始和结束对象上的相同位置测量的起点和终点列之间的总距离。
- "表达式(E)"选项:基于数学公式或方程式导出值。

还可以根据不同的需要选择其余选项来定义矩形阵列,各选项的含义如下:

- "关联(AS)"选项:指定阵列中的对象是关联的还是独立的。执行关联,命令行提示:

```
ARRAYRECT 创建关联阵列 [是(Y) 否(N)] <是>:
```

是:包含单个阵列对象中的阵列项目,类似于块。使用关联阵列,可以通过编辑特性和源对象在整个阵列中快速传递更改。

否:创建阵列项目作为独立对象。更改一个项目不影响其他项目。

- "基点(B)"选项:定义阵列基点和基点夹点的位置。命令行提示:

```
ARRAYRECT 指定基点或 [关键点(K)] <质心>:
```

基点:指定用于在阵列中放置项目的基点。

关键点:指定源对象上的关键点作为基点。对于关联阵列,在源对象上指定有效的约束(或关键点)以与路径对齐。如果编辑生成的阵列的源对象或路径,阵列的基点保持与源对象的关键点重合。

- "计数(COU)"选项:指定行数和列数并使用户在移动光标时可以动态观察结果(一种比"行和列"选项更快捷的方法)。
- "间距(S)"选项:指定行间距和列间距并可在用户移动光标时动态观察结果。命令行提示:

```
指定列之间的距离或 [单位单元(U)] <49.57>:
ARRAYRECT 指定行之间的距离 <49.57>:
```

行间距:指定从每个对象的相同位置测量的每行之间的距离。

列间距:指定从每个对象的相同位置测量的每列之间的距离。

单位单元:通过设置等同于间距的矩形区域的每个角点同时指定行间距和列间距。

- "层数(L)"选项:指定三维阵列的层数和层间距。

在矩形阵列中,动态预览可允许快速地获得行和列的数量和间距,通过拖动阵列夹点,可以增加或减小阵列中行和列的数量和间距,可以围绕 xy 平面中的基点旋转阵列。对于关联阵列,可以在以后编辑轴的角度,也可以使用选定路径阵列上的夹点更改阵列配置,如图4-13所示。某些夹点具有多个操作,当夹点处于选定状态(并变为红色),可以按

【Ctrl】键来循环"移动"和"层数",可以利用夹点进行"移动""旋转""比例缩放""镜像"操作,命令行提示将显示当前操作。

4. 路径阵列

沿路径或部分路径均匀分布对象副本。路径可以是直线、多段线、三维多段线、样条曲线、螺旋、圆弧、圆或椭圆。

① 执行"路径阵列"操作后,命令行提示:

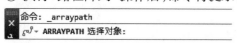

② 在该提示下选择要在阵列中使用的对象,按【Enter】键完成,命令行提示:

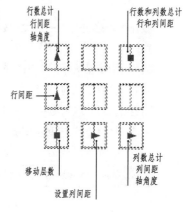

图 4-13 使用夹点更改阵列配置

③ 根据"选择路径曲线"提示,指定用于阵列路径的对象,选择直线、多段线、三维多段线、样条曲线、螺旋、圆弧、圆或椭圆。命令行提示:

再根据所要创建的路径阵列,进行相关选项的设置,以期达到阵列目的,各选项的含义如下:

- "关联(AS)"选项:指定是否创建阵列对象,或者是否创建选定对象的非关联副本。

是:创建单个阵列对象中的阵列项目,类似于块,使用关联阵列,可以通过编辑特性和源对象在整个阵列中快速传递更改。

否:创建阵列项目作为独立对象,更改一个项目不影响其他项目。

- "方法(M)"选项:定义方法,控制如何沿路径分布项目,命令行提示:

定数等分:将指定数量的项目沿路径的长度均匀分布。

定距等分:以指定的间隔沿路径分布项目。

- "基点(B)"选项:定义阵列的基点,路径阵列中的项目相对于基点放置。命令行提示:

基点:用于在相对于路径曲线起点的阵列中放置项目的基点。

关键点:对于关联阵列,在源对象上指定有效的约束(或关键点)以与路径对齐。如果编辑生成的阵列的源对象或路径,阵列的基点保持与源对象的关键点重合。

单击阵列图形上的一点后,重新回到命令行提示以设置其他选项。

- "方向(Z)"选项:定义方向,控制是否保持项目的原始 Z 方向或沿三维路径自然倾斜项目。命令行提示:

- "切向(T)"选项:指定阵列中的项目相对于路径的起始方向对齐的方式。命令行

提示:

> 指定切向矢量的第一个点或 [法线(N)]:
> ARRAYPATH 指定切向矢量的第二个点:

两点:指定表示阵列中的项目相对于路径的切线的两个点,两个点的矢量建立阵列中第一个项目的切线,"对齐项目"设置控制阵列中的其他项目是否保持相切或平行方向,否则,根据路径曲线的起始方向调整第一个项目的 Z 方向。

- "项目(I)"选项:根据"方法(M)"设置,指定项目数或项目之间的距离。命令行提示:

> ARRAYPATH 输入沿路径的项目数或 [表达式(E)] <6>:

或

> ARRAYPATH 指定沿路径的项目之间的距离或 [表达式(E)] <49.57>:

沿路径的项目数:使用值或表达式指定阵列中的项目数(当"方法"为"定数等分"时可用)。

沿路径的项目之间的距离:使用值或表达式指定阵列中的项目的距离(当"方法"为"定距等分"时可用)。

默认情况下,使用最大项目数填充阵列,这些项目使用输入的距离填充路径,可以指定一个更小的项目数(如果需要)。也可以启用"填充整个路径",以便在路径长度更改时调整项目数。

- "行(R)"选项:指定阵列中的行数、它们之间的距离以及行之间的增量标高。
- "层(L)"选项:指定三维阵列的层数和层间距。
- "对齐项目(A)"选项:指定是否对齐每个项目以与路径的方向相切,对齐相对于第一个项目的方向,命令行提示:

> ARRAYPATH 是否将阵列项目与路径对齐?[是(Y) 否(N)] <是>:

图 4-14 所示为路径阵列对象,图 4-14(a)所示为已对齐,图 4-14(b)所示为未对齐。

(a)　　　　　　　　　　　　(b)

图 4-14　路径阵列对象

路径阵列完成后,可以利用 ARRAYEDIT 命令(或单击"编辑阵列"按钮)编辑关联阵列对象及其源对象,通过编辑阵列属性、编辑源对象或使用其他对象替换项,修改关联阵列。当选择和编辑单个阵列对象时,单击会显示"阵列创建"功能区上下文选项卡,如图 4-15 所示,可以在各"面板"上对阵列的参数进行修改,如阵列的个数、两者之间的距离、对齐方式等。在"阵列创建"功能区上下文选项卡上可用的阵列特性取决于选定阵列的类型。

也可以使用选定路径阵列中的夹点更改阵列配置。当将光标悬停在方形基准夹点上时,选项菜单可提供选择,例如,可以选择"行数"选项,然后进行拖动以将更多行添加到阵列中。如果拖动三角形夹点,可以更改沿路径进行排列的项目数。

图 4-15 "阵列创建"功能区上下文选项卡

5. 环形阵列

围绕中心点或旋转轴在环形阵列中均匀分布对象副本。

① 执行"环形阵列"操作后,命令行提示:

② 在该提示下选择要在阵列中使用的对象,按【Enter】键完成,命令行提示:

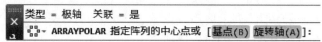

③ 根据提示指定阵列的中心点,即分布阵列项目所围绕的点,旋转轴是当前 UCS 的 z 轴。也可以根据需要指定阵列的基点或者自定义旋转轴,其选项的含义如下:

- "基点(B)"选项:指定用于在阵列中放置对象的基点。对于关联阵列,在源对象上指定有效的约束(或关键点)以用作基点。如果编辑生成的阵列源对象,阵列的基点保持与源对象的关键点重合。
- "旋转轴(A)"选项:指定由两个指定点定义的自定义旋转轴。

选定中心点后,将显示预览阵列,命令行提示:

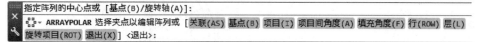

再根据所要创建的环形阵列,进行相关选项的设置,以期达到所要阵列的目的,各选项的含义如下:

- "关联(AS)"选项:指定阵列中的对象是关联的还是独立的。

是:包含单个阵列对象中的阵列项目,类似于块,使用关联阵列,可以通过编辑特性和源对象在整个阵列中快速传递更改。

否:创建阵列项目作为独立对象,更改一个项目不影响其他项目。

- "项目(I)"选项:使用值或表达式指定阵列中的项目数。当在表达式中定义填充角度时,结果值中的(+ 或 –)数学符号不会影响阵列的方向。命令行提示:

    ARRAYPOLAR 输入阵列中的项目数或 [表达式(E)] <6>:

- "项目间角度(A)"选项:使用值或表达式指定项目之间的角度。命令行提示:

    ARRAYPOLAR 指定项目间的角度或 [表达式(EX)] <60>:

- "填充角度(F)"选项:使用值或表达式指定阵列中第一个和最后一个项目之间的角度。命令行提示:

    ARRAYPOLAR 指定填充角度(+=逆时针、-=顺时针)或 [表达式(EX)] <360>:

- "行(ROW)"选项:指定阵列中的行数、它们之间的距离(从每个对象的相同位置测量的每行之间的距离)以及行之间的增量标高。命令行提示:

```
出>: row
输入行数或 [表达式(E)] <1>:
指定 行数 之间的距离或 [总计(T)/表达式(E)] <22.5>:
ARRAYPOLAR 指定 行数 之间的标高增量或 [表达式(E)] <0>:
```

总计(T):指定从开始和结束对象上的相同位置测量的起点和终点行之间的总距离。
表达式(E):基于数学公式或方程式导出值。
- "层(L)"选项:指定(三维阵列的)层数和层间距。
- "旋转项目(ROT)"选项:控制在排列项目时是否旋转项目。命令行提示:

```
ARRAYPOLAR 是否旋转阵列项目?[是(Y) 否(N)] <是>:
```

环形阵列(包括矩形阵列、路径阵列)创建完成后,按【Enter】键结束命令。"环形阵列"上下文菜单提供完整范围的设置,用于对间距、项目数和阵列中的层级进行调整,也可以在选定的环形阵列上使用夹点来更改阵列配置。当将光标悬停在方形基准夹点上时,选项菜单可提供选择。例如,可以选择拉伸半径,然后拖动以增大或缩小阵列项目和中心点之间的间距,如果拖动三角形夹点,可以更改填充角度。

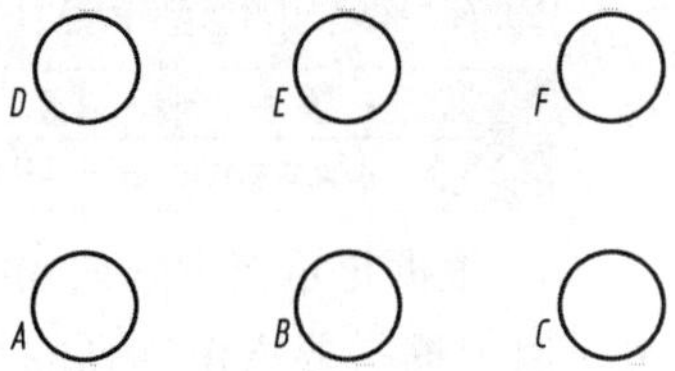

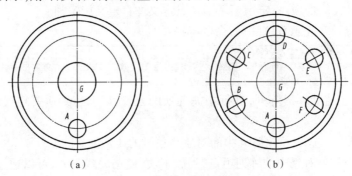

图 4-16　阵列圆 A

如图 4-16 所示,通过矩形阵列得到圆 B、C、D、E、F。
如图 4-17 所示,用环形阵列得出圆盘中的圆 B、C、D、E、F。

(a)　　　　　　　　　(b)

图 4-17　用环形阵列画出的圆盘

4.3　修改对象的形状和大小

在 AutoCAD 中,可以通过"修剪""延伸""缩放""拉伸""拉长"等方式改变图形对象的形状和大小。可以调整对象大小使其在一个方向上或是按比例增大或缩小,还可以通过移动端点、顶点或控制点来拉伸某些对象。

4.3.1　修剪对象

1. 功能

在编辑图形时,使用"修剪"命令可以精确地将某一对象终止于由其他对象定义的边界处。可以修剪的对象包括直线、圆弧、圆、多段线、椭圆、椭圆弧、构造线、样条曲线、块和图纸空间的布局视口等。

2. 调用

- 功能区:"默认"选项卡→"修改"面板→"修剪"按钮 。
- 菜单栏:"修改"→"修剪"命令。
- 工具栏:"修改"工具栏中的"修剪"按钮。
- 命令行:TRIM。

3. 操作

① 执行"修剪"操作后,命令行提示:

```
命令:_trim
当前设置:投影=UCS,边=无
选择剪切边...
TRIM 选择对象或 <全部选择>:
```

② 在该提示下选择作为修剪对象的剪切边的对象,可以选择多个对象,然后按【Enter】键确认,或者直接按【Enter】键执行"全部选择"命令,指定图形中的所有对象都可以用作修剪边界,命令行提示:

```
选择要修剪的对象,或按住 Shift 键选择要延伸的对象,或
TRIM [栏选(F) 窗交(C) 投影(P) 边(E) 删除(R) 放弃(U)]:
```

③ 选择要修剪的对象。该选项为默认项,指定修剪对象,如果有多个可能的修剪结果,那么第一个选择点的位置将决定结果。选择修剪对象时会重复提示,因此可以选择多个修剪对象,按【Enter】键退出修剪命令。图4-18所示为圆的修剪。在"全部选择"情况下,剪切边与被剪切边可以相互剪切,称为互剪,如图4-19所示。

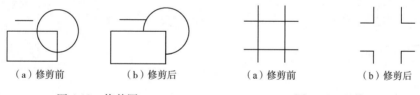

(a)修剪前　　(b)修剪后　　　　(a)修剪前　　(b)修剪后

图4-18　修剪圆　　　　　　图4-19　互剪

"按住Shift键选择要延伸的对象":延伸选定对象而不是修剪它们,此选项提供了一种在修剪和延伸之间切换的简便方法。按住【Shift】键的同时选择与修剪边不相交的对象,修剪边将变为延伸边界,将选择的对象延伸至与边界相交,如图4-18所示的直线延伸。

其他选项的含义如下:

- "栏选(F)"选项:用栏选的方式选择要修剪的对象,选择栏不构成闭合环,最初的拾取点将决定选定的对象的修剪方式。命令行提示:

```
[栏选(F)/窗交(C)/投影(P)/边(E)/删除(R)/放弃(U)]: f
指定第一个栏选点:
指定下一个栏选点或 [放弃(U)]:
TRIM 指定下一个栏选点或 [放弃(U)]:
```

- "窗交(C)"选项:用窗交的方式选择要修剪的对象,即选择矩形区域(由两点确定)内部或与之相交的对象。

- “投影(P)”选项：指定修剪对象时使用的投影方式。命令行提示：

```
-/-- TRIM 输入投影选项 [无(N) UCS(U) 视图(V)] <UCS>:
```

- “边(E)”选项：用来设置修剪边的隐含延伸模式，确定对象是在另一对象的延长边处进行修剪，还是仅在三维空间中与该对象相交的对象处进行修剪。命令行提示：

```
-/-- TRIM 输入隐含边延伸模式 [延伸(E) 不延伸(N)] <不延伸>:
```

延伸(E)：沿自身自然路径延伸剪切边使它与三维空间中的对象相交，即如果修剪边太短，没有与被修剪边相交，系统会假想地将修剪边延长，然后再进行修剪。

不延伸(N)：指定对象只在三维空间中与其相交的剪切边处修剪，即系统将只按边的实际相交情况修剪，当修剪边太短，没有与被修剪边相交时，将不进行延伸修剪。图 4-20 所示为对象的修剪。

（a）不延伸　　（b）延伸

图 4-20　修剪对象

注 意

修剪图案填充时，不要将“边”设置为“延伸”，否则，修剪图案填充时将不能填补修剪边界中的间隙，即使将允许的间隙设定为正确的值。

- “删除(R)”选项：删除选定的对象，此选项提供了一种用来删除不需要的对象的简便方式，而无须退出 TRIM 命令。命令行提示：

```
-/-- TRIM 选择要删除的对象或 <退出>:
```

- “放弃(U)”选项：撤销由 TRIM 命令所做的最近一次更改。

4.3.2 延伸对象

1. 功能

扩展对象以与其他对象的边相接，即可以将对象精确地延伸到由其他对象定义的边界处，也可以延伸到隐含边界。

2. 调用

- 功能区：“默认”选项卡→“修改”面板→“延伸”按钮 延伸。
- 菜单栏：“修改”→“延伸”命令。
- 工具栏：“修改”工具栏中的“延伸”按钮。
- 命令行：EXTEND。

3. 操作

① 执行“延伸”操作后，命令行提示：

```
命令: _extend
当前设置:投影=UCS, 边=延伸
选择边界的边...
--/- EXTEND 选择对象或 <全部选择>:
```

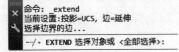

② 使用选定对象定义对象延伸到的边界。选择一个或多个对象并按【Enter】键，或者按【Enter】键执行“全部选择”命令，选择所有显示的对象，即显示的所有对象都将成为可能边界。命令行提示：

```
选择要延伸的对象，或按住 Shift 键选择要修剪的对象，或
--/▾ EXTEND [栏选(F) 窗交(C) 投影(P) 边(E) 放弃(U)]:
```

③ 选择要延伸的对象。系统将以延伸边界线为界，对要延伸的对象进行延伸，按【Enter】键结束命令。图 4-21 所示为延伸圆弧与直线相交。

（a）延伸前　　（b）延伸后

图 4-21　延伸圆弧

“按住 Shift 键选择要修剪的对象”：将选定对象修剪到最近的边界而不是将其延伸，这是在修剪和延伸之间切换的简便方法。

其他选项的含义如下：

- “栏选(F)”选项：选择与选择栏相交的所有对象，选择栏是一系列临时线段，它们是用两个或多个栏选点指定的，选择栏不构成闭合环。
- “窗交(C)”选项：选择矩形区域(由两点确定)内部或与之相交的对象。
- “投影(P)”选项：指定延伸对象时使用的投影方法。
- “放弃(U)”选项：放弃最近由 EXTEND 命令所做的更改。
- “边(E)”选项：将对象延伸到另一个对象的隐含边，或仅延伸到三维空间中与其实际相交的对象。命令行提示：

```
--/▾ EXTEND 输入隐含边延伸模式 [延伸(E) 不延伸(N)] <延伸>:
```

延伸(E)：沿其自然路径延伸边界对象以和三维空间中另一对象或其隐含边相交，即如果边界边太短，延伸边延伸后不能与其相交，系统会假想地将边界边延长，使延伸边伸长到与其相交的位置。

不延伸(N)：指定对象只延伸到在三维空间中与其实际相交的边界对象，即不将边界边假想地延长，如果延伸对象延伸后不能与其相交，则不进行延伸。

在“全部选择”情况下，延伸边与边界的边可以相互延伸，如图 4-22 所示。

（a）延伸前　　（b）延伸后

图 4-22　直线的延伸

这里特别指出，如果选取多个边界，则延伸对象先延伸到最近边界，再次选取这个对象，它将延伸到下一个边界。如果一个对象可以沿多个方向延伸，则由选取点的位置决定延伸方向。例如，在靠近左边端点的位置单击，则向左延伸；在靠近右边端点的位置单击，则向右延伸。

4.3.3 缩放对象

1. 功能

放大或缩小选定对象,使缩放后对象的比例保持不变。要缩放对象,应指定基点和比例因子,基点将作为缩放操作的中心,并保持静止,比例因子大于 1 时将放大对象,比例因子介于 0~1 时将缩小对象。

2. 调用

- 功能区:"默认"选项卡→"修改"面板→"缩放"按钮 缩放。
- 菜单栏:"修改"→"缩放"命令。
- 工具栏:"修改"工具栏中的"缩放"按钮。
- 命令行:SCALE。

3. 操作

① 执行"缩放"操作后,命令行提示:

```
命令: _scale
SCALE 选择对象:
```

② 指定要调整其大小的对象,按【Enter】键确认,命令行提示:

```
SCALE 指定基点:
```

③ 指定缩放操作的基点。指定的基点表示选定对象的大小发生改变时位置保持不变的点。当使用具有注释性对象的 SCALE 命令时,对象的位置将相对于缩放操作的基点进行缩放,但对象的尺寸不会更改。基点可以在选定对象上,也可不在选定对象上。指定基点后命令行提示:

```
SCALE 指定比例因子或 [复制(C) 参照(R)]:
```

④ 按指定的比例放大选定对象的尺寸。大于 1 的比例因子使对象放大,介于 0~1 的比例因子使对象缩小,还可以拖动光标使对象变大或变小。输入比例因子后按【Enter】键,所选对象就会按指定的比例因子相对于指定的基点进行缩放。

其他选项的含义如下:

- "复制(C)"选项:创建要缩放的选定对象的副本,命令行提示:

```
指定比例因子或 [复制(C)/参照(R)]: c
缩放一组选定对象。
SCALE 指定比例因子或 [复制(C) 参照(R)]:
```

此时再输入比例因子后,按【Enter】键,即完成复制缩放。图 4-23 所示为复制缩放,基点为圆心,比例因子为 0.5。

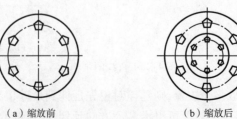

(a) 缩放前　　　　　　(b) 缩放后

图 4-23　复制缩放

- "参照(R)"选项:按参照长度和指定的新长度缩放所选对象。如果不能确定对象缩放的比例,可按参照方式缩放,依次输入参照长度的值和新的长度值,系统根据参照长度与新的长度的值自动计算比例因子(比例因子=新的长度/参照长度),对选定对象进行缩放。亦可拾取任意两个点以指定新的比例,不再局限于将基点作为参照点。命令行提示:

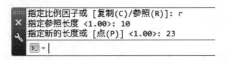

4.3.4 拉伸对象

1. 功能

拉伸与选择窗口或多边形交叉的对象,可以在某个方向上按指定的尺寸使对象变形。只拉伸窗交窗口部分包围的对象,将移动(而不是拉伸)完全包含在窗交窗口中的对象或单独选定的对象,某些对象类型(如圆、椭圆和块)无法拉伸。

2. 调用

- 功能区:"默认"选项卡→"修改"面板→"拉伸"按钮 拉伸。
- 菜单栏:"修改"→"拉伸"命令。
- 工具栏:"修改"工具栏中的"拉伸"按钮。
- 命令行:STRETCH。

3. 操作

① 执行"拉伸"操作后,命令行提示:

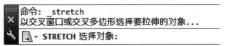

② 指定对象中要拉伸的部分。使用"圈交"选项或交叉对象选择方法,交叉窗口必须至少包含一个顶点或端点,可以在一个拉伸操作中多次选择对象,这样可同时按不同选择集拉伸对象,完成选择后,对象呈虚线状态,如图4-24所示。

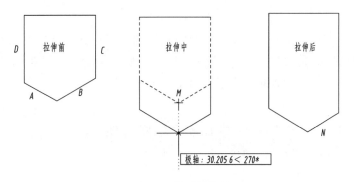

图4-24 图形的拉伸

按【Enter】键确认选择,命令行提示:

```
选择对象:
指定基点或 [位移(D)] <位移>:
STRETCH 指定第二个点或 <使用第一个点作为位移>:
```

③ 指定基点。在操作过程中,先指定一个拉伸基点,再指定位移的第二个点,选定的对象将从基点到第二个点的矢量距离进行拉伸,也可以结合对象捕捉、栅格捕捉和夹点捕捉等方式使对象产生更精确的变形,如图 4-24 所示的拉伸。

如果在"指定第二个点或 <使用第一个点作为位移>:"提示下直接按【Enter】键,将把第一点作为 x、y 向的位移值,即拉伸距离和方向将基于从图形中的(0,0,0)坐标到指定基点的距离和方向。

"位移(D)"选项:指定拉伸的相对距离和方向,此操作可使窗口内的端点按 x、y 的位移值进行拉伸。命令行提示:

```
指定基点或 [位移(D)] <位移>: d
指定位移 <0.00, 0.00, 0.00>: 50,40
键入命令
```

使用"拉伸"命令时,拉伸的对象至少有一个顶点或端点包含在交叉窗口内部,而对于完全包含在交叉窗口内部的任何对象,或是用单击方法选取的对象时,在执行拉伸操作的过程中,实际执行的是移动操作。

当要拉伸线、等宽线、区域填充等图形时,只可移动选择窗口内的端点,而选择窗口外的端点不动。当要拉伸圆弧时,也是窗口内的端点移动,而窗口外的端点不动,但在拉伸的过程中,圆弧的弦高保持不变。

对于圆、形、块、文本或属性定义,当它们的定义点位于选择窗口内,对它们进行拉伸时,这些对象可移动,否则,它们不会被移动。对象不同,其定义点的确定也有所不同:圆的定义点为圆心;形和块的定义点为插入点;文本和属性定义的定义点为字符串基线的左端点。

STRETCH 命令不会修改三维实体、多段线宽度、切线或者曲线拟合的信息。

4.3.5 拉长对象

1. 功能

更改对象的长度和圆弧的包含角。使用"拉长"命令可以改变非闭合直线、圆弧、非闭合多段线、椭圆弧以及非闭合样条曲线的长度,还可以改变圆弧的包含角,但对于闭合的图形对象不会产生影响。拉长的方向取决于在对象上单击的位置。

2. 调用

- 功能区:"默认"选项卡→"修改"面板→"拉长"按钮 。
- 菜单栏:"修改"→"拉长"命令。
- 命令行:LENGTHEN。

3. 操作

① 执行"拉长"操作后,命令行提示:

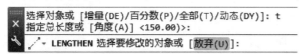

② 选择对象。该选项为默认项,兼有测量对象长度的作用,只能用单击选择。当单击某对象时,系统将显示所选对象的当前长度、包含角(如果对象有包含角)等信息,命令行提示:

③ 确定拉长方法。拉长的方法有四种,根据具体情况选择相应的选项。

- "增量(DE)"选项:以指定的增量修改对象的长度,该增量从距离选择点最近的端点处开始测量,差值还以指定的增量修改圆弧的角度,正值扩展对象,负值修剪对象。命令行提示:

长度增量:以指定的增量修改对象的长度,如图4-25所示。

角度(A):以指定的角度修改选定圆弧的包含角度,如图4-26所示。

图 4-25　长度增量拉长　　　　图 4-26　角度增量拉长

在命令行提示下输入长度或角度增量值后按【Enter】键,然后选择要修改的对象,系统将按指定的长度或角度增量,在离选取点近的一端变长或变短。多次响应该提示,就会按指定的长度或角度增量多次修改所选对象,最后按【Enter】键结束命令。

- "百分数(P)"选项:通过指定对象总长度的百分数设置对象长度。小于100则缩短对象,大于100则延长对象,执行该选项时,命令行提示:

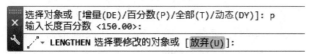

响应提示后即可修改对象,按【Enter】键结束命令。

- "全部(T)"选项:通过指定从固定端点测量的总长度的绝对值来设置选定对象的长度。"全部"选项也按照指定的总角度设置选定圆弧的包含角。命令行提示:

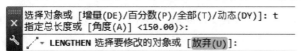

总长度:将对象从离选择点最近的端点拉长到指定值,如图4-27所示。

角度(A):设置选定圆弧的包含角,如图4-28所示。

在命令行提示下输入总长度或总角度,即可将对象从离选择点最近的端点拉长到指定值,按【Enter】键结束命令。

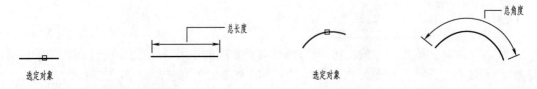

图 4-27　总长度拉长　　　　　　　图 4-28　角度拉长

- "动态(DY)"选项：打开动态拖动模式,通过拖动选定对象的端点之一来更改其长度,其他端点保持不变。命令行提示：

```
选择对象或 [增量(DE)/百分数(P)/全部(T)/动态(DY)]: dy
选择要修改的对象或 [放弃(U)]:
指定新端点:
LENGTHEN 选择要修改的对象或 [放弃(U)]:
```

在该提示下通过拖动光标来控制所选对象的长度,单击以指定新端点,可反复操作,最后按【Enter】键结束命令,这是常用的一种方法。

"动态"选项不能对样条曲线和多段线进行操作。

如图 4-29 所示,利用"拉长"中的"动态"命令调整中心线出头的长度,必要时关闭对象捕捉。

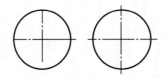

图 4-29　"动态"调整中心线长度

4.3.6　绘图示例

绘制图 4-30 所示吊钩,练习圆及修剪命令的使用。

操作步骤如下：

① 绘制该图形过程中,需要捕捉的已知点分别为节点、圆心和线条的交点,所以打开对象捕捉功能,设置对象捕捉方式为"节点""圆心""交点"三种方式;打开极轴追踪模式,因该图形没有角度要求,所示指定极轴追踪角度增量为默认 90°即可。

② 首先应绘制出图样的主要定位线,然后绘制各部分图形。从图 4-31 中可以看出,主要定位点为两个圆心点 A、B。

设置点样式,方法如下：

① 选择"格式"→"点样式"命令,弹出"点样式"对话框,如图 4-32 所示。在该对话框中选择 + 点样式,单击"确定"按钮。

② 绘制点 A、B。

选择"绘图"→"点"→"单点"命令,在绘图区任意位置拾取点 A。

单击功能区"绘图"面板中的"圆"按钮 ⊘▼ 绘制圆,AutoCAD 提示：

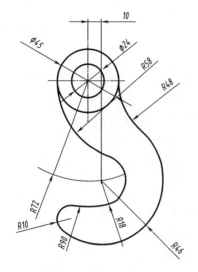 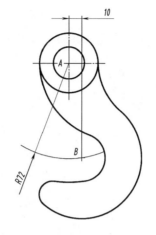 

图 4-30　利用修剪命令绘图　　图 4-31　圆心 A、B　　图 4-32　"点样式"对话框

命令：circle

指定圆的圆心或 [三点(3P)/两点(2P)/相切、相切、半径(T)]：

在该提示下，捕捉点 A，AutoCAD 提示：

指定圆的半径或 [直径(D)] <72.000 0>：72

在该提示下，输入数值 72 后，按【Enter】键。

因为尖括号中的数值为 72，此数值与要绘制的圆半径相符，此时直接按【Enter】键即可，效果相同。

启用 LINE 命令，AutoCAD 提示：

命令：line

指定第一点：

在该提示下，单击"对象捕捉"工具栏中的"临时追踪点"按钮，AutoCAD 提示：

tt 指定临时对象追踪点：

在该提示下，捕捉点 A，并沿水平方向向右追踪，AutoCAD 提示：

指定第一点：10

在该提示下，输入数值 10，AutoCAD 提示：

指定下一点或 [放弃(U)]：

在该提示下，光标沿垂直方向向下追踪至一定长度，拾取一点。绘制出的直线与圆的交点即为点 B，如图 4-33 所示。

③ 绘制以点 A、B 为圆心的圆 C、D、E、F、G，如图 4-34 所示。

绘制圆 C，AutoCAD 提示：

命令：circle

指定圆的圆心或 [三点(3P)/两点(2P)/相切、相切、半径(T)]：

在该提示下，拾取点 A，同理以下各圆在该提示下，分别拾取所绘圆的圆心 A 或 B。

指定圆的半径或 [直径(D)] <72.000 0>：12

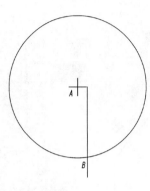
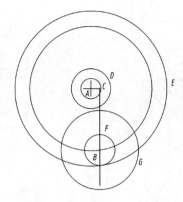

图 4-33　点 A、B　　　　　图 4-34　以点 A、B 为圆心的圆

在该提示下,输入该圆的半径值 12。同理以下所绘制的圆,在该提示下分别输入其半径值。

绘制圆 D,AutoCAD 提示:

命令:circle 指定圆的圆心或 [三点(3P)/两点(2P)/相切、相切、半径(T)]:
指定圆的半径或 [直径(D)] <12.000 0>:22.5

绘制圆 E,AutoCAD 提示:

命令:circle 指定圆的圆心或 [三点(3P)/两点(2P)/相切、相切、半径(T)]:
指定圆的半径或 [直径(D)] <22.500 0>:90

绘制圆 F,AutoCAD 提示:

命令:circle 指定圆的圆心或 [三点(3P)/两点(2P)/相切、相切、半径(T)]:
指定圆的半径或 [直径(D)] <90.000 0>:18

绘制圆 G,AutoCAD 提示:

命令:circle 指定圆的圆心或 [三点(3P)/两点(2P)/相切、相切、半径(T)]:
指定圆的半径或 [直径(D)] <18.000 0>:46

④ 在图 4-34 的基础上绘制其他圆,如图 4-35 所示。

绘制圆 H,AutoCAD 提示:

命令:circle 指定圆的圆心或 [三点(3P)/两点(2P)/相切、相切、半径(T)]:

圆 H 的已知条件为与圆 D、G 相切,半径为 48,所以选择其绘制方式应为"相切、相切、半径",在该提示下输入字母 T。圆 I、J 的已知条件与圆 H 一致。

指定对象与圆的第一个切点:
在该提示下,在圆 D 的相应位置拾取切点。
指定对象与圆的第二个切点:
在该提示下,在圆 G 的相应位置拾取切点。
指定圆的半径 <46.000 0>:48
在该提示下,输入半径值 48。

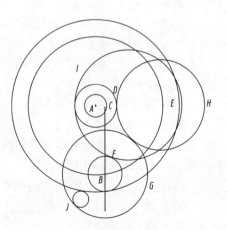

图 4-35　绘制圆 H、I、J

绘制圆 I,AutoCAD 提示:

命令:circle 指定圆的圆心或 [三点(3P)/两点(2P)/相切、相切、半径(T)]:T
指定对象与圆的第一个切点:

```
指定对象与圆的第二个切点:
指定圆的半径 <48.000 0>:58
```
绘制圆 J,AutoCAD 提示:
```
命令:circle 指定圆的圆心或 [三点(3P)/两点(2P)/相切、相切、半径(T)]:T
指定对象与圆的第一个切点:
指定对象与圆的第二个切点:
指定圆的半径 <58.000 0>:10
```
⑤ 修剪多余线条。
⑥ 删除辅助线。

4.4 拆分及修饰对象

在图形编辑过程中,可以将多段线、标注、图案填充或块参照合成对象"分解"转变为单个元素,对于一些特定对象可以进行包括"倒角""倒圆角""光顺曲线""打断""合并""删除重复对象"等编辑操作。

4.4.1 分解对象

1. 功能

将复合对象分解为其组件对象。在希望单独修改复合对象的部件时,可分解复合对象,可以分解的对象包括矩形、正多边形、尺寸标注、块、多段线及面域等。

2. 调用

- 功能区:"默认"选项卡→"修改"面板→"分解"按钮 。
- 菜单栏:"修改"→"分解"命令。
- 工具栏:"修改"工具栏中的"分解"按钮。
- 命令行:EXPLODE。

3. 操作

① 执行"分解"操作后,命令行提示:

```
命令:_explode
选择对象:找到 1 个
⌖▼ EXPLODE 选择对象:
```

② 在命令行提示下选择要分解的对象后按【Enter】键,系统即可按所选对象的性质将其分解成各种对象的组件。对于分解后的各个对象,可根据需要对其进行编辑操作。任何分解对象的颜色、线型和线宽都可能会改变,其他结果将根据分解的复合对象类型的不同而有所不同。要分解对象并同时更改其特性,需要使用 XPLODE 命令。

如分解二维多段线,将放弃所有与宽度或切线相关联的信息,所得直线和圆弧将沿原多段线的中心线放置。如果分解包含多段线的块,则需要单独分解多段线。如果分解一个圆环,它的宽度将变为 0。图 4-36 所示为分解多段线前后夹点显示的情况。

分解标注或图案填充后,将失去其所有的关联性,标注或图案填充对象被替换为单个对象(如直线、文字、点和二维实体)。若要在创建标注时自动将其分解,则应将 DIMASSOC 系统变量设置为 0(零)。

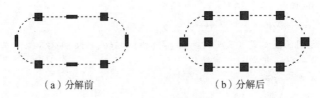

（a）分解前　　　　　　　　　　（b）分解后

图 4-36　分解多段线

分解一个包含属性的块,属性值将丢失,只剩下属性定义,分解的块中的对象的颜色和线型可以改变,无法分解使用外部参照插入的块及其依赖块。将多线分解成直线和圆弧,将多行文字分解成单行文字对象,将关联阵列分解为原始对象的副本。

4.4.2　倒角

1. 功能

按用户选择对象的次序应用指定的距离和角度给对象加倒角,可以倒角直线、多段线、射线和构造线。

2. 调用

- 功能区:"默认"选项卡→"修改"面板→"倒角"按钮 倒角。
- 菜单栏:"修改"→"倒角"命令。
- 工具栏:"修改"工具栏中的"倒角"按钮。
- 命令行:CHAMFER。

3. 操作

① 执行"倒角"操作后,命令行提示:

```
命令：_chamfer
("修剪"模式) 当前倒角距离 1 = 0.00, 距离 2 = 0.00
 ▼ CHAMFER 选择第一条直线或 [放弃(U) 多段线(P) 距离(D) 角度(A) 修剪(T) 方式(E) 多个(M)]:
```

② 指定定义二维倒角所需的两条边中的第一条边。在该提示下直接单击选择要倒角的第一条直线,命令行提示:

```
 ▼ CHAMFER 选择第二条直线，或按住 Shift 键选择直线以应用角点或 [距离(D) 角度(A) 方法(M)]:
```

选择第二条直线(与第一条直线相邻,但不相互平行),系统就会对选择的两条直线进行倒角,并结束命令。系统会以第一条直线的设置作为第一倒角距离,以第二条直线的设置作为第二倒角距离,如果选择直线或多段线,它们的长度将调整以适应倒角线(修剪模式下)。图 4-37 所示为对矩形倒角的操作过程。

图 4-37　对矩形倒角的操作过程

---注 意---
在选择第一条直线之前,应对"倒角"的参数事先进行设置,以满足倒角要求,设置完成后,再去选择第一条直线和第二条直线进行倒角。例如,如果倒角距离不符合要求,则在选择第一条直线之前,需先调用"距离(D)"选项事先设置两个倒角距离。

"按住 Shift 键选择直线以应用角点":如果将两个倒角距离都设置为零,执行倒角命令后实际起的是延伸或修剪的作用,为此在选择第二条直线时按下【Shift】键,以使用值 0 替代当前倒角距离,可以快速创建零距离倒角,以省去"距离(D)"选项设置操作(系统要在修剪模式下)。图 4-38 所示为倒角值为 0 时,图 4-38(a)所示为延伸倒角,图 4-38(b)所示为修剪倒角。

(a)延伸倒角　　　　　　　　　(b)修剪倒角

图 4-38　倒角

用于倒角设置的各选项含义如下:
- "放弃(U)"选项:恢复在命令中执行的上一个操作。
- "多段线(P)"选项:对整个二维多段线倒角,相交多段线线段在每个多段线顶点被倒角,倒角成为多段线的新线段,如果多段线包含的线段过短以至于无法容纳倒角距离,则不对这些线段倒角。图 4-39 所示为多段线倒角。

(a)倒角前　　　　　　　　　(b)倒角后

图 4-39　多段线倒角

- "距离(D)"选项:设置倒角至选定边端点的距离。如果将两个距离均设置为零,倒角将延伸或修剪两条直线,以使它们终止于同一点。
- "角度(A)"选项:用第一条线的倒角距离和倒角角度设置倒角距离。命令行提示:

```
选择第一条直线或 [放弃(U)/多段线(P)/距离(D)/角度(A)/修剪(T)/方式(E)/多个(M)]: a
指定第一条直线的倒角长度 <0.00>: 10
指定第一条直线的倒角角度 <0.00>: 30
选择第一条直线或 [放弃(U)/多段线(P)/距离(D)/角度(A)/修剪(T)/方式(E)/多个(M)]:
CHAMFER 选择第二条直线, 或按住 Shift 键选择直线以应用角点或 [距离(D) 角度(A) 方法(M)]:
```

图 4-40 所示为用角度选项设置倒角距离。

图 4-40　设置角度倒角

- "修剪(T)"选项:该选项用来设置修剪模式,控制倒角是否将选定的边修剪到倒角直线的端点。默认情况下,对象在倒角时被修剪,但可以用"修剪"选项指定保持不修剪的状态。"修剪"选项将 TRIMMODE 系统变量设置为1,则 CHAMFER 会将相交的直线修剪至倒角直线的端点,如果选定的直线不相交,CHAMFER 将延伸或修剪这些直线,使它们相交。"不修剪"选项将 TRIMMODE 设置为0(零),则创建倒角而不修剪选定的直线。

命令行提示:

`CHAMFER 输入修剪模式选项 [修剪(T) 不修剪(N)] <修剪>:`

图 4-41 所示为设置"修剪"选项进行倒角。

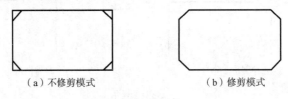

(a) 不修剪模式　　　　　(b) 修剪模式

图 4-41　设置"修剪"倒角

- "方式(E)"选项:控制使用两个距离还是一个距离和一个角度来创建倒角。命令行提示:

`CHAMFER 输入修剪方法 [距离(D) 角度(A)] <距离>:`

- "多个(M)"选项:为多组对象的边倒角,可以在直线或多段线之间多次进行倒角。

命令行将重复显示主提示和"选择第二条直线"提示,直到按【Enter】键结束命令。总之,倒角命令将连接两个不平行的对象,通过延伸或修剪使这些对象相交或用斜线连接,可以为直线、多段线、射线和构造线(参照线)进行倒角。在创建倒角时,可以指定距离以确定每条直线应该被修剪或延伸的总量,或指定倒角的长度以及它与第一条直线形成的角度。倒角命令更适于处理多段线,它不仅可以处理一条多段线的两个相交线段,还可以处理整条多段线。如果选定对象是二维多段线的直线段,它们必须相邻或只能用一条线段分开,如果它们被另一条多段线分开,执行倒角命令,将删除分开它们的线段并代之以倒角。另外,如果倒角的两个直线对象在同一图层上,则创建的倒角也在这个图层上,否则,倒角将位于当前图层上。

4.4.3　圆角

1. 功能

给对象加圆角,就是用一个指定半径的圆弧光滑地将两个对象连接起来,可以对圆弧、圆、椭圆、椭圆弧、直线、多段线、射线、样条曲线和构造线执行圆角操作。

2. 调用

- 功能区:"默认"选项卡→"修改"面板→"圆角"按钮 圆角。
- 菜单栏:"修改"→"圆角"命令。
- 工具栏:"修改"工具栏中的"圆角"按钮。
- 命令行:FILLET。

3. 操作

① 执行"圆角"操作后,命令行提示:

```
命令: _fillet
当前设置: 模式 = 修剪, 半径 = 0.00
FILLET 选择第一个对象或 [放弃(U) 多段线(P) 半径(R) 修剪(T) 多个(M)]:
```

② 选择定义二维圆角所需的两个对象中的第一个对象,单击选择后,命令行提示:

```
FILLET 选择第二个对象, 或按住 Shift 键选择对象以应用角点或 [半径(R)]:
```

此时如果没有提前设置好圆角半径,命令行提示:

```
选择第二个对象, 或按住 Shift 键选择对象以应用角点或 [半径(R)]: r
指定圆角半径 <0.00>: 5
FILLET 选择第二个对象, 或按住 Shift 键选择对象以应用角点或 [半径(R)]:
```

③ 根据提示,单击选择第二个对象,即可完成圆角操作。

倒圆角时,一般首先应设置圆角半径,然后分别选取圆角的两条边,圆角的边可以是直线或者圆弧。如果选择直线、圆弧或多段线,它们的长度将进行调整以适应圆角圆弧。根据指定的位置,选定的对象之间可以存在多个可能的圆角,选择靠近期望的圆角端点的对象。

"按住 Shift 键选择直线以应用角点":以使用值 0(零)替代当前圆角半径,此时与倒角命令相同,为的是省去圆角半径设置而达到延伸或修剪对象的目的(系统要在修剪模式下)。

其他选项的含义如下:

- "放弃(U)"选项:恢复上一个操作。
- "多段线(P)"选项:在二维多段线中两条直线段相交的每个顶点处插入圆角圆弧。对二维多段线进行圆角操作,与使其倒角的操作基本相似。如果一条圆弧段将汇聚于该圆弧段的两条直线段分开,则执行圆角命令将删除该圆弧段并代之以圆角圆弧。图 4-42 所示为多段线倒圆角。

(a)圆角前 (b)圆角后

图 4-42 多段线圆角

- "半径(R)"选项:定义圆角的圆弧半径,输入的值将成为后续圆角命令的当前值,修改此值并不影响现有的圆角圆弧。半径可在"选择第一个对象"之前设置,也可在"选择第二个对象"之前设置。如果圆角半径设置为零(也可称为 Shift 模式),系统将延伸或修剪相应的两条线,使二者相交于一点,不产生圆角(修剪模式下)。
- "多个(M)"选项:给多个对象集加圆角,直到按【Enter】键结束命令。
- "修剪(T)"选项:控制圆角是否将选定的边修剪到圆角圆弧的端点,命令行提示:

```
FILLET 输入修剪模式选项 [修剪(T) 不修剪(N)] <修剪>:
```

图 4-43 所示为对两条直线所做的圆角操作。

图 4-44 所示为两平行线间的圆角。执行命令后,系统将忽略当前圆角半径,自动计算出两平行线间的距离来确定圆角半径,单击两条直线系统自动完成连接。

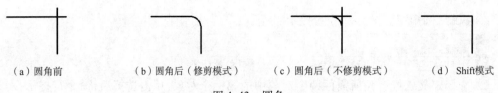

(a)圆角前　　　　　（b）圆角后（修剪模式）　　　（c）圆角后（不修剪模式）　　　（d）Shift模式

图 4-43　圆角

图 4-45 所示为两圆弧间的圆角。其实质就是两圆弧之间的圆弧连接，即绘制连接线段，给定连接圆弧的半径可以利用圆角命令完成连接。

（a）圆角前　　（b）圆角后　　　　　（a）圆角前　　（b）圆角后

图 4-44　平行线间的圆角　　　　图 4-45　两圆弧间的圆角

图 4-46 所示为两直线间的圆弧连接(修剪模式)。

（a）锐角连接　　　　　　　　　　　　（b）钝角连接

图 4-46　两直线间的圆弧连接

4.4.4　打断对象

1. 功能

在两点之间打断选定对象。可以在对象上的两个指定点之间创建间隔，从而将对象打断为两个对象，如果这些点不在对象上，则会自动投影到该对象上。打断命令通常用于为块或文字创建空间。直线、圆弧、圆、多段线、椭圆、样条曲线、圆环以及其他几种对象类型都可以拆分为两个对象或将其中的一端删除。

2. 调用

- 功能区："默认"选项卡→"修改"面板→"打断"按钮。
- 菜单栏："修改"→"打断"命令。
- 工具栏："修改"工具栏中的"打断"按钮。
- 命令行：BREAK。

3. 操作

① 执行"打断"操作后，命令行提示：

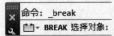

② 指定对象选择方法或对象上的第一个打断点。将显示的下一个提示取决于选择对

象的方式(C 或 CP)。如果使用定点设备选择对象(即单击选择),本程序将选择对象并将选择点视为第一个打断点,在下一个提示下,可指定第二个点或替代第一个点以继续,命令行提示:

```
选择对象:
BREAK 指定第二个打断点 或 [第一点(F)]:
```

③ 指定用于打断对象的第二个点,两个指定点之间的对象部分将被删除。因此,要打断直线、圆弧或多段线的一端,可以在要删除的一端附近指定第二个打断点。要将对象一分为二并且不删除对象的任何部分,输入第一个点后,通过输入@指定第二个点即可实现此目的,相当于执行了"打断于点"命令。

如果所选对象为圆时,系统将沿逆时针方向删除第一个打断点到第二个打断点之间的部分,从而将圆转换成圆弧。如果第二点在对象的端点之外,则拾取点与该端点之间的部分被删除,如果第二个打断点不在对象上,系统会自动选择对象上离拾取点最近的点作为第二个打断点。

"第一点(F)"选项:用指定的新点替换原来的第一个打断点。使用该选项可重新选择其他点作为第一个打断点,适用于需要断开点有准确位置的场合,命令行提示:

```
指定第二个打断点 或 [第一点(F)]: f
指定第一个打断点:
BREAK 指定第二个打断点:
```

系统将按指定的打断点打断对象。

总之,通过指定两个点打断对象,作为默认设置,用于选择对象的点也是打断对象的第一个点,但是不管怎样,可以用"第一点(F)"选项,将打断点与选择对象的点区分开。而第一打断点、第二打断点还可通过"捕捉自"精确选择。

"打断于点"命令:还可以使用"打断于点"命令在单个点处打断选定的对象,有效对象包括直线、开放的多段线和圆弧,不能在一点打断闭合对象(如圆)。

调用方法如下:

- 功能区:"默认"选项卡→"修改"面板→"打断于点"按钮 。
- 工具栏:"修改"工具栏中的"打断于点"按钮 。

执行"打断于点"命令,命令行提示:

```
命令: _break
选择对象:
指定第二个打断点 或 [第一点(F)]: _f
指定第一个打断点:
指定第二个打断点: @
键入命令
```

使用该命令时,应先选择要被打断的对象,然后指定打断点,系统便可在该断点处将对象打断成相连的两部分。

---注 意---

对弧形曲线进行打断功能后,AutoCAD 沿逆时针方向将圆上从第一断点到第二断点之间的那段圆弧删除。

图 4-47 所示为打断命令的应用。

图 4-47 打断命令的应用

4.4.5 合并

1. 功能

合并线性和弯曲对象的端点,以便创建单个对象。在其公共端点处合并一系列有限的线性和开放的弯曲对象,以创建单个二维对象。产生的对象类型取决于选定的对象类型、首先选定的对象类型以及对象是否共面,构造线、射线和闭合的对象无法合并。

2. 调用

- 功能区:"默认"选项卡→"修改"面板→"合并"按钮 。
- 菜单栏:"修改"→"合并"命令。
- 工具栏:"修改"工具栏中的"合并"按钮 。
- 命令行:JOIN。

3. 操作

① 执行"合并"操作后,命令行提示:

```
命令:_join
JOIN 选择源对象或要一次合并的多个对象:
```

② 选择源对象,指定可以合并其他对象的单个源对象。此时可选择一条直线、多段线、圆弧、椭圆弧、螺旋或样条曲线作为合并操作的源对象,选择完成后(注意:不按【Enter】键),命令行提示:

③ 根据选定的源对象,选择要合并到源的对象。选择完成后按【Enter】键确认,完成合并,命令结束。图 4-48 所示为合并直线的操作过程。

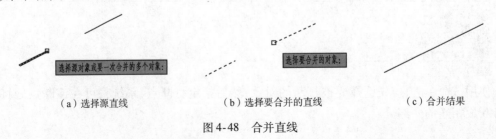

图 4-48 合并直线

对于源对象和要合并的对象,如果是直线,则必须共线;如果是圆弧或椭圆弧,则必须位于同一假想的圆上或椭圆上,且从源对象开始按逆时针方向合并;如果是多段线或样条曲线,则对象之间不能有间隙,且必须在同一平面上。图 4-49 所示为椭圆弧的合并。

(a) 合并前　　　　　(b) 合并一段　　　　　(c) 合并后

图 4-49　合并椭圆弧

另外,这里特别指出,在选择完源对象后,若要按【Enter】键,根据选择源对象的不同,命令行的提示也不同。

- 如果所选的源对象为直线,则命令行提示:

> ✱⋅ JOIN 选择要合并到源的直线:

- 如果所选的源对象为多段线(合并后是一条多段线),则命令行提示:

> ✱⋅ JOIN 选择要合并到源的对象:

- 如果所选的源对象为椭圆弧,则命令行提示:

> ✱⋅ JOIN 选择椭圆弧,以合并到源或进行 [闭合(L)]:

"闭合"选项可将源椭圆弧转换为椭圆。如果所选的源对象为圆弧,则命令行提示:

> ✱⋅ JOIN 选择圆弧,以合并到源或进行 [闭合(L)]:

"闭合"选项可将源圆弧转换成圆。
如果所选的源对象为样条曲线或螺旋(合并后为单个样条曲线),则命令行提示:

> ✱⋅ JOIN 选择要合并到源的任何开放曲线:

所以,在进行"合并"操作时,在选择完源对象后,是按【Enter】键还是不按【Enter】键,可根据具体情况决定。

"要一次合并的多个对象"选项:合并多个对象,而无须指定源对象,规则和生成的对象类型同前所述。

4.4.6　删除重复对象

1. 功能

删除重复的几何图形以及重叠的直线、圆弧和多段线,此外,合并局部重叠或连续的对象。

2. 调用

- 功能区:"默认"选项卡→"修改"面板→"删除重复对象"按钮。
- 菜单栏:"修改"→"删除重复对象"命令。
- 命令行:OVERKILL。

3. 操作

① 执行"删除重复对象"操作后,命令行提示:

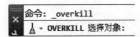

② 根据提示，框选对象，选择完成后按【Enter】键，弹出"删除重复对象"对话框，如图4-50所示。

③ 在"删除重复对象"对话框中，根据需要选中各项复选框，有些参数可采用系统默认的设置，然后单击"确定"按钮，删除重复对象完成。

"删除重复对象"对话框中各选项的含义如下：

① 在"对象比较设置"选项组中，设置对象的精度及特性。

- "公差"文本框：用于设置两对象比较的精度，使用该值进行数值比较，以便确定对象重复。

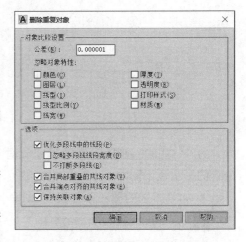

图4-50　"删除重复对象"对话框

- "忽略对象特性"选项框：在对象的比较期间忽略以下选中的特性。包括颜色、图层、线型、线型比例、线宽、厚度、透明度、打印样式、材质。

② 在"选项"选项组中，设置处理直线、圆弧和多段线的方式。

- "优化多段线中的线段"复选框：选中该复选框可检查选定的多段线中单独的直线段和圆弧段，重复的顶点和线段将被删除。
- "忽略多段线线段宽度"复选框：选中该复选框可忽略多段线的线段宽度，同时优化多段线线段。
- "不打断多段线"复选框：选中该复选框将保持多段线对象不变。
- "合并局部重叠的共线对象"复选框：选中该复选框可将重叠的对象合并为单个对象。
- "合并端点对齐的共线对象"复选框：选中该复选框可将具有公共端点的对象合并到单个对象。
- "保持关联对象"复选框：选中该复选框将不会删除或修改关联对象。

4.5　用夹点编辑图形

AutoCAD为每个图形对象均设置了夹点，夹点是一些实心的小方框，在无命令的状态下选择对象时，对象关键点上将出现夹点，夹点编辑模式是一种方便、快捷的编辑操作途径，拖动这些夹点可以快速拉伸、移动、旋转、缩放或镜像对象。

4.5.1　夹点概述

1. 夹点的基本概念

在AutoCAD中编辑对象时，移动、旋转、缩放、拉伸和镜像是常用的编辑操作，除了使用前面介绍的方法可以实现之外，还可以使用夹点编辑来实现。

用夹点编辑对象是AutoCAD另一种编辑对象的方法，它与传统的用修改命令编辑对象的方法不同。使用夹点可以移动、拉伸、旋转、复制、缩放和镜像选定的对象，而不需要调用任何一个 AutoCAD 修改命令。选择了某个对象后,对象的特征点上将出现一些带颜色的小方框,这些小方框称为对象的夹点(Grips,称为冷夹点),默认状态下显示为蓝色,如图 4-51 所示。

图 4-51　对象的夹点显示

对不同对象进行夹点操作时,对象上的夹点位置和数量是不同的。例如,直线段和圆弧的夹点是两个端点和中点,圆的夹点是圆心和四个象限点,椭圆的夹点是圆心和长、短轴的端点等。

在使用夹点编辑对象时,要先选择作为基点的夹点,然后执行相关的编辑操作,被选定为基点的夹点称为基夹点或热夹点,默认状态下显示为红色。可以使用多个夹点作为基夹点来使所选定夹点之间的对象形状保持不变,选择时按下【Shift】键。如果某个夹点处于热点状态,按【Esc】键可以使之变为冷点状态,再次按【Esc】键可取消所有对象的夹点显示。此外,如果调用 AutoCAD 其他命令时也将清除夹点。需要注意的是,锁定图层上的对象不显示夹点。

2. 夹点设置

有关夹点模式的开关控制、夹点大小调整以及其他选项设置等,都可在"选项"对话框的"选择集"选项卡中设置。

选择"工具"→"选项"命令,或在绘图区右击,在弹出的快捷菜单中选择"选项"命令,或在命令行输入 OPTIONS、DDGRIPS 命令后,按【Enter】键,都将弹出"选项"对话框,选择"选择集"选项卡,打开与设置夹点对应的选项,如图 4-52 所示。

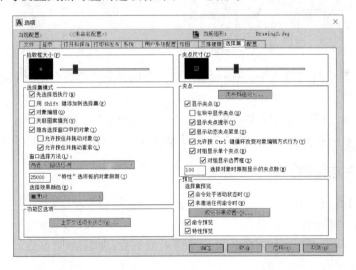

图 4-52　"选择集"选项卡

各选项说明如下:

① "夹点尺寸"选项组:以像素为单位设置夹点框的大小(GRIPSIZE 系统变量)。

② "夹点"选项组。

- "夹点颜色"按钮:显示"夹点颜色"对话框,设置夹点的颜色特性,可以在其中指定不同夹点状态和元素的颜色,如图 4-53 所示。
- "显示夹点"复选框:控制夹点在选定对象上的显示。在图形中显示夹点会明显降低性能,清除此选项可优化性能(GRIPS 系统变量)。
- "在块中显示夹点"复选框:控制块中夹点的显示,选中将显示块中每个对象的所有夹点,否则将在块的插入点位置显示一个夹点(GRIPBLOCK 系统变量)。
- "显示夹点提示"复选框:当光标悬停在支持夹点提示的自定义对象的夹点上时,显示夹点的特定提示,此选项在标准对象上无效(GRIPTIPS 系统变量)。
- "显示动态夹点菜单"复选框:控制在将光标悬停在多功能夹点上时动态菜单的显示(GRIPMULTIFUNCTIONAL 系统变量)。如图 4-54 所示,当光标悬停在多段线的夹点上时,系统会弹出快捷菜单,可在快捷菜单中选择相应命令对多段线进行编辑。
- "允许按 Ctrl 键循环改变对象编辑方式行为"复选框:允许多功能夹点时按【Ctrl】键循环改变对象编辑方式行为,即当使用夹点对对象进行编辑时,可按【Ctrl】键对快捷命令进行切换(GRIPMULTIFUNCTIONAL 系统变量)。
- "对组显示单个夹点"复选框:显示对象组的单个夹点(GROUPDISDISPLAYMODE 系统变量)。

图 4-53 "夹点颜色"对话框

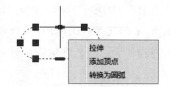

图 4-54 动态菜单的显示

- "对组显示边界框"复选框:围绕编组对象的范围显示边界框(GROUPDISDISPLAYMODE 系统变量)。
- "选择对象时限制显示的夹点数"复选框:选择集包括的对象多于指定数量时,不显示夹点,有效值的范围为 1~32 767,默认设置是 100(GRIPOBJLIMT 系统变量)。

4.5.2 使用夹点编辑对象的步骤

① 选择要编辑的对象。
② 执行以下一项或多项操作。
- 选择并移动夹点来拉伸对象。对于某些对象夹点(如块参照夹点),拉伸将移动对象而不是拉伸它。

按【Enter】键或【Space】键循环到移动、旋转、缩放或镜像夹点模式,在夹点上右击,通过弹出的快捷菜单进入各种编辑模式。
- 将光标悬停在夹点上以查看和访问多功能夹点菜单(如果有)。

③ 移动定点设备并单击。

4.5.3 使用夹点编辑对象

夹点编辑模式是一种方便、快捷的编辑操作途径,在 AutoCAD 中使用夹点编辑选定的对象时,首先要单击选中某个夹点作为编辑操作的基准点(热点),这时命令行中将出现"拉伸""移动""旋转""比例缩放""镜像"等操作命令提示,可按【Enter】键或【Space】键循环显示这些操作模式。

1. 拉伸模式

当单击对象上的某一夹点时,命令行提示:

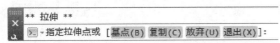

命令行的提示信息表明已进入夹点编辑模式,系统便直接进入"拉伸"模式。下面仅以直线、圆、圆弧、多段线等对象,介绍如何在"拉伸"模式下进行夹点编辑。

(1) 直线对象

使用直线对象上的夹点,可以实现移动、拉伸、拉长直线。图4-55(a)所示为直线对象的夹点显示;图4-55(b)所示为单击中间的夹点,可移动该直线;图4-55(c)所示为单击两端的夹点,可实现拉伸或拉长操作。

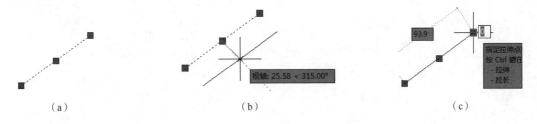

图4-55 通过夹点编辑直线对象

另外,当光标悬停在直线的两端夹点上时,系统会弹出快捷菜单,又称多功能夹点菜单(如果有),可在快捷菜单中选择相应命令对直线进行拉伸、拉长编辑,如图4-56所示。

(2) 圆对象

使用圆对象上的夹点,可以实现对圆的缩放和移动。图4-57(a)所示为圆对象的夹点显示;图4-57(b)所示为单击圆心处的夹点,可移动圆对象;图4-57(c)所示为单击象限夹点,可缩放圆对象。

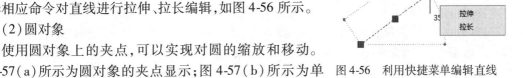

图4-56 利用快捷菜单编辑直线

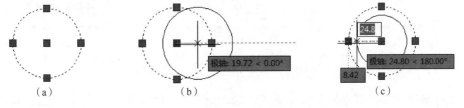

图4-57 通过夹点编辑圆对象

(3) 圆弧对象

使用圆弧对象上的夹点,可以实现对圆弧的移动、拉伸、拉长以及缩放。图4-58(a)所示为圆弧对象的夹点显示;图4-58(b)所示为单击圆心处的夹点,可移动圆弧对象;图4-58(c)

所示为单击端点夹点,可拉伸或拉长圆弧对象;图4-58(d)所示为单击象限夹点,可拉伸或缩放圆弧对象。

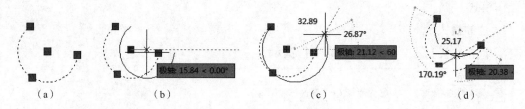

图4-58　通过夹点编辑圆弧对象

另外,当光标悬停在圆弧的两端夹点上时,系统会弹出快捷菜单,可在快捷菜单中选择相应命令对圆弧进行拉伸、拉长编辑,如图4-59(a)所示;当光标悬停在圆弧的象限夹点时,可在快捷菜单中对圆弧进行拉伸和通过指定半径缩放,如图4-59(b)所示。

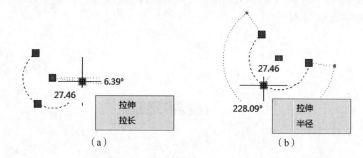

图4-59　利用快捷菜单编辑圆弧对象

(4) 多段线对象

使用多段线对象上的夹点,可以实现对多段线的拉伸、拉伸顶点、添加顶点、删除顶点以及圆弧与直线之间的转换。图4-60(a)所示为多段线对象的夹点显示;图4-60(b)所示为单击端点夹点,可拉伸顶点、添加顶点、删除顶点;图4-60(c)所示为单击中间的细长夹点,可拉伸、添加顶点、转换为直线。注意:对于某些对象夹点,拉伸将移动对象而不是拉伸它。

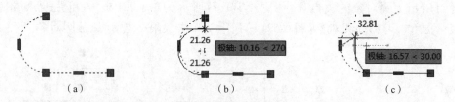

图4-60　通过夹点编辑多段线对象

当光标悬停在多段线不同类型的夹点上时,会弹出不同的快捷菜单,可通过快捷菜单中的相应命令对多段线进行编辑操作,如图4-61所示。

(5) 多边形对象

使用多边形对象上的夹点,可以实现对多边形边线的拉伸(移动)、拉伸顶点、添加顶点、删除顶点以及直线与圆弧间的转换等,如图4-62所示。

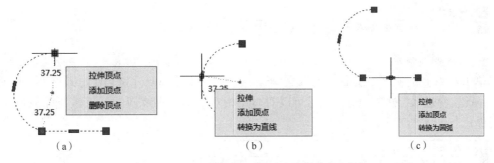

图 4-61　利用快捷菜单编辑多段线对象

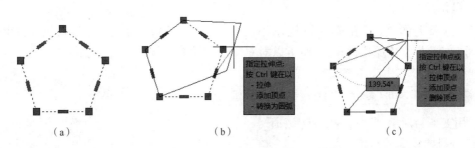

图 4-62　通过夹点编辑多边形对象

同样，当光标悬停在多边形不同类型的夹点上时，会弹出不同的快捷菜单，可通过快捷菜单中的相应命令对多边形进行编辑操作，如图 4-63 所示。

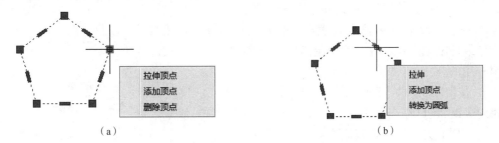

图 4-63　利用快捷菜单编辑多边形对象

2. 移动模式

单击对象上的夹点，在命令行提示下，直接按【Enter】键，或输入字母 MO 后按【Enter】键，系统便进入"移动"模式，此时可对对象进行移动操作，命令行提示：

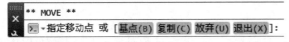

3. 旋转模式

单击对象上的夹点，在命令行提示下，连续按两次【Enter】键，或输入字母 RO 后按【Enter】键，便进入"旋转"模式，此时可以对对象绕操作点或新的基点进行旋转操作，命令行提示：

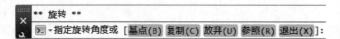

4. 比例缩放模式

单击对象上的夹点,在命令行提示下,连续按三次【Enter】键,或输入字母 SC 后按【Enter】键,便进入"缩放"模式,此时可以对对象相对于操作点或新的基点进行缩放操作,命令行提示:

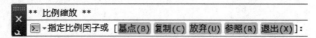

5. 镜像模式

单击对象上的夹点,在命令行提示下,连续按四次【Enter】键,或输入字母 Mi 后按【Enter】键,便进入"镜像"模式,此时可以对对象进行镜像操作,命令行提示:

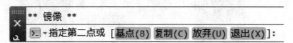

使用夹点为对象创建镜像的步骤如下:
① 选择要镜像的对象。
② 在对象上通过单击选择基夹点。亮显选定的夹点,并激活默认夹点模式"拉伸"。
③ 按【Enter】键在夹点模式之间循环,直至显示"镜像"夹点模式。另外,右击后可显示模式和选项的快捷菜单。
④ 按住【Ctrl】键(或输入 C 表示复制)保留原始图像,然后指定镜像线的第二个点。为对象创建镜像时,打开"正交"模式常常是很有用的。
⑤ 按【Enter】键、【Space】键或【Esc】键关闭夹点。使用夹点编辑对象时,还可在选定的夹点上右击以查看快捷菜单,该菜单包含所有可用的夹点模式和其他选项,如图 4-64 所示。

图 4-64　夹点右键快捷菜单

4.6　综合绘制实例

涵洞图形如图 4-65 所示,根据本章所学内容,绘制该图形的方法多种多样,现在就其中一种方法来练习该图形的画法。

操作步骤如下:
按下状态栏上的"极轴"按钮,并设置"增量角"为 30°。打开对象捕捉,设置捕捉模式为交点、圆心。

(1) 绘制出主要定位线(见图 4-66)
① 绘制直线 A、B,在绘图区任意拾取。

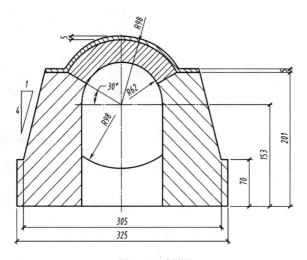
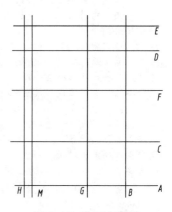

图 4-65 涵洞　　　　　　　　　　　　　　图 4-66 主要定位线

命令：line 指定第一点：　　　　　　　　　　　　　　　　　（任意拾取一点）
指定下一点或 [放弃(U)]：　　　　　　　　　　　　（任意拾取直线 A 的端点）
指定下一点或 [放弃(U)]：　　　　　　　　　　　　　　　　　（按【Enter】键）
命令：line 指定第一点：　　　　　　　　　　　（在适当位置拾取直线 B 的起点）
指定下一点或 [放弃(U)]：　　　　　　　　　　（在适当位置拾取直线 B 的端点）
指定下一点或 [放弃(U)]：　　　　　　　　　　　　　　　　　（按【Enter】键）

② 绘制直线 C、D、E、F，应用偏移命令。

命令：offset
指定偏移距离或 [通过(T)] <通过>：70　　　　　　（输入直线 A、C 之间的距离）
选择要偏移的对象或 <退出>：　　　　　　　　　　　　　　　　（选择直线 A）
指定点以确定偏移所在一侧：　　　　　　　　　　　　　　　（在直线 A 上方单击）
选择要偏移的对象或 <退出>：按【Enter】键
命令：OFFSET
指定偏移距离或 [通过(T)] <70.000 0>：136　　　　（输入直线 C、D 之间的距离）
选择要偏移的对象或 <退出>：　　　　　　　　　　　　　　　　（选择直线 C）
指定点以确定偏移所在一侧：　　　　　　　　　　　　　　　（在直线 C 上方单击）
选择要偏移的对象或 <退出>：　　　　　　　　　　　　　　　　（按【Enter】键）
命令：OFFSET
指定偏移距离或 [通过(T)] <136.000 0>：50　　　　（输入直线 D、E 之间的距离）
选择要偏移的对象或 <退出>：　　　　　　　　　　　　　　　　（选择直线 D）
指定点以确定偏移所在一侧：　　　　　　　　　　　　　　　（在直线 D 上方单击）
选择要偏移的对象或 <退出>：　　　　　　　　　　　　　　　　（按【Enter】键）

绘制直线 F，应用偏移命令。

命令：OFFSET
指定偏移距离或 [通过(T)] <50.000 0>：153　　　　（输入直线 A、F 之间的距离）
选择要偏移的对象或 <退出>：　　　　　　　　　　　　　　　　（选择直线 A）
指定点以确定偏移所在一侧：　　　　　　　　　　　　　　　（在直线 A 上方单击）
选择要偏移的对象或 <退出>：　　　　　　　　　　　　　　　　（按【Enter】键）

③ 绘制直线 G、H、M，应用偏移命令。

命令：offset

指定偏移距离或 [通过(T)] <153.000 0>:62　　　　　　　　　　　　（输入直线 B、G 之间的距离）
选择要偏移的对象或 <退出>:　　　　　　　　　　　　　　　　　　　　（选择直线 B）
指定点以确定偏移所在一侧:　　　　　　　　　　　　　　　　　　（在直线 B 左侧单击）
选择要偏移的对象或 <退出>:　　　　　　　　　　　　　　　　　　　（按【Enter】键）
命令:OFFSET
指定偏移距离或 [通过(T)] <62.000 0>:162.5　　　　　　　　　　（输入直线 B、H 之间的距离）
选择要偏移的对象或 <退出>:　　　　　　　　　　　　　　　　　　　　（选择直线 B）
指定点以确定偏移所在一侧:　　　　　　　　　　　　　　　　　　（在直线 B 左侧单击）
选择要偏移的对象或 <退出>:　　　　　　　　　　　　　　　　　　　（按【Enter】键）
命令:OFFSET
指定偏移距离或 [通过(T)] <160.250 0>:152.5　　　　　　　　　（输入直线 B、M 之间的距离）
选择要偏移的对象或 <退出>:　　　　　　　　　　　　　　　　　　　　（选择直线 B）
指定点以确定偏移所在一侧:　　　　　　　　　　　　　　　　　　（在直线 B 左侧单击）
选择要偏移的对象或 <退出>:　　　　　　　　　　　　　　　　　　　（按【Enter】键）

（2）修剪图 4-66 所示图形中的多余线条，绘制出各圆及其他线条（见图 4-67）

① 修剪线条。

命令: trim
当前设置:投影=UCS,边=无
选择剪切边…
选择对象:找到 1 个
选择对象:找到 1 个,总计 2 个
选择对象:
选择要修剪的对象,按住【Shift】键选择要延伸的对象,或 [投影(P)/边(E)/放弃(U)]:
选择要修剪的对象,按住【Shift】键选择要延伸的对象,或 [投影(P)/边(E)/放弃(U)]:
其他线条修剪方法同上。

② 绘制圆 A、B，并修剪多余线条。

命令: circle 指定圆的圆心或 [三点(3P)/两点(2P)/相切、相切、半径(T)]:
　　　　　　　　　　　　　　　　　　　　　　（捕捉图 4-66 所示直线 B 与直线 F 的交点为圆心）
指定圆的半径或 [直径(D)]:62　　　　　　　　　　（输入图 4-67 所示圆 A 的半径）
命令:
CIRCLE 指定圆的圆心或 [三点(3P)/两点(2P)/相切、相切、半径(T)]:　　　（捕捉圆 A 的圆心）
指定圆的半径或 [直径(D)] <62.000 0>:98　　　　（输入图 4-67 所示圆 B 的半径）
命令: trim
当前设置:投影=UCS,边=无
选择剪切边…
选择对象:找到 1 个
选择对象:找到 1 个,总计 2 个
选择对象:
选择要修剪的对象,按住【Shift】键选择要延伸的对象,或 [投影(P)/边(E)/放弃(U)]:
选择要修剪的对象,按住【Shift】键选择要延伸的对象,或 [投影(P)/边(E)/放弃(U)]:

（3）绘制其他线条（见图 4-68）

① 使用偏移命令画圆弧 B。

命令:OFFSET
指定偏移距离或 [通过(T)] <35.000 0>:5　　　　　　　　　　　（输入圆 A 与圆 B 的距离）
选择要偏移的对象或 <退出>:　　　　　　　　　　　　　　　　　　　　（选择圆 A）
指定点以确定偏移所在一侧:　　　　　　　　　　　　　　　　　（向圆 A 外侧,点取一点）
选择要偏移的对象或 <退出>:　　　　　　　　　　　　　　　　　　　（按【Enter】键）

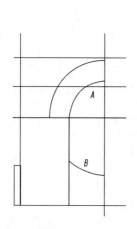
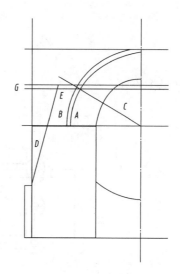

图 4-67 绘制圆 A、B 并修剪线条　　　　图 4-68 其他线条

② 利用极轴追踪绘制直线 C。

命令：line 指定第一点： (捕捉圆心点)
指定下一点或 [放弃(U)]： (捕捉 150°方向的直线 C 与圆 A 的交点)
指定下一点或 [放弃(U)]： (按【Enter】键)

③ 由已知图可计算出直线 D 的水平投影为 34。启用捕捉工具栏上的"临时追踪点"工具按钮，捕捉直线 D 的上方端点。

命令：line 指定第一点：
(在该提示下，单击"对象捕捉"工具栏上的"临时追踪点"按钮)
tt 指定临时对象追踪点： (捕捉点 G)
指定第一点： (将光标沿水平方向向右输入数值 34)
指定下一点或 [放弃(U)]： (捕捉直线 D 的下端点)
指定下一点或 [放弃(U)]： (按【Enter】键)

④ 启用偏移命令绘制直线 E。

命令：offset
指定偏移距离或 [通过(T)] <5.000 0>： (输入直线 E、F 的间距)
选择要偏移的对象或 <退出>： (选择直线 E)
指定点以确定偏移所在一侧： (在直线 E 下方任意拾取一点)
选择要偏移的对象或 <退出>： (按【Enter】键)

(4) 修剪并删除多余线条(见图 4-69)

使用镜像命令绘制出右侧半边图形。

命令：mirror
选择对象：指定对角点： (选择绘制好的左半图)
找到 15 个
选择对象： (按【Enter】键)
指定镜像线的第一点： (选择中心线上的任意一点)
指定镜像线的第二点： (选择中心线上的另一点)
是否删除源对象？[是(Y)/否(N)] <N>： (按【Enter】键)

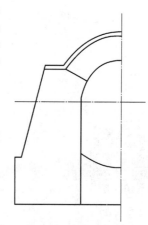

图 4-69 修剪完毕的左半图形

4.7 实例练习

练习一(见图4-70)

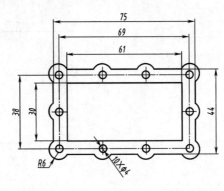

图4-70 练习一

练习二(见图4-71)

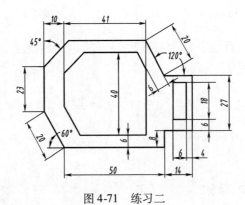

图4-71 练习二

练习三(见图4-72)

图 4-72

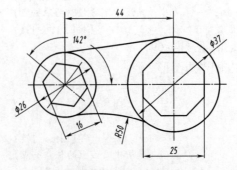

图4-72 练习三

练习四（见图4-73）

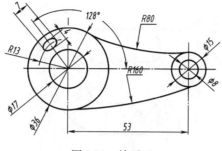

图4-73 练习四

练习五（见图4-74）

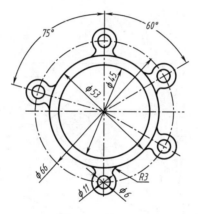

图4-74 练习五

练习六（见图4-75）

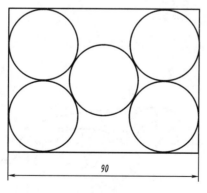

图4-75 练习六

练习七（见图 4-76）

图　4-76

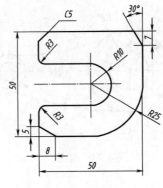
图 4-76　练习七

练习八（见图 4-77）

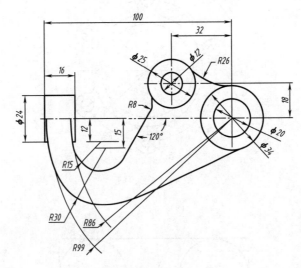
图 4-77　练习八

练习九（见图 4-78）

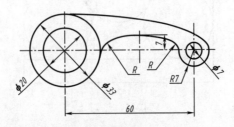
图 4-78　练习九

练习十(见图 4-79)

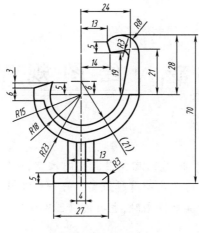

图 4-79 练习十

第 5 章　绘图规范

为了适应生产的需要、便于技术交流和提高制图效率,国家制定了一系列制图标准,也就是说,对图的内容、格式和表达方法都有所规定。每一个工程技术人员必须以严肃认真的态度遵守国家标准。在利用计算机绘图时,也要遵循国家标准。

5.1　图纸规范

利用手工绘图时,只要按所需取一张图纸。而利用计算机绘图,图纸的大小将决定绘图的范围,因此图纸在绘图前必须要先设置好。

5.1.1　图纸尺寸

国家制图标准规定的 A 系列图纸规格见表 5-1。

表 5-1　工程图纸规格表　　　　　　　　　　　　　　　　单位:mm

规格名称	A0	A1	A2	A3	A4
尺寸	841×1 189	594×841	420×594	297×420	210×297

5.1.2　图框与图纸四边间距

图框范围就是绘图的范围。国家制图标准规定,图 5-1 中的图框线与图纸四边的间距见表 5-2。

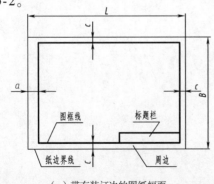
（a）带有装订边的图纸幅面

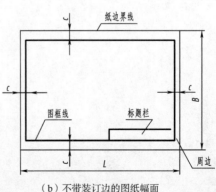
（b）不带装订边的图纸幅面

图 5-1　图框边距示意图

> **注意**
> 图框外框线条粗细为所画图中所用粗实线线宽,内框线宽为所画图中所用细实线线宽。

表 5-2　图框线与图纸四边的间距　　　　　　　　　　　　　　　　　　单位:mm

图幅代号	A0	A1	A2	A3	A4
$B \times L$	841×1 189	594×841	420×594	297×420	210×297
e	20			10	
c	10			5	
a	25				

注:在 CAD 绘图中对图纸有加长加宽的要求时,应按基本幅面的短边(B)成整数倍增加。

5.1.3　标题栏尺寸规定

每张图纸的右下角均有标题栏。标题栏的尺寸与内容各个行业均有自己的标准,但是并非强制的,只要不影响到绘图区的面积,都可以自行更改调整。

> **注意**
> 栏横线为所画图中所用细实线线宽,内框竖线为细实线线宽,高度为 7 或 8 的整数倍。标题栏中的字的字号比标注文字字号大一号,例如,标注文字为 3.5,标题栏中的文字为 7。

5.2　比例规范

绘图比例是用户在绘图前一定要事先考虑的,比例 = 图样尺寸:实际尺寸。表 5-3 所示为常用绘图比例参考表。

表 5-3　常用绘图比例参考表

比例性质	范　　例		
实体比例	1:1		
缩小比例	1:2 1:2×10^n	1:5 1:5×10^n	1:10 1:1×10^n
放大比例	2:1 2×10^n:1	5:1 5×10^n:1	10:1 1×10^n:1

注:n 为正整数。

一般来说,如果绘图比例是 1:10,而且选用的图纸是 A3 的,当先绘图后调用 A3 样本图形文件时,则可以在绘图时使用 1:1 的比例先绘制完毕,再使用功能区"默认"选项卡→"修改"面板中的"缩放"命令将整体图形按 10:1 的比例缩小,然后调出样本图形文件,将缩放好的图形移至其中;也可以先调出 A3 的样本图形文件,进入绘图区后,先将整个图框放大 10 倍,然后按 1:1 的比例绘制图形。

5.3 文字字形规范

文字的字体与字高在工程图中也是有规范的,一般来说,文字必须由左向右书写,可写成斜体或直体,而基本字高的范围分别是 3.5 mm、5 mm、7 mm、10 mm、15 mm 及 20 mm,最小字高不得低于 3.5 mm。不同的图纸大小,采用的最小字高将随之不同,建议采用表 5-4 所示的最小字高。

表 5-4 建议采用的最小字高　　　　　　　　　　　　　　　　　　　　　　　　　　　　单位:mm

项　目	图纸纸型	建议最小字高	
		中　文　字	英文字母及数字
标题图号	A0、A1、A2、A3	7	7
	A4、A5	5	5
尺寸注解	A0	5	3.5
	A1、A2、A3、A4、A5	3.5	3.5

字体的宽高比例一般按系统默认的字体宽高比例即可。宽高比例规范一般分为三种,分别为长行字体、方行字体、宽行字体。长行字体的字宽等于字高的 3/4;方行字体的字宽等于字高;宽行字体的字宽与字高的 4/3 相等。对于字体的具体调用在后面章节中将详细介绍。

> **注　意**
> 设置文字字体为 gbenor.shx,选择使用大字体时大字体为 gbcbig.shx。

5.4 线型规范

在绘制图形时,为使图形清晰、易读,经常需要更换不同的线型来绘制图形,如轮廓线采用实线,而中心线一般采用点画线。由于绘制的工程图纸一般都比较大,因此还需要考虑修改线型的全局比例因子。具体线型规范见表 5-5。

表 5-5 国家标准线型规范表

分　类	样　式	比　例	用　途
实　线	———————	连续	可见的轮廓线与图框线
	———————	连续	尺寸线、尺寸界线、指示线、剖面线、因圆角消失的交线、旋转剖面的轮廓线、平面表示线、方形表示线、作图线
虚　线	- - - - - - -	每段 2~6 mm,间隔 1 mm	不可见轮廓线
点画线	— · — · — · —	线长 20 mm 中间为短画,间隔 1 mm	中心线、节线、假想线
	━━━━━━━	粗	表示需特殊处理表面的范围
波浪线	～～～～	连续	断裂处的边界线,视图与剖视图的分界线
双折线	—/\—	连续	断裂处的边界线,视图与剖视图的分界线

5.5 线宽规范

在所绘制的图形中可能会用到的线宽为双粗、粗、半粗、细实线。一般粗实线线宽可从 0.5~2 mm 之间任选,当粗线的宽度确定后,中粗线及细线的宽度也就随之确定。中粗实线、虚线宽度是粗实线的 1/2,细实线、尺寸线、尺寸界线为选择好的粗实线线宽的 1/4,文字线宽为字体高的 1/10、1/14。

5.6 图层图纸设置实例——蜗轮轮心

绘制图 5-2 所示的蜗轮轮心。

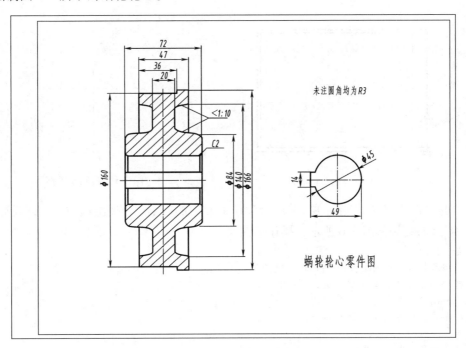

图 5-2 蜗轮轮心

操作步骤如下:

① 选择"文件"→"新建"命令,新建一个绘图界限为 420×297(A3 图纸)的文件,用于绘制蜗轮轮心。

② 选择"格式"→"图层"命令,弹出"图层特性管理器"对话框,新建六个图层,分别命名为"粗实线""细实线""文字标注""数字标注""轴线""图框",如图 5-3 所示。完成设置后,将"图框"图层设为当前层,单击"确定"按钮。

③ 单击"绘图"面板中的"矩形"按钮 ▭,绘制起点坐标分别为(0,0)和(25,5)、终点坐标为(420,297)和(390,287)的两个矩形,结果如图 5-4 所示,然后切换当前层至"轴线",单击"直线"按钮 ╱,在适当的位置绘制两条基准线,结果如图 5-5 所示。

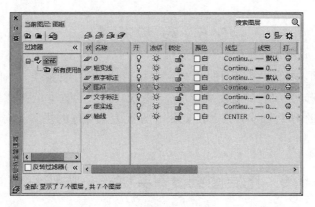

图 5-3　图层的设置

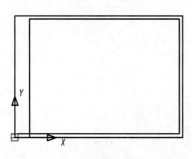

图 5-4　绘制两个矩形

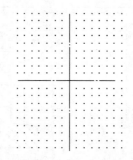

图 5-5　绘制基准线

④ 切换当前层至"细实线"层，单击"修改"面板中的"偏移"按钮，偏移出蜗轮轮心的上半部水平线，结果如图 5-6 所示。操作步骤如下：

命令：offset
指定偏移距离或 [通过(T)] <通过>：42
选择要偏移的对象或 <退出>：
指定点以确定偏移所在一侧：
选择要偏移的对象或 <退出>：
命令：offset
指定偏移距离或 [通过(T)] <42.0000>：70
命令：offset
指定偏移距离或 [通过(T)] <70.0000>：80
命令：offset
指定偏移距离或 [通过(T)] <80.0000>：83
命令：offset
指定偏移距离或 [通过(T)] <83.0000>：7
命令：offset
指定偏移距离或 [通过(T)] <7.0000>：22.5

⑤ 同理偏移出垂直线，把轴线分别向左、右偏移 10、23.5、36，再向右偏移 12.5 后得到图 5-7 所示图形。

⑥ 切换当前层至"粗实线"层，先按要求把蜗轮轮心的主要线条画出来，然后按要求修剪图 5-7 所示图线，得到轮心上半部，如图 5-8 所示。

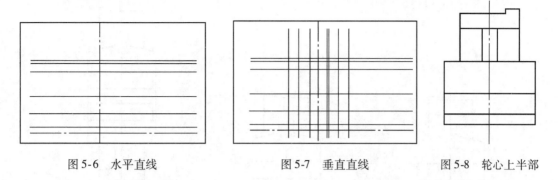

图 5-6　水平直线　　　　　图 5-7　垂直直线　　　　　图 5-8　轮心上半部

⑦ 绘制斜度线的辅助线，如图 5-9 所示，斜度为 1:10。然后将图 5-9 中的直线 CE 和 CD 分别移到轮心上半部的 A、B 两点。单击"修改"面板中的"镜像"按钮，镜像刚才移动的两条直线，结果如图 5-10 所示。

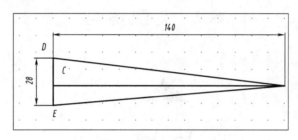

图 5-9　斜度线的辅助线

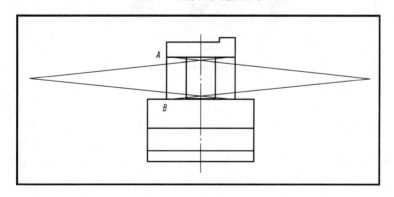

图 5-10　移动并镜像斜度线

⑧ 利用"修改"面板中的"修剪"和"删除"按钮，修剪和删除多余线条，得到图 5-11 所示结果；处理倒角和圆角得到图 5-12 所示结果。操作步骤如下：

```
命令：fillet
当前设置：模式 = 修剪,半径 = 0.000 0
选择第一个对象或 [多段线(P)/半径(R)/修剪(T)/多个(U)]：r
指定圆角半径 <0.000 0>：3
选择第一个对象或 [多段线(P)/半径(R)/修剪(T)/多个(U)]：
选择第二个对象：
```

⑨ 利用"镜像"命令，镜像出整个轮心，结果如图 5-13 所示。

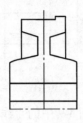
图 5-11　修剪后

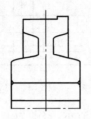
图 5-12　倒角和圆角处理

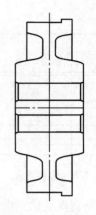
图 5-13　镜像处理

5.7　实例练习

练习一（见图 5-14）

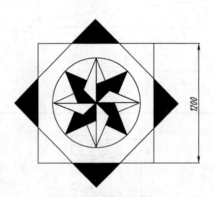

图 5-14　练习一

练习二（见图 5-15）

练习三（见图 5-16）

图 5-15

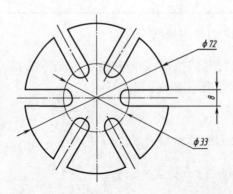

图 5-15　练习二

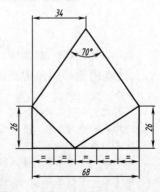

图 5-16　练习三

第 6 章　绘制基本二维工程图

本章通过对三个综合实例的学习,学以致用,巩固前面所学知识并达到灵活应用的目的,掌握绘图的步骤和方法,熟练绘制工程图,从而提高 AutoCAD 操作技巧以及工程绘图能力。

6.1　圆端形桥墩图

当铁路或公路跨越河流、山谷时,需要修建桥梁或涵洞;穿过高山时需要修建隧道。桥梁、涵洞及隧道工程图则是桥梁、涵洞、隧道施工的技术依据。

桥墩由基础、墩身和墩帽组成。桥墩图可用来表达桥墩的整体形状和大小,以及桥墩各部分所用的材料。由于桥墩构造比较简单,一般用三面投影图和一些剖面图或断面图来表示。

图 6-1 所示为圆端形桥墩图,该桥墩图由正面图、平面图和侧面图表示,三个图都是半剖面图。

上机绘图的主要过程如下:

1. 新建图形文件

单击快速访问工具栏中的"新建"按钮,弹出"创建新图形"对话框,新建一个图形文件,并保存为"圆端形桥墩图.dwg"。

2. 打开图层管理器并创建图层

1 层用来存放实线;2 层用来存放标注;3 层用来绘制填充;4 层用来绘制辅助线。

3. 草图设置

选择"工具"→"草图设置"命令,弹出"草图设置"对话框,在其中设置几种所需的自动目标捕捉方式。

4. 绘制半正面及半 3—3 剖面

①绘制图 6-2 所示图形。打开图层管理器,将粗实线层置为当前层,使用直线命令(LINE)和复制命令(COPY)。

```
命令: line 指定第一点:                                    (拾取点 A)
指定下一点或 [放弃(U)]: @ 546,0                      (输入点 B 相对点 A 的坐标)
指定下一点或 [放弃(U)]:                                   (按【Enter】键)
命令: copy
选择对象: 找到 1 个
选择对象:                                                 (选择直线 AB)
                                                          (按【Enter】键)
```

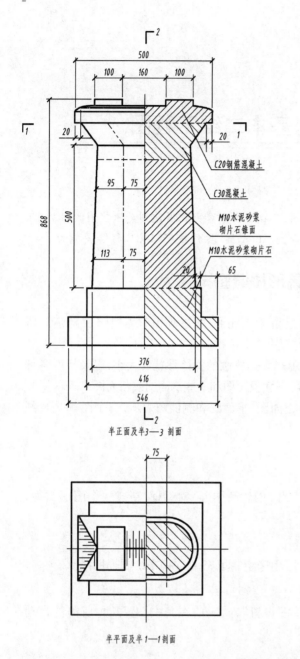
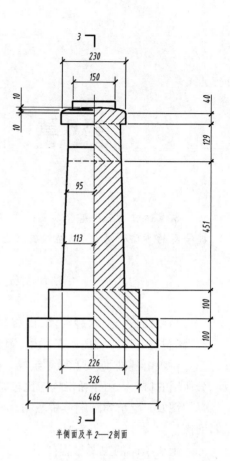

图 6-1 圆端形桥墩图

当前设置：复制模式 = 多个
指定基点或 [位移(D)/模式(O)] <位移>：指定第二个点或 <使用第一个点作为位移>:100
（光标指向上方，以下同）

指定第二个点或 [退出(E)/放弃(U)] <退出>：200
指定第二个点或 [退出(E)/放弃(U)] <退出>：700
指定第二个点或 [退出(E)/放弃(U)] <退出>：780
指定第二个点或 [退出(E)/放弃(U)] <退出>：820
指定第二个点或 [退出(E)/放弃(U)] <退出>：830

指定第二个点或 [退出(E)/放弃(U)] <退出>:840
指定第二个点或 [退出(E)/放弃(U)] <退出>:864
指定第二个点或 [退出(E)/放弃(U)] <退出>: (按【Enter】键)
命令:line 指定第一点: (捕捉点A)
指定下一点或 [放弃(U)]:@ 0,200 (绘制点C)
指定下一点或 [放弃(U)]: (按【Enter】键)
命令:copy
选择对象:找到 1 个 (选择直线AC)
选择对象: (按【Enter】键)
当前设置: 复制模式 = 多个

指定基点或 [位移(D)/模式(O)] <位移>:指定第二个点或 <使用第一个点作为位移>:65
(光标指向右方,以下同)
指定第二个点或 [退出(E)/放弃(U)] <退出>:85
指定第二个点或 [退出(E)/放弃(U)] <退出>:198
指定第二个点或 [退出(E)/放弃(U)] <退出>:461
指定第二个点或 [退出(E)/放弃(U)] <退出>:481
指定第二个点或 [退出(E)/放弃(U)] <退出>:546
指定第二个点或 [退出(E)/放弃(U)] <退出>: (按【Enter】键)

命令:line 指定第一点: (捕捉直线AB的中点D)
指定下一点或 [放弃(U)]: (拾取点E)
指定下一点或 [放弃(U)]: (按【Enter】键)
命令:copy
选择对象:找到 1 个 (选择直线DE)
选择对象: (按【Enter】键)
当前设置: 复制模式 = 多个
指定基点或 [位移(D)/模式(O)] <位移>:指定第二个点或 <使用第一个点作为位移>:指80
(向左复制)
指定第二个点或 [退出(E)/放弃(U)] <退出>:170
指定第二个点或 [退出(E)/放弃(U)] <退出>:180 (向左复制)
指定第二个点或 [退出(E)/放弃(U)] <退出>:250 (向左复制)
指定第二个点或 [退出(E)/放弃(U)] <退出>:80 (向右复制)
指定第二个点或 [退出(E)/放弃(U)] <退出>:170 (向右复制)
指定第二个点或 [退出(E)/放弃(U)] <退出>:180 (向右复制)
指定第二个点或 [退出(E)/放弃(U)] <退出>:250 (向右复制)
指定位移的第二点或 <用第一点作位移>: (按【Enter】键)

② 执行修剪(TRIM)命令,将图6-2所示半正面过程图修剪成图6-3所示。
命令:trim
当前设置:投影=UCS,边=无
选择剪切边...
选择对象或 <全部选择>: 找到 1 个 (选择作为剪切边的线,可以选择多条)
选择对象:
选择要修剪的对象,或按住【Shift】键选择要延伸的对象,或[栏选(F)/窗交(C)/投影(P)/边(E)/删除(R)/放弃(U)]: (选择被修剪对象)
选择要修剪的对象,或按住【Shift】键选择要延伸的对象,或[栏选(F)/窗交(C)/投影(P)/边(E)/删除(R)/放弃(U)]:

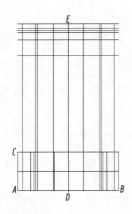
图 6-2　半正面过程图

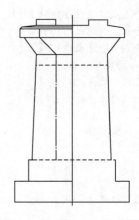
图 6-3　修剪后的半正面图形

③ 填充剖面线,执行填充命令,打开图 6-4 所示"图案填充创建"选项卡。选择图案为 ANSI31,比例为 4,角度分别为 0°、90°。填充后的图形如图 6-5 所示。

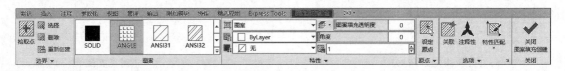

图 6-4　"图案填充创建"选项卡

5. 绘制半侧面及半 2—2 剖面

① 绘制图 6-6 所示图形,使用直线命令(LINE)和复制命令(COPY)。

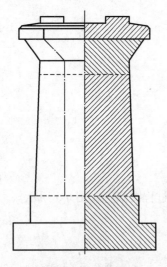

图 6-5　填充后的图形

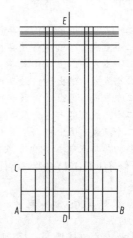

图 6-6　半侧面过程图

```
命令：line 指定第一点：                                        (拾取点 A)
指定下一点或 [放弃(U)]：@ 466,0                                (绘制点 B)
指定下一点或 [放弃(U)]：                                       (按【Enter】键)
命令：copy
```

选择对象: 找到 1 个 (选择直线 AB)
选择对象: (按【Enter】键)
当前设置: 复制模式 = 多个
指定基点或 [位移(D)/模式(O)] <位移>: 指定第二个点或 <使用第一个点作为位移>: 100
(方向为向上,以下同)
第二个点或 [退出(E)/放弃(U)] <退出>: 200
第二个点或 [退出(E)/放弃(U)] <退出>: 700
第二个点或 [退出(E)/放弃(U)] <退出>: 780
第二个点或 [退出(E)/放弃(U)] <退出>: 820
第二个点或 [退出(E)/放弃(U)] <退出>: 830
第二个点或 [退出(E)/放弃(U)] <退出>: 840
第二个点或 [退出(E)/放弃(U)] <退出>: 860
第二个点或 [退出(E)/放弃(U)] <退出>: (按【Enter】键)
命令: line 指定第一点: (捕捉点 A)
指定下一点或 [放弃(U)]:@ 0,200 (绘制点 C)
指定下一点或 [放弃(U)]: (按【Enter】键)
命令: copy
选择对象: 找到 1 个 (选择直线 AC)
选择对象: (按【Enter】键)
当前设置: 复制模式 = 多个
指定基点或 [位移(D)/模式(O)] <位移>: 指定第二个点或 <使用第一个点作为位移>: 70
(方向为向右,以下同)
第二个点或 [退出(E)/放弃(U)] <退出>: 120
第二个点或 [退出(E)/放弃(U)] <退出>: 346
第二个点或 [退出(E)/放弃(U)] <退出>: 396
第二个点或 [退出(E)/放弃(U)] <退出>: 466
第二个点或 [退出(E)/放弃(U)] <退出>: (按【Enter】键)
命令: line 指定第一点: (捕捉 AB 的中点 D)
指定下一点或 [放弃(U)]: (拾取点 E)
指定下一点或 [放弃(U)]: (按【Enter】键)
命令: copy
选择对象: 找到 1 个 (选择直线 DE)
选择对象: (按【Enter】键)
当前设置: 复制模式 = 多个
指定基点或 [位移(D)/模式(O)] <位移>: 指定第二个点或 <使用第一个点作为位移>: 75
(方向向左)
第二个点或 [退出(E)/放弃(U)] <退出>: 95 (方向向左)
第二个点或 [退出(E)/放弃(U)] <退出>: 115 (方向向左)
第二个点或 [退出(E)/放弃(U)] <退出>: 75 (方向向右)
第二个点或 [退出(E)/放弃(U)] <退出>: 95 (方向向右)
第二个点或 [退出(E)/放弃(U)] <退出>: 115 (方向向右)
第二个点或 [退出(E)/放弃(U)] <退出>: (按【Enter】键)

② 连线并修剪图形,如图 6-7 所示。

③ 填充剖面线,填充后的图形如图 6-8 所示。

6. 绘制半平面及半 1—1 剖面

① 绘制图 6-9 所示图形,使用矩形命令(RECTANG)、直线命令(LINE)、偏移命令(OFFSET)及复制命令(COPY)。

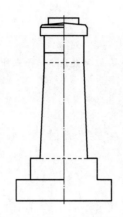
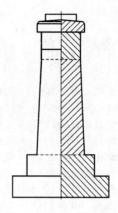

图 6-7　修剪后的半侧面图形　　　　图 6-8　填充后的图形

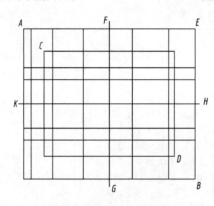

图 6-9　半平面过程图

命令：rectang
指定第一个角点或 [倒角(C)/标高(E)/圆角(F)/厚度(T)/宽度(W)]：　　　　　　　　（拾取点 A）
指定另一个角点或 [面积(A)/尺寸(D)/旋转(R)]：@ 546,-466　　　（输入点 B 的相对坐标）
命令：rectang
指定第一个角点或 [倒角(C)/标高(E)/圆角(F)/厚度(T)/宽度(W)]：_from <偏移>：@ 65,-70
　　　　　　　　　　　　　　　　　　　　　　　　　　　　　　（输入点 C 的相对坐标）
指定另一个角点或 [面积(A)/尺寸(D)/旋转(R)]：@ 416,-326　　　（输入点 D 的相对坐标）
命令：line 指定第一点：　　　　　　　　　　　　　　　　（捕捉直线 AE 的中点 F）
指定下一点或 [放弃(U)]：　　　　　　　　　　　　　　　　　　　　　　　（捕捉点 G）
指定下一点或 [放弃(U)]：　　　　　　　　　　　　　　　　　　　　　（按【Enter】键）
命令：line 指定第一点：　　　　　　　　　　　　　　　　（捕捉直线 BE 的中点 H）
指定下一点或 [放弃(U)]：　　　　　　　　　　　　　　　　　　　　　　　（画点 K）
指定下一点或 [放弃(U)]：　　　　　　　　　　　　　　　　　　　　　（按【Enter】键）
命令：copy
选择对象：找到 1 个　　　　　　　　　　　　　　　　　　　　　　　（选择直线 FG）
选择对象：　　　　　　　　　　　　　　　　　　　　　　　　　　　（按【Enter】键）
当前设置：　复制模式 = 多个
指定基点或 [位移(D)/模式(O)] <位移>：指定第二个点或 <使用第一个点作为位移>：188
指定第二个点或 [退出(E)/放弃(U)] <退出>：75　　　　　　　　　　　　（向右复制）
指定第二个点或 [退出(E)/放弃(U)] <退出>：80　　　　　　　　　　　　（向左复制）
指定第二个点或 [退出(E)/放弃(U)] <退出>：180　　　　　　　　　　　（向左复制）

指定第二个点或 [退出(E)/放弃(U)] <退出>:250   (向左复制)
指定第二个点或 [退出(E)/放弃(U)] <退出>:   (按【Enter】键)
命令:copy
选择对象:找到 1 个(选择直线 HK)
选择对象: (按【Enter】键)
当前设置: 复制模式 = 多个
指定基点或 [位移(D)/模式(O)] <位移>:指定第二个点或 <使用第一个点作为位移>:133
                                                                              (向上复制)
指定位移的第二点或 <用第一点作位移>: 113   (向下复制)
指定位移的第二点或 <用第一点作位移>: 75   (向上复制)
指定位移的第二点或 <用第一点作位移>: 75   (向下复制)
指定位移的第二点或 <用第一点作位移>:   (按【Enter】键)

② 使用直线命令(LINE)、圆命令(CIRCLE)、修剪命令及关键点拉伸将图 6-9 所示图线整理成图 6-10 所示样式。

```
命令:line 指定第一点:                                                             (捕捉点 D)
指定下一点或 [放弃(U)]:                                                           (捕捉点 E)
指定下一点或 [放弃(U)]:                                                           (按【Enter】键)
命令:line 指定第一点:                                                             (捕捉点 F)
指定下一点或 [放弃(U)]:                                                           (捕捉点 E)
指定下一点或 [放弃(U)]:                                                           (按【Enter】键)
命令:circle 指定圆的圆心或 [三点(3P)/两点(2P)/相切、相切、半径(T)]:                 (捕捉点 A)
指定圆的半径或 [直径(D)] <113.000 0>:95                                            (输入圆 C 的半径)
命令:circle 指定圆的圆心或 [三点(3P)/两点(2P)/相切、相切、半径(T)]:
<对象捕捉 开>                                                                     (捕捉点 A)
指定圆的半径或 [直径(D)]:113                                                       (输入圆 B 的半径)
```

修剪多余的线条,利用关键点拉伸定位线,执行直线命令(LINE)命令。

```
命令:line 指定第一点:                                                             (捕捉点 H)
指定下一点或 [放弃(U)]:                                                           (捕捉点 G)
指定下一点或 [放弃(U)]:                                                           (按【Enter】键)
命令:line 指定第一点:                                                             (捕捉点 M)
指定下一点或 [放弃(U)]:                                                           (捕捉点 K)
指定下一点或 [放弃(U)]:                                                           (按【Enter】键)
```

③ 填充剖面线,将 3 层置为当前层,执行填充命令,打开图 6-4 所示"图案填充创建"选项卡,选择图案为 ANSI31、比例为 4、角度为 90°。填充后的图形如图 6-11 所示。

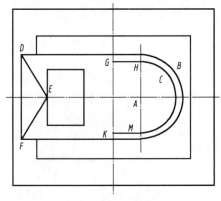
图 6-10　修剪后的图形

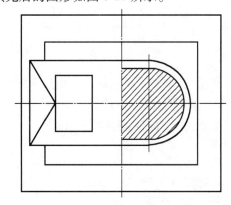
图 6-11　填充后的图形

7. 绘制标准 A3 图幅

根据国家标准,定义 A3 号标准图幅,使用矩形命令(RECTANG)、偏移命令(OFFSET)、拉伸命令(STRETCH)。具体步骤如下:

① 建立一个空白图形文件。

② 绘制 A3 图幅,步骤如下:

命令: rectang
指定第一个角点或 [倒角(C)/标高(E)/圆角(F)/厚度(T)/宽度(W)]:
                 (任取一点 A 作为图幅的左下角)
指定另一个角点或 [面积(A)/尺寸(D)/旋转(R)]: @ 390,287
                 (选择图幅的另一角,形成矩形 ABCD)

命令: offset
指定偏移距离或 [通过(T)] <10.000 0>: 5
选择要偏移的对象或 <退出>:   (选择矩形 ABCD)
指定点以确定偏移所在一侧: (在矩形 ABCD 外侧任取一点,得到矩形 EFGH)
选择要偏移的对象或 <退出>:   (按【Enter】键)

命令: stretch
以交叉窗口或交叉多边形选择要拉伸的对象...
选择对象: (用交叉方式选择 EF 和 AB 之间的矩形 EFGH)
选择对象: (按【Enter】键)
指定位移的基点: (任取一点)
指定位移的第二点: @ 20<180

③ 绘制标题栏,如图 6-12 所示。

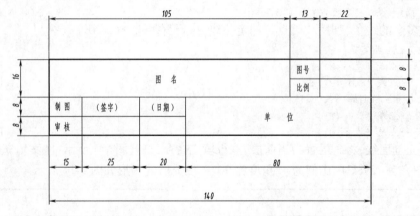

图 6-12 绘制标题栏

移动该标题栏,使它的右下角点和图框右下角点相重合。将图形保存为 A3.dwg。

④ 打开"圆端形桥墩图.dwg"文件,将视图中的图形按比例缩小后,移到 A3 图幅中,调整好各视图间的相互位置,另存即可。

命令: scale
选择对象: (选择视图中所有图形)
选择对象: (按【Enter】键)
指定基点: (任意拾取一点)
指定比例因子或{参照}: 1/8

将视图中所有图形,复制至 A3 图幅中,调整图幅各视图间的相互位置,使视图全包含于 A3 图幅之中,整个图面适中分布,匀称协调。

6.2 钢筋混凝土梁梗的钢筋布置图

图 6-13 所示为钢筋混凝土梁梗的钢筋布置图,在 A3 图幅中画出该图。

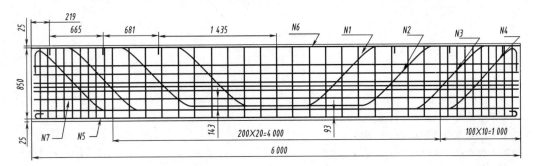

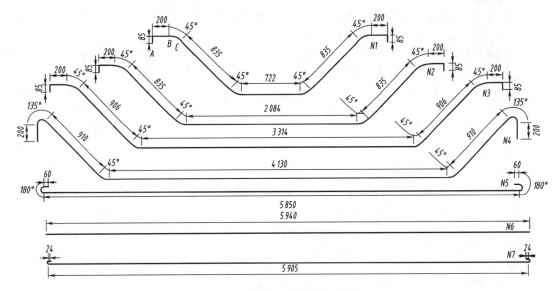

图 6-13 钢筋混凝土梁梗的钢筋布置图

上机绘图的主要过程如下:

1. 新建图形文件

单击快速访问工具栏中的"新建"按钮,弹出"创建新图形"对话框,新建一个图形文件,并保存为"钢筋混凝土梁梗的钢筋布置图.dwg"。

2. 建立图层

选择"格式"→"图层"命令,弹出"图层管理器"窗口,将图层 1 重命名为"基线"层,将图层 2 重命名为"绘图"层,图层 3 重命名为"标注"层。

3. 画主筋

① "绘图"层为当前层,画主筋 N1,如图 6-14 所示。使用直线命令(LINE)、圆弧命令(ARC)、镜像命令(MIRROR)。

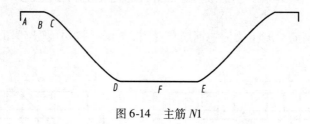

图 6-14　主筋 N1

命令:line 指定第一点:	(任意拾取点 A)
指定下一点或 [放弃(U)]:@ 0,85	
指定下一点或 [放弃(U)]:@ 200,0	(绘点 B)
指定下一点或 [闭合(C)/放弃(U)]	(按【Enter】键)
结束该命令	
命令:arc 指定圆弧的起点或 [圆心(C)]: <对象捕捉 开>	(捕捉点 B)
指定圆弧的第二个点或 [圆心(C)/端点(E)]:c	
指定圆弧的圆心:@ 200<-90	(输入圆心坐标)
指定圆弧的端点或 [角度(A)/弦长(L)]:a	
指定包含角:-45(绘制弧 BC)	(按【Enter】键)
结束该命令	
命令:line 指定第一点:	(捕捉点 C)
指定下一点或 [放弃(U)]:@ 835<315	
指定下一点或 [放弃(U)]:	(按【Enter】键)
结束该命令	
命令:arc 指定圆弧的起点或 [圆心(C)]:	(捕捉刚画好的直线端点)
指定圆弧的第二个点或 [圆心(C)/端点(E)]:c	
指定圆弧的圆心:@ 200<45	
指定圆弧的端点或 [角度(A)/弦长(L)]:a	
指定包含角:45	(按【Enter】键)
结束该命令	
命令:line 指定第一点:	(捕捉圆弧的端点 D)
指定下一点或 [放弃(U)]:@ 722,0	
指定下一点或 [放弃(U)]:	(按【Enter】键)
结束该命令	
命令:mirror	
选择对象:指定对角点:找到 6 个	(选取画好的对象)
选择对象:	(按【Enter】键)
指定镜像线的第一点:	(捕捉直线 DE 的中点 F)
指定镜像线的第二点:	(沿垂直方向拾取另一点)
是否删除源对象?[是(Y)/否(N)] <N>:	(按【Enter】键)

② 画主筋 N2,如图 6-15 所示。使用复制命令(COPY)、直线命令(LINE)、镜像命令(MIRROR)。

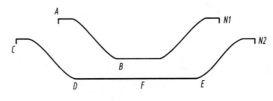

图 6-15　主筋 N2

```
命令:copy 找到 5 个                                          (选择图 6-15 所示 N1 的 AB 段对象)
指定基点或 [位移(D)/模式(O)/多个(M)] <位移>:                              (任意拾取一点)
指定第二个点或 <使用第一个点作为位移>:                             (任意拾取一点,按【Enter】键)
结束该命令
命令:line 指定第一点:                                                (捕捉图 6-15 所示的点 D)
指定下一点或 [放弃(U)]:@ 2 084,0
指定下一点或 [放弃(U)]:                                                       (按【Enter】键)
结束该命令
命令:mirror
选择对象:指定对角点:找到 5 个                                   (选择图 6-15 中的 CD 段对象)
选择对象:                                                                    (按【Enter】键)
指定镜像线的第一点:                                                           (拾取点 F)
指定镜像线的第二点:                                              (沿垂直方向任意拾取另一点)
是否删除源对象? [是(Y)/否(N)] <N>:                                         (按【Enter】键)
结束该命令
```

③ 画主筋 N3,如图 6-16 所示。使用复制命令(COPY)、直线命令(LINE)、镜像命令(MIRROR)。

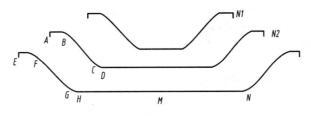

图 6-16　主筋 N3

```
命令:copy 找到 3 个                                              (选择图 6-16 中 AB 段对象)
指定基点或 [位移(D)/模式(O)/多个(M)] <位移>:                              (任意拾取一点)
指定位移的第二点或 <用第一点作位移>:                         (任意拾取一点,复制出 EF 段对象)
结束该命令
命令:line 指定第一点:                                                          (捕捉点 F)
指定下一点或 [放弃(U)]:@ 906<-45
指定下一点或 [放弃(U)]:                                                       (按【Enter】键)
结束该命令
命令:copy 找到 1 个                                                 (选择 N2 上的圆弧 CD)
指定基点或 [位移(D)/模式(O)/多个(M)] <位移>:                                  (捕捉点 C)
指定位移的第二点或 <用第一点作位移>:                                         (捕捉点 G)
结束该命令
命令:line 指定第一点:                                                          (捕捉点 H)
```

指定下一点或 [放弃(U)]:@ 3 314,0
指定下一点或 [放弃(U)]:　　　　　　　　　　　　　　　　　　　　　（按【Enter】键）
结束该命令
命令:mirror
选择对象:指定对角点:找到 5 个　　　　　　　　　　　　　　　　　（选择对象 EFGH）
选择对象:　　　　　　　　　　　　　　　　　　　　　　　　　　　　（按【Enter】键）
指定镜像线的第一点:　　　　　　　　　　　　　　　　　　　　　　　（拾取点 M）
指定镜像线的第二点:　　　　　　　　　　　　　　　　　　　　（沿垂直方向任意拾取一点）
是否删除源对象? [是(Y)/否(N)] <N>:　　　　　　　　　　　　　　（按【Enter】键）
结束该命令

④ 画主筋 N4，如图 6-17 所示。使用直线命令(LINE)、圆弧命令(ARC)、镜像命令(MIRROR)。

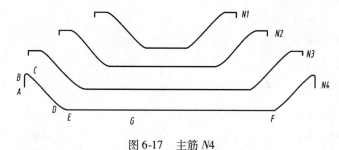

图 6-17　主筋 N4

命令:line 指定第一点:　　　　　　　　　　　　　　　　　　　　　（拾取点 A）
指定下一点或 [放弃(U)]:@ 0,200
指定下一点或 [放弃(U)]:　　　　　　　　　　　　　　　　　　　　　（按【Enter】键）
结束该命令
命令:arc 指定圆弧的起点或 [圆心(C)]:　　　　　　　　　　　　　　（捕捉点 B）
指定圆弧的第二个点或 [圆心(C)/端点(E)]:C
指定圆弧的圆心:@ 60,0
指定圆弧的端点或 [角度(A)/弦长(L)]:A
指定包含角:-135
结束该命令
命令:line 指定第一点:　　　　　　　　　　　　　　　　　　　　　（捕捉点 C）
指定下一点或 [放弃(U)]:@ 910<315
指定下一点或 [放弃(U)]:　　　　　　　　　　　　　　　　　　　　　（按【Enter】键）
命令:arc 指定圆弧的起点或 [圆心(C)]:　　　　　　　　　　　　　　（捕捉点 D）
指定圆弧的第二个点或 [圆心(C)/端点(E)]:C
指定圆弧的圆心:@ 200<45
指定圆弧的端点或 [角度(A)/弦长(L)]:A
指定包含角:45
结束该命令
命令:line 指定第一点:　　　　　　　　　　　　　　　　　　　　　（捕捉点 E）
指定下一点或 [放弃(U)]:@ 4 130,0　　　　　　　　　　　　　　　　（按【Enter】键）
指定下一点或 [放弃(U)]:　　　　　　　　　　　　　　　　　　　　　（按【Enter】键）
结束该命令
命令:mirror
选择对象:指定对角点:找到 4 个　　　　　　　　　　　　　　　　　（选择对象 A 至 E）

选择对象:
指定镜像线的第一点:指定镜像线的第二点:
是否删除源对象?[是(Y)/否(N)] <N>:   (按【Enter】键)
结束该命令

4. 画主筋 *N5*、*N6*、*N7*

如图6-18所示,使用直线命令(LINE)、圆弧命令(ARC)、镜像命令(MIRROR)、窗口缩放命令(ZOOM)。

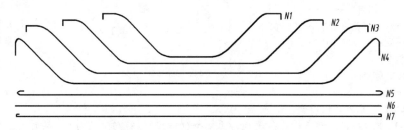

图6-18　主筋 *N5*、*N6*、*N7*

命令: line 指定第一点:
指定下一点或 [放弃(U)]: @ -60,0   (按【Enter】键)
指定下一点或 [放弃(U)]:   (按【Enter】键)
结束该命令
命令: arc 指定圆弧的起点或 [圆心(C)]:
指定圆弧的第二个点或 [圆心(C)/端点(E)]: C   (按【Enter】键)
指定圆弧的圆心: @ 0,-35
指定圆弧的端点或 [角度(A)/弦长(L)]: A   (按【Enter】键)
指定包含角: 180   (按【Enter】键)
结束该命令
命令: line 指定第一点:
指定下一点或 [放弃(U)]: @ 5 850,0   (按【Enter】键)
结束该命令
命令: mirror
选择对象: 指定对角点: 找到 2 个
选择对象: (按【Enter】键)
指定镜像线的第一点: 指定镜像线的第二点:
是否删除源对象?[是(Y)/否(N)] <N>:   (按【Enter】键)
结束该命令
命令: line 指定第一点:
指定下一点或 [放弃(U)]: @ 5 940,0   (按【Enter】键)
指定下一点或 [放弃(U)]:   (按【Enter】键)
结束该命令
命令: line 指定第一点:
指定下一点或 [放弃(U)]: @ -24,0   (按【Enter】键)
指定下一点或 [放弃(U)]:   (按【Enter】键)
结束该命令
命令: 指定对角点:
命令: 'zoom
指定窗口角点,输入比例因子 (nX 或 nXP)或

[全部(A)/中心点(C)/动态(D)/范围(E)/上一个(P)/比例(S)/窗口(W)] <实时>: w
指定第一个角点: 指定对角点:
命令: arc 指定圆弧的起点或 [圆心(C)]:
指定圆弧的第二个点或 [圆心(C)/端点(E)]: c   （按【Enter】键）
指定圆弧的圆心: @ 0,-14   （按【Enter】键）
指定圆弧的端点或 [角度(A)/弦长(L)]: a   （按【Enter】键）
指定包含角: 180   （按【Enter】键）
结束该命令
命令: line 指定第一点:
指定下一点或 [放弃(U)]: @ 5905,0   （按【Enter】键）
指定下一点或 [放弃(U)]:   （按【Enter】键）
结束该命令
命令: 指定对角点:
命令: 'zoom
指定窗口角点, 输入比例因子 (nX 或 nXP), 或
[全部(A)/中心点(C)/动态(D)/范围(E)/上一个(P)/比例(S)/窗口(W)] <实时>: .5x
命令: mirror
选择对象: 指定对角点: 找到 3 个
选择对象: （按【Enter】键）
指定镜像线的第一点: 指定镜像线的第二点:
是否删除源对象? [是(Y)/否(N)] <N>:   （按【Enter】键）

5. 画梁

"中实线"层为当前层，使用矩形命令（RECTANG）、分解命令（EXPLODE）、直线命令（LINE）、偏移命令（OFFSET）完成图 6-19 所示混凝土保护层的图线。

命令: rectang
指定第一个角点或 [倒角(C)/标高(E)/圆角(F)/厚度(T)/宽度(W)]:   （拾取矩形一角点 A）
指定另一个角点或 [尺寸(D)]: @ 6 000,-900   （输入矩形另一角点 C, 按【Enter】键）
结束该命令
命令: explode   （分解命令）
选择对象: 找到 1 个   （选择矩形 ABCD）
选择对象: （按【Enter】键）
结束该命令
命令: line 指定第一点: （捕捉直线 AB 的中点）
指定下一点或 [放弃(U)]:   （捕捉直线 CD 的中点）
指定下一点或 [放弃(U)]:   （按【Enter】键）
结束该命令
命令: offset
指定偏移距离或 [通过(T)/删除(E)/图层(L)] <通过>: 25
选择要偏移的对象, 或 [退出(E)/放弃(U)] <退出>:   （选择矩形下边框 CD）
指定要偏移的那一侧上的点, 或 [退出(E)/多个(M)/放弃(U)] <退出>:   （向上）
选择要偏移的对象, 或 [退出(E)/放弃(U)] <退出>:   （按【Enter】键）
选择要偏移的对象, 或 [退出(E)/放弃(U)] <退出>:   （选择矩形上边框 AB）
指定要偏移的那一侧上的点, 或 [退出(E)/多个(M)/放弃(U)] <退出>:   （向下）
选择要偏移的对象, 或 [退出(E)/放弃(U)] <退出>:   （按【Enter】键）
结束该命令
命令: offset
指定偏移距离或 [通过(T)/删除(E)/图层(L)] <通过>: 93

选择要偏移的对象，或 [退出(E)/放弃(U)] <退出>:	(选择矩形下边框CD)
指定要偏移的那一侧上的点，或 [退出(E)/多个(M)/放弃(U)] <退出>:	(按【Enter】键)
选择要偏移的对象，或 [退出(E)/放弃(U)] <退出>:	(按【Enter】键)
结束该命令	
命令: offset	
指定偏移距离或 [通过(T)/删除(E)/图层(L)] <通过>: 143	
选择要偏移的对象，或 [退出(E)/放弃(U)] <退出>:	(选择矩形下边框CD)
指定要偏移的那一侧上的点，或 [退出(E)/多个(M)/放弃(U)] <退出>:	(按【Enter】键)
选择要偏移的对象，或 [退出(E)/放弃(U)] <退出>:	(按【Enter】键)
结束该命令	
命令: copy	
选择对象:	(选择钢筋N5)
指定对角点: 找到 5 个	
选择对象:	(按【Enter】键)
当前设置: 复制模式 = 单个	
指定基点或 [位移(D)/模式(O)/多个(M)] <位移>: 指定第二个点或 <使用第一个点作为位移>:	
	(移到距下边框CD 25 mm处)

同理绘制其他钢筋。

6. 绘制箍筋

设"绘图"层为当前层，使用剪切命令把直线 *EF* 剪切成 850 mm，偏移或阵列出其他箍筋。

命令: offset	
指定偏移距离或 [通过(T)/删除(E)/图层(L)] <通过>: <200.000 0>:200	
选择要偏移的对象，或 [退出(E)/放弃(U)] <退出>:	(选择直线)
指定要偏移的那一侧上的点，或 [退出(E)/多个(M)/放弃(U)] <退出>:	
选择要偏移的对象，或 [退出(E)/放弃(U)] <退出>:	(选择偏移成的直线)
指定要偏移的那一侧上的点，或 [退出(E)/多个(M)/放弃(U)] <退出>:	
	(指定偏移方向，共向左偏移10次、向右偏移10次)
选择要偏移的对象，或 [退出(E)/放弃(U)] <退出>:	(按【Enter】键)
命令: offset	
指定偏移距离或 [通过(T)/删除(E)/图层(L)] <通过>: <100.000 0>:	
选择要偏移的对象，或 [退出(E)/放弃(U)] <退出>:	(选择偏移出的最左侧直线)
指定要偏移的那一侧上的点，或 [退出(E)/多个(M)/放弃(U)] <退出>:	(左侧)
选择要偏移的对象，或 [退出(E)/放弃(U)] <退出>:	(选择偏移成的直线)
指定要偏移的那一侧上的点，或 [退出(E)/多个(M)/放弃(U)] <退出>:	
	(指定偏移方向，共向左偏移10次)
选择要偏移的对象，或 [退出(E)/放弃(U)] <退出>:	(按【Enter】键)

同理绘制右侧箍筋，绘制完毕如图6-19所示。

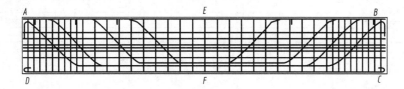

图6-19 箍筋

7. 画 A3 图幅与标题栏

将图形按比例缩小,移至 A3 图幅中,调整好位置,方法同上节。

6.3 钢筋混凝土构件结构详图

钢筋混凝土构件有定型构件和非定型构件之分。定型构件不必绘制,在图中标出即可。对于非定型构件和现浇筑的构件,必须绘制出结构详图。

图 6-20 所示为钢筋混凝土梁的结构详图。这幅图包括了立面图和断面图两部分,总体上是对称的。绘图时可绘制一半,另一半可镜像得到。断面图可绘制一个,复制一个,在复制图的基础上修改得到第二个断面图。

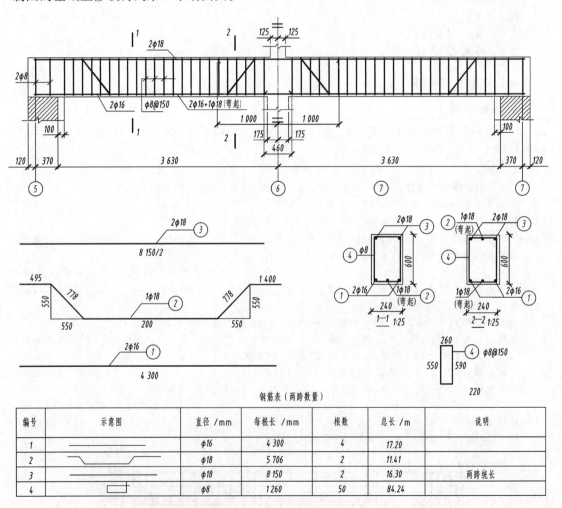

图 6-20 钢筋混凝土梁的结构详图

上机绘图的主要思路如下:

首先建立图层:基线层、绘图层、标注层,分别以不同的颜色进行绘制。基线层主要绘制辅助线,建议使用默认线型及颜色;绘图层主要用来绘制详细的结构图;标注层主要用来绘制图形的标注,建议使用红色。

1. 设置绘图环境

建立新文件后,打开状态栏上的"捕捉""对象捕捉""对象追踪"按钮。坐标变为动态显示状态,其余可默认。

2. 绘制图形

① 绘制辅助网格线。首先检查是否打开"捕捉"按钮,接着绘制基准线,然后使用偏移命令绘制其他辅助网格线。

② 绘制主要的轮廓和剖面。用多段线绘制立面轮廓,只绘制左侧一半即可,同时绘制剖面线。

③ 绘制钢筋。钢筋的绘制对钢筋混凝土结构图来说十分重要。

- 主筋:使用偏移命令先复制主筋。
- 箍筋:用直线命令绘制一个箍筋,其余用阵列命令复制。
- 斜拉筋:用直线命令配合对象捕捉工具绘制。

钢筋绘制完成后,可以使用镜像命令复制另外一半,至此立面图的轮廓和钢筋就绘制完成了。

④ 剖面图和剖面图上的钢筋绘制。绘制该部分图形时可以先绘制一个剖面图,绘制完成后,复制一个,在复制图上修改得到第二个剖面图,这样可减少重复操作。

剖面图绘制使用矩形、偏移和圆环命令。

3. 插入图框和标题栏

在绘制图形之后,可插入图框和标题栏。

6.4 实 例 练 习

练习一(见图6-21)

练习二(见图6-22)

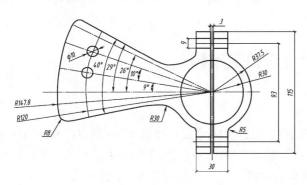

图6-21 练习一

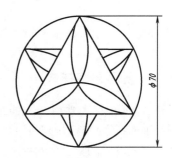

图6-22 练习二

第 7 章　输入文字与创建表格

在实际绘图中,为了使图形便于阅读,经常要在图中加入一些文字说明,所以文字是一张完整的工程图中不可或缺的部分。在图形中文本的用处有很多,图形中视图的标题、注释以及某些部件的标注尺寸都需要通过文本来体现,而且应用中可能会需要不同高度、方向和样式的文本。为了控制图形中的文本,需要学会以下三个基本操作。

- 通过设置文本样式决定最终文本样式。
- 放置文本的位置并在图形上输入文本。
- 修改图形中已有的文本。

AutoCAD 提供了两种类型的文本:单行文本和多行文本。单行文本将每行文本作为一个单独的实体,而不管在该行上是一个字母还是几个单词。这一类型的文本对于图形的标题、图形中视图的标题,以及一些短注释是非常有用的。标注尺寸以及一些比较长的注释通常是用多行文本来实现的。AutoCAD 将整个多行文本作为一个单独的实体看待,而不管该文本是包含一个字母还是几个段落。

这两种文本都有相同的文本样式,但是将它们放置到图形中的命令是不同的。当修改文本时,可能对这两种文本使用相同的命令,但是实际上此命令对多行文本的操作与对单行文本的操作是完全不同的。尺寸标注文本与其他文本的处理方式有一点不同,这将在后面的尺寸标注部分介绍。

另外,在功能区"默认"选项卡"注释"面板中也提供了绘制表格的命令,并且支持表格链接至 Microsoft Excel 电子表格中的数据。AutoCAD 2020 在功能区"注释"选项卡中为文字对象提供了"文字"面板,可执行添加与编辑文字对象的大多数命令。绘制表格的命令安排在"绘图"菜单或功能区"注释"选项卡"表格"面板中。

7.1　设置文本样式

7.1.1　创建文字样式

在 AutoCAD 中,所有文字都有与之相关联的文字样式。绘制文字对象时,AutoCAD 通常使用当前的文字样式,用户也可以重新设置文字样式,或者创建新的样式。文字样式是同一类文字格式设置的集合,包括字体、字高、显示效果等。在 AutoCAD 中输入文字时,默认使用的是 STANDARD 文字样式。如果此样式不能满足注释的需要,可以根据需要设置新的文字样式或修改已有文字样式。文字样式包括文字字体、样式、高度、宽度比例、倾斜角度、颠倒、反向以及垂直等参数。

在开始为图形设置文本样式之前,需要决定文本的字体应该有多高。为了定下此高度,首先必须决定最终图形以怎样的比例被打印。

在传统的手工绘图方式下,可以忽略绘图比例,并设置实际的每一种需要的文本高度,这是可行的,因为当图形以某种比例绘制后,文本并不需要遵照这种比例按它们的完全尺寸来绘制。在 AutoCAD 中绘制的图形,如果图形绘制的是实际尺寸,那么文本就应该比实际尺寸大很多,因为图形及其文本在打印过程中都被相同的因子按比例缩小了。

1. 功能

创建新的文字样式或修改已有的文字样式。

2. 调用

- 功能区:"默认"选项卡→"注释"面板→"文字样式"按钮 。
- 功能区:"注释"选项卡→"文字"面板→"文字样式"按钮 。
- 菜单栏:"格式"→"文字样式"命令。
- 工具栏:"文字"工具栏中的"文字样式"按钮 。
- 命令行:STYLE。

3. 操作

执行"文字样式"命令后,弹出"文字样式"对话框,如图 7-1 所示,在其中可创建新的文字样式,也可对已定义的文字样式进行编辑。

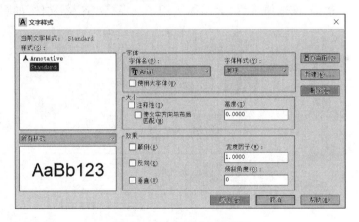

图 7-1 "文字样式"对话框

7.1.2 设置样式名

在 AutoCAD 2020 中,对文字样式名的设置包括新建文本样式名,以及对已定义的文字样式更改名称。其中"新建"和"删除"按钮的作用如下:

①"新建"按钮。用于创建新文字样式。单击"新建"按钮,弹出"新建文字样式"对话框,如图 7-2 所示,在"样式名"文本框中输入新的样式名,单击"确定"按钮即可。

②"删除"按钮。用于删除在样式名下拉列表中所选择的样式。单击"删除"按钮,在弹出的对话框中单击"确定"按钮即可删除所选样式,如图 7-3 所示。

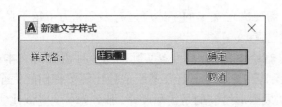
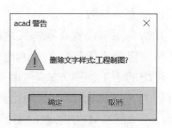

　　图 7-2　"新建文字样式"对话框　　　　图 7-3　删除文字样式

7.1.3　设置字体

　　在 AutoCAD 2020 中,对文本字体的设置主要是指选择字体文件和定义文字高度。系统中可使用的字体分为两种:一种是普通字体,即 TrueType 字体文件;另一种是 AutoCAD 特有的字体文件(.shx)。

　　在图 7-1 所示的"文字样式"对话框中,"字体"和"大小"选项组中各选项的功能介绍如下。

1. "字体"选项组

　　①"字体名"下拉列表框。在该下拉列表中列出了 Windows 注册的 TrueType 字体文件和 AutoCAD 特有的字体文件(.shx)。可选择其中一种字体作为所设的文字样式中的字体。

　　②"字体样式"下拉列表框。指定字体的格式,比如斜体、粗体,或者常规字体。如果选中"使用大字体"复选框,该选项变为"大字体",用于选择"大字体"文件,如图 7-4 所示。

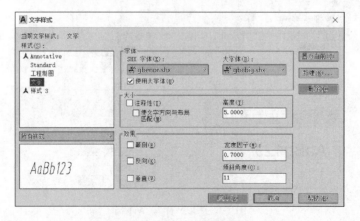

图 7-4　"文字样式"对话框

　　③"使用大字体"复选框。指定亚洲语言的大字体文件。只有 .shx 文件可以创建"大字体"。"大字体"下拉列表框中的 gbcbig.shx 为简体中文字体,chineset.shx 为繁体中文字体。

2. "大小"选项组

　　①"注释性"复选框。为文字指定注释性。

　　②"使文字方向与布局匹配"复选框。指定"图纸空间"中视口中的文字方向与布局方向匹配。如果未选中"注释性"复选框,则该复选框不可用。

③"高度"文本框。用于设置文字的高度。AutoCAD 2020 的默认值为 0，如果设置为默认值，在文本标注时，AutoCAD 2020 定义文字高度为 2.5 mm，用户可重新进行设置。

7.1.4 设置文本效果

在 AutoCAD 2020 中，对修改字体的特性，如高度、宽度因子、倾斜角度以及是否颠倒显示、反向或垂直对齐均可轻松设置。图 7-1 所示的"文字样式"对话框中的"效果"选项组中各选项的功能介绍如下：

①"颠倒"复选框。用于控制文字字符是否倒过来放置，如图 7-5 所示。

②"反向"复选框。用于控制文字字符是否镜像标注，如图 7-6 所示。

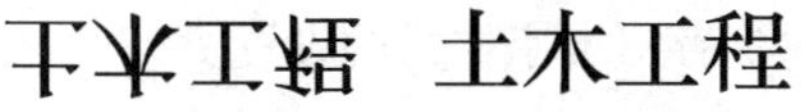

（a）设置颠倒　　（b）取消颠倒　　　　（a）设置反向　　（b）取消反向

图 7-5　设置及取消文字颠倒效果　　　图 7-6　设置及取消反向效果

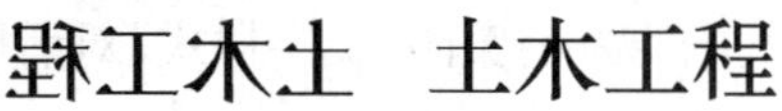

③"垂直"复选框。用于控制文字字符是否竖直排列，如图 7-7 所示。

④"宽度因子"文本框。在该文本框中，可以设置字体的宽度比例。默认宽度因子为 1，即按字体文件中定义的标准执行，宽度因子小于 1 时，则字体将变窄，否则字体将变宽，如图 7-8 所示。

⑤"倾斜角度"文本框。在该文本框中输入的数值将作为文字旋转的角度。设置此数值为 0 时，文字将处于水平方向。文字的旋转方向为顺时针方向，也就是说当角度值为正时文字向右倾斜，为负时向左倾斜，如图 7-9 所示。

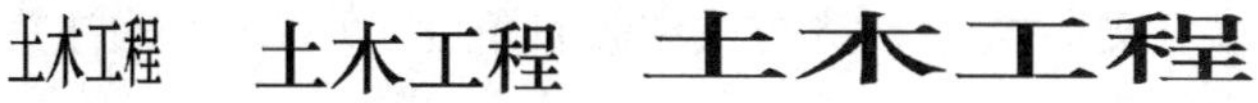

图 7-7　设置垂直效果

（a）宽度因子为0.5　（b）宽度因子为1　（c）宽度因子为2

图 7-8　文字宽度比例效果

（a）　　　　　　　（b）

图 7-9　倾斜正负 45°的文本

在"效果"选项组中设置的效果是可以叠加的，例如，将"颠倒"和"反向"两个复选框都选中，文字既做纵向对称也做横向对称。图 7-10(a) 所示为未加效果的样式，图 7-10(b) 所示为"颠倒"+"反向"效果的样式。

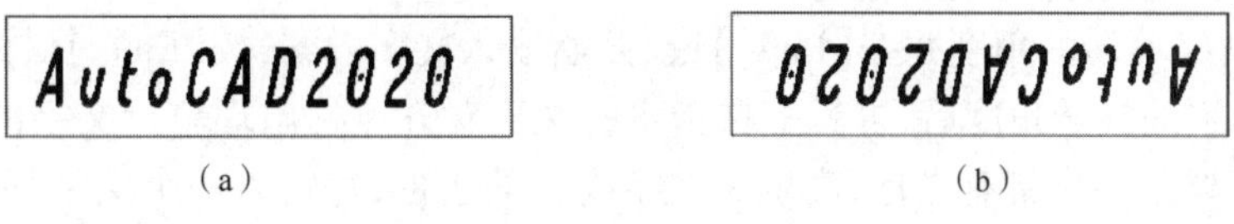

（a）　　　　　　　　　　　（b）

图 7-10　文字效果叠加

> **注意**
> 在效果选项中进行的"颠倒"和"反向"文字效果设置只限于单行文字标注。

7.1.5 预览与应用文本样式

在 AutoCAD 2020 中,对文字样式的设置效果可在"文字样式"对话框的预览区中进行预览。单击"应用"按钮,将当前设置的文字样式应用到 AutoCAD 正在编辑的图形中,作为当前文字样式。

①"应用"按钮:用于将当前的文字样式应用到 AutoCAD 正在编辑的图形中。
②"取消"按钮:放弃文字样式的设置,并关闭"文字样式"对话框。
③"关闭"按钮:关闭"文字样式"对话框,同时保存对文字样式的设置。

7.2 创建及编辑文字注释

设置好文字样式之后,就可以创建文字注释了。根据所创建文字的长短及复杂与否,分为单行文字和多行文字。

7.2.1 创建单行文字

对于不需要多种字体或多线的简短项,可以创建单行文字。虽然名称为单行文字,但是在创建过程中仍然可以用【Enter】键换行。"单行"的含义是每行文字都是独立的对象,可对其进行重定位、调整格式或进行其他修改。

1. 功能

在图形中按指定文字样式、对齐方式和倾斜角度,以动态方式注写单行或多行文字。每行文字是一个独立的实体。

2. 调用

- 功能区:"默认"选项卡→"注释"面板→"单行文字"按钮 A。
- 菜单栏:"绘图"→"文字"→"单行文字"命令。
- 命令行:TEXT。

3. 操作

① 执行"单行文字"命令后,命令行提示:

× ↗ A↓ ▾ TEXT 指定文字的起点 或 [对正(J) 样式(S)]:

② 指定文字的起始点,命令行提示:

× ↗ A↓ ▾ TEXT 指定文字的旋转角度 <0.00>:

③ 输入文字旋转的角度并按【Enter】键,开始输入文字内容,按【Enter】键结束命令。

在指定文字的旋转角度后,屏幕上在指定的文字对齐点处出现单行文字的"在位文字编辑器",该编辑器是一个带有光标,高度为文字高度的边框,每输入一个文字都会在光标处显示出来(动态注写),且编辑器边框随着文字的输入而展开。如果需要输入一行新文字,按【Enter】键换行,且新的一行文字的对齐方式和文字属性不变。要退出命令,可以按两次

【Enter】键,或在编辑器边框外单击。

4. 选项说明

①"对正"选项。设置输入文字的对正方式,即文字的哪一部分与所选的起始点对齐。选择该选项,命令行提示:

```
×⌐ A▾ TEXT 输入选项 [左(L) 居中(C) 右(R) 对齐(A) 中间(M) 布满(F) 左上(TL) 中上(TC) 右上(TR) 左中(ML) 正中(MC)
右中(MR) 左下(BL) 中下(BC) 右下(BR)]:
```

使用"对齐"选项时,AutoCAD 提示指定文本分布的起始点和结束点,当用户选定两点并输入文本后,AutoCAD 把文字压缩或扩展使其充满指定的宽度范围,而文字的高度则按适当比例进行变化以使文本不至于被扭曲;选择"调整"选项时,AutoCAD 的提示与选择"对齐"选项相比增加了"指定高度",该选项在将压缩或扩展的文字充满指定的宽度范围时,可保持文字的高度值等于指定的数值,该选项只适用于水平方向的文字;其他各选项均用于设置文字的插入点,含义如下:

- "居中":从基线的水平中点对齐文字,基线是由用户给出的点指定的。
- "中间":文字在基线的水平中点和指定高度的垂直中点上居中对齐,中间对齐的文字不保持在基线上。
- "右":在基线上右对齐文字,此基线是由用户给出的点指定的。
- "左上/中上/右上":以指定的点作为文字的最上点并左对齐/居中/右对齐文字,只适用于水平方向的文字。
- "左中/正中/右中":以指定的点作为文字的中央点并左对齐/居中/右对齐文字,只适用于水平方向的文字。
- "左下/中下/右下"以指定的点作为文字的基线并左对齐/居中/右对齐文字,只适用于水平方向的文字。

图 7-11 所示为应用了不同对正方式的文字效果。

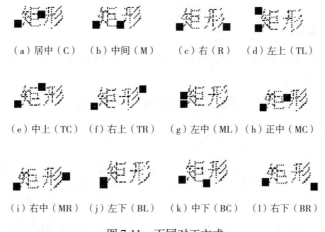

图 7-11 不同对正方式

用 DTEXT 命令可连续输入多行文字,每行按【Enter】键结束,但不能控制各行的间距。DTEXT 命令的优点是文字对象的每一行都是一个单独的实体,因而对每行进行重新定位或编辑都很容易。

② "样式"选项。用来确定当前使用的文字样式。选择该选项,命令行提示:

> TEXT 输入样式名或 [?] <文字>:

输入要设置为当前文字样式的样式名。要标注中文文字时,应先设"中文"文字样式为当前文字样式。设当前文字样式后,当输入文字倾斜的角度按【Enter】键后,开始输入文字内容。输入文字前激活一种汉字输入法即可在图中标注中文文字。

如果不知道要应用样式的名称,可以输入"?",再按【Enter】键,"AutoCAD 文本窗口"中会列出所有的样式名。

7.2.2 创建多行文字

对于较长、较为复杂的内容,可以创建多行文字。多行文字由任意数目的文字或段落组成,布满指定的宽度,还可以沿垂直方向无限延伸。与单行文字不同的是,无论行数是多少,一个编辑任务中创建的每个段集都是单个对象;用户可对其进行移动、旋转、删除、复制、镜像或缩放操作。

1. 功能

按指定的文字行宽度标注多行文字,其具有控制所标注的文本字符格式及段落文本特性等功能。

2. 调用

- 功能区:"默认"选项卡→"注释"面板→"多行文字"按钮A。
- 菜单栏:"绘图"→"文字"→"多行文字"命令。
- 工具栏:"绘图"工具栏中的"多行文字"按钮A。
- 命令行:MTEXT。

3. 操作

① 执行"多行文字"命令后,命令行提示:

> A - MTEXT 指定第一角点:

② AutoCAD 根据两个对角点确定多行文字对象,就像矩形一样。此时可指定多行文字的第一个角点,命令行提示:

> A - MTEXT 指定对角点或 [高度(H) 对正(J) 行距(L) 旋转(R) 样式(S) 宽度(W) 栏(C)]:

③ 此时可指定第二个角点或者选择中括号内的选项设置多行文字。指定角点后,将显示多行文字编辑器,如图 7-12 所示。

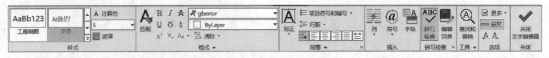

图 7-12 "二维草图与注释"工作空间的多行文字编辑器

4. 多行文字编辑器介绍

多行文字编辑器包括有"样式"面板、"格式"面板、"段落"面板、"插入"面板、"拼写检查"面板、"工具"面板、"选项"面板和"关闭"面板。

①"样式"面板。用于设置当前多行文字样式、注释性和文字高度。面板中包含有三个命令,如图7-13所示。

- "文字样式"下拉列表框:用户可以通过下拉列表选用所使用的样式,或更改在编辑器中所输入文字的样式。
- "注释性"按钮 ▲ 注释性 :确定标注的文字是否为注释性文字。
- "文字高度"组合框:设置或更改文字高度。用户可以直接从下拉列表中选择值,也可以在文本框中输入高度值。

②"格式"面板。用于字体的大小、粗细、颜色、下画线、倾斜、宽度等格式设置,如图7-14所示。

- "粗体"按钮 **B** :确定文字是否以粗体形式标注,单击该按钮可以实现是否以粗体形式标注文字的切换。

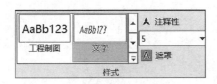

图7-13 "样式"面板   图7-14 "格式"面板

- "斜体"按钮 *I* :确定文字是否以斜体形式标注,单击该按钮可以实现是否以斜体形式标注文字的切换。
- "下画线"按钮 U :确定是否对文字加下画线,单击该按钮可以实现是否为文字加下画线的切换。
- "上画线"按钮 O :确定是否对文字加上画线,单击该按钮可以实现是否为文字加上画线的切换。
- "字体"下拉列表框:设置或改变字体。在文字编辑器中输入文字时,可以利用该下拉列表随时改变所输入文字的字体,也可以用来更改已有文字的字体。
- "颜色"下拉列表框:设置或更改所标注文字的颜色。
- "背景遮罩"按钮:在文字后放置不透明背景。
- "倾斜角度"微调框 0/ :使输入或选定的字符倾斜一定的角度。用户可以输入 -85 ~ 85 的数值来使文字倾斜对应的角度,其中倾斜角度值为正时字符向右倾斜,为负时字符则向左倾斜。
- "追踪"微调框 a•b :用于增大或减小所输入或选定字符之间的距离。设置值1是常规间距。当设置值大于1时会增大间距;设置值小于1时则减小间距。
- "宽度因子"微调框 o| :用于增大或减小输入或选定字符的宽度。设置值1表示字母为常规宽度。当设置值大于1时会增大宽度;设置值小于1时则减小宽度。

③"段落"面板。面板包含有段落对正、行距设置、段落格式设置、段落对齐,以及段落的分布、编号等功能,如图7-15所示。在"段落"面板的右下角单击 按钮,弹出"段落"对话框,如图7-16所示。"段落"对话框可以为段落的第一行设置缩进,指定制表位和缩进,控制段落对齐方式、段落间距和段落行距等。

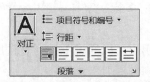

图 7-15 "段落"面板

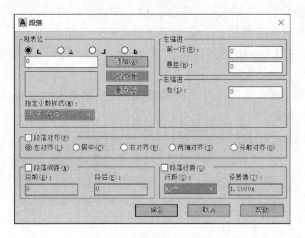

图 7-16 "段落"对话框

- "对正"按钮 A：设置文字的对齐方式，单击此按钮，从弹出的列表中选择即可。
- "项目符号和编号"按钮：单击此按钮，显示用于创建列表的选项菜单，如图 7-17 所示。
- "行距"按钮：设置行间距，从对应的列表中选择和设置即可。
- "左对齐"按钮、"居中对齐"按钮、"右对齐"按钮、"对正"按钮、"分散对齐"按钮：设置段落文字沿水平方向的对齐方式。其中，左对齐、居中对齐和右对齐按钮用于使段落文字实现左对齐、居中对齐和右对齐；对正按钮使段落文字两端对齐；分散对齐按钮使段落文字沿两端分散对齐。

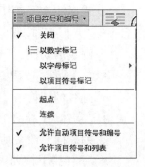

图 7-17 "项目符号和编号"菜单

- "合并段落"按钮：当创建多行的文字段落时，选择要合并的段落，此命令被激活，然后选择此命令，多段落文字变成只有一个段落的文字。

④"插入"面板。主要用于插入字符、列、字段的设置，如图 7-18 所示。

- "列"按钮：单击此按钮，显示下拉菜单，该菜单提供"不分栏""动态栏"和"静态栏"三个选项。
- "符号"按钮 @：用于在光标位置插入符号或不间断空格。单击该按钮，AutoCAD 2020 弹出相应的列表。列表中列出了常用符号及控制符或 Unicode 字符串，用户可以根据需要从中选择。如果选择"其他"选项，弹出"字符映射表"对话框，如图 7-19 所示。

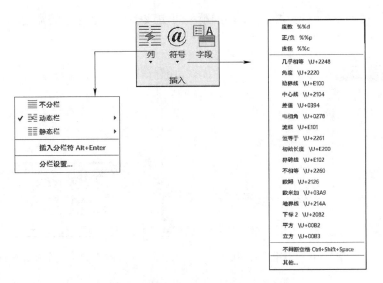

图 7-18 "插入"面板

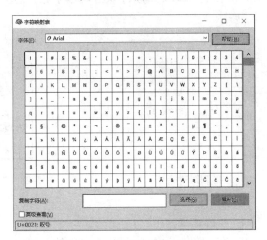

图 7-19 "字符映射表"对话框

- "字段"按钮：单击此按钮，弹出"字段"对话框，从中可以选择要插入到文字中的字段，如图 7-20 所示。

⑤"拼写检查""工具""选项"面板。这三个面板主要用于字体的查找和替换、拼写以及文字的编辑等，如图 7-21 所示。

- "拼写检查"按钮：在文字编辑器中输入文字时，使用该功能可以检查拼写错误。
- "查找和替换"按钮：单击此按钮，弹出"查找和替换"对话框，如图 7-22 所示。在该对话框中输入相应内容以查找并替换。
- "放弃"按钮：放弃在"多行文字"选项卡下执行的操作，包括对文字内容或文字格式的更改。
- "重做"按钮：重做在"多行文字"选项卡下执行的操作，包括对文字内容或文字格式的更改。

- "标尺"按钮 ：拖动标尺末端的箭头可更改多行文字对象的宽度。

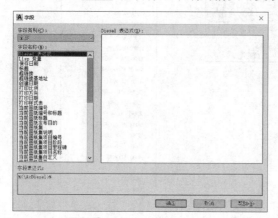

图7-20 "字段"对话框　　　　　　图7-21 三个命令执行面板

⑥"关闭"面板。如果完成多行文字的输入，单击"关闭文字编辑器"按钮 ✓，可以退出多行文字的编辑，如图7-23所示。

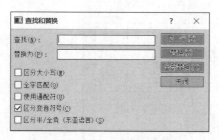 

图7-22 "查找和替换"对话框　　　　　图7-23 "关闭"面板

7.2.3 创建特殊字符

在工程图标注中，往往需要标注一些特殊的符号和字符。例如度的符号"°"、公差符号"±"或直径符号"φ"，这些符号从键盘不能直接输入，因此 AutoCAD 通过输入控制代码或 Unicode 字符串可以输入这些特殊字符或符号。

AutoCAD 常用标注符号的控制代码、字符串及符号见表7-1。

表7-1 特殊字符表

特殊字符	代码输入	说　明
±	%%p	公差符号
¯	%%o	上画线
_	%%u	下画线
%	%%%	百分比符号
φ	%%c	直径符号
°	%%d	度

注：%%o 和 %%u 是两个切换开关，第一次输入时打开上画线或下画线功能，第二次输入则关闭上画线或下画线功能。

1. 在单行文本中输入特殊符号

在需要使用特殊字符的位置直接输入相应的控制符,那么输入的控制符将会显示在图中特殊字符的位置上,当单行文本标注命令执行结束后,控制符将会自动转换为相应的特殊字符。

2. 在多行文本中输入特殊符号

标注多行文本时,可以灵活地输入特殊字符,因为其本身具有一些格式化选项。在"多行文字编辑器"选项卡的"插入"面板中单击"符号"下拉按钮,在展开的下拉列表中将会列出特殊字符的控制符选项(见图7-18)。

另外,在"符号"下拉列表中选择"其他"选项,弹出"字符映射表"对话框,从中选择所需字符进行输入即可(见图7-19)。

在"字符映射表"对话框中,通过"字体"下拉列表可选择不同的字体,选择所需字符,单击该字符即可,如图7-24所示。然后单击"选择"按钮,选择的字符会显示在"复制字符"文本框中,单击"复制"按钮,选中的字符即被复制到剪贴板中,如图7-25所示。最后打开多行文本编辑框的快捷菜单,选择"粘贴"命令即可插入所选字符。

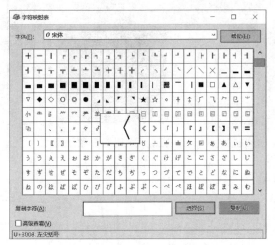 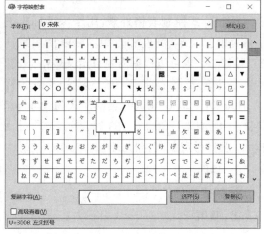

图 7-24　输入特殊符号　　　　　　图 7-25　复制字符

7.2.4　编辑文字注释

1. 功能

"编辑文字"命令主要用于修改编辑已有的文字对象内容,或者为文字对象添加前缀或后缀等内容。

2. 调用

- 菜单栏:"修改"→"对象"→"文字"→"编辑"命令。
- 双击要编辑的文字对象。
- 命令行:DDEDIT。

3. 操作

执行"编辑文字"命令后，命令行提示：

> ⚒ A₂ ▾ DDEDIT 选择注释对象或 [放弃(U)]:

此时可以选择文字对象、表格或其他注释对象，系统随后弹出单行文字编辑器或多行文字编辑器。在编辑器中，即可编辑文字的内容，也可重新设置文字的格式。其操作与创建文字对象时基本相同。

7.3 设置表格样式与创建表格

表格是由包括注释（以文字为主，多包含多个块）的单元构成的矩阵阵列。在 AutoCAD 2020 中，可以使用"表格"命令建立表格，还可以从其他应用软件（如 Excel）中直接复制表格，并将其作为 AutoCAD 表格对象粘贴到图形中。此外，还可以输出表格数据，以供在其他应用程序（如 Excel）中使用。

7.3.1 新建表格样式

表格样式控制表格外观，用于保证标准的字体、颜色、文本、高度和行距。可以使用默认的表格样式，也可以根据需要自定义表格样式。

在创建表格之前，应该先定义表格的样式，AutoCAD 2020 默认的表格样式为 Standard 样式。通过图 7-26 所示的"表格样式"对话框，可以自行定制表格样式。

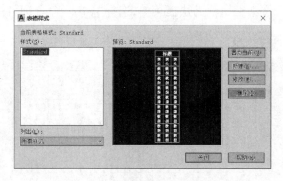

图 7-26 "表格样式"对话框

1. 功能

设置表格样式。

2. 调用

- 功能区："默认"选项卡→"注释"面板→"表格样式"按钮 。
- 功能区："注释"选项卡→"表格"面板→"表格样式"按钮 。
- 菜单栏："格式"→"表格样式"命令。
- 工具栏："样式"工具栏中的"表格样式"按钮 。
- 命令行：TABLESTYLE。

3. 操作

执行以上任意一种操作后，弹出"表格样式"对话框（见图 7-26），"样式"列表框中列出了所有的表格样式，包括系统默认的 Standard 样式，以及用户自定义的样式。在"预览"窗口中可预览所选择的表格样式。

单击该对话框中的"新建"按钮，弹出"创建新的表格样式"对话框，如图 7-27 所示。在"新样式名"文本框中输入新的表格样式名后，单击"继续"按钮，弹出"新建表格样式"对话框，在其中设置相关选项，以此创建新表格样式，如图 7-28 所示。

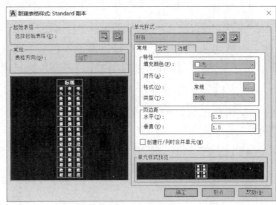

图 7-27 "创建新的表格样式"对话框　　　　图 7-28 "新建表格样式"对话框

"新建表格样式"对话框包含有四个功能选项组和一个预览区域。

（1）"起始表格"选项组

该选项组中的"选择起始表格"选项使用户可以在图形中指定一个表格用作样例来设置此表格样式格式。选择表格后，可以指定要从该表格复制到表格样式的结果和内容。

单击"选择"按钮 ，程序暂时关闭对话框，用户在图形窗口中选择表格后，会再次弹出"新建表格样式"对话框。单击"删除"按钮 ，可以将表格从当前指定的表格样式中删除。

（2）"常规"选项组

该选项组主要用于更改表格方向。

在该选项组的"表格方向"下拉列表框中有"向上"和"向下"两个选项。"向下"表示创建的表格由上而下排列"标题""表头""数据"；"向上"则相反。图 7-29（a）所示为"向下"，图 7-29（b）所示为"向上"。

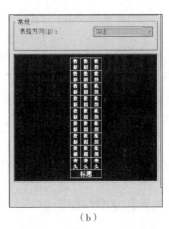

（a）　　　　　　　　　　　　　　（b）

图 7-29　设置表格方向

（3）"单元样式"选项组

该选项组可定义新的单元样式或修改现有定义样式，也可以创建任意数量的单元样式。该选项组包含三个选项卡："常规""文字""边框"，如图 7-30 所示。

①"常规"选项卡:主要设置表格的背景颜色、对齐方式、类型以及页边距等。
- "填充颜色"下拉列表框:用于指定单元的背景色,默认值为"无",在该下拉列表框中可选取颜色,也可选择"选择颜色"选项,以显示"选择颜色"对话框来指定。
- "对齐"下拉列表框:用于设置表格单元中文字的对正和对齐方式。文字可相对于单元的顶部边框和底部边框进行居中对齐、上对齐或下对齐,也可相对于单元的左边框和右边框进行居中对正、左对正或右对正。这些对齐方式的含义基本上与文字对象的相同。
- "格式"按钮:为表格中的"数据""列标题""标题"行设置数据类型和格式。单击该按钮,弹出图 7-31 所示的"表格单元格式"对话框,从中可以进一步定义格式选项。

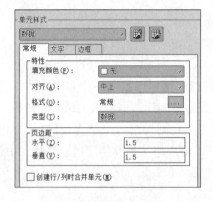

图 7-30 "常规"选项卡　　　　图 7-31 "表格单元格式"对话框

- "类型"下拉列表框:选择单元的类型,可选择为标签或数据。
- "水平"文本框:设置单元中的文字或块与左右单元边界之间的距离。
- "垂直"文本框:设置单元中的文字或块与上下单元边界之间的距离。
- "创建行/列时合并单元"复选框:使用当前单元样式创建的所有新行或新列合并为一个单元。该选项一般用于在表格中创建标题行。

②"文字"选项卡:该选项卡用于设置单元内文字的特性,如样式、颜色、高度等,如图 7-32 所示。
- "文字样式"下拉列表框:列出图形中的所有文字样式。单击其后的  按钮,弹出图 7-33 所示的"文字样式"对话框,从中可以创建新的文字样式。
- "文字高度"文本框:设置文字高度。数据和列标题单元的默认文字高度为 0.18,表标题的默认文字高度为 0.25。
- "文字颜色"下拉列表框:指定文字颜色。选择下拉列表底部的"选择颜色"选项,弹出"选择颜色"对话框。

图 7-32 "文字"选项卡

- "文字角度"文本框:设置文字旋转角度,默认的文字角度为 0。

图 7-33 "文字样式"对话框

③"边框"选项卡:该选项卡用于设置表格边框的格式,如图 7-34 所示。

- "线宽""线型""颜色"下拉列表框:分别用来设置表格边框的线宽、线型和颜色。
- "双线"复选框:选中该复选框,可将表格边界显示为双线。通过"间距"文本框可设置双线边界的间距。
- "边框"按钮:用于控制单元边框的外观。单击图 7-35 中的某个按钮,表示将在"边框"选项卡中定义的线宽、线型等特性应用于表格中对应的边框。

(4)"单元样式预览"选项组

该选项组显示当前样式设置效果的样例。

图 7-34 "边框"选项卡

图 7-35 "边框"按钮

7.3.2 创建表格

表格是在行和列中包含数据的对象。创建表格对象,首先要创建一个空表格,然后在其中添加要说明的内容。

1. 功能

在图形中插入空表格。

2. 调用

- 功能区:"默认"选项卡→"表格"面板→"表格"按钮⊞。
- 功能区:"注释"选项卡→"表格"面板→"表格"按钮⊞。
- 菜单栏:"绘图"→"表格"命令。

- 工具栏:"绘图"工具栏中的"表格"按钮。
- 命令行:TABLE。

3. 操作

执行以上任意一种操作后,弹出"插入表格"对话框,如图7-36所示。

图7-36 "插入表格"对话框

①"表格样式"选项组。选择所使用的表格样式。通过单击下拉列表框旁边的按钮,用户可以创建新的表格样式。

②"插入选项"选项组。指定插入选项的方式。

- "从空表格开始"单选按钮:表示创建一个空表格,然后填写数据。
- "自数据链接"单选按钮:表示根据已有的Excel数据表创建表格,选中此单选按钮后,可以通过按钮(启动"数据链接管理器"对话框)建立与已有Excel数据表的链接。
- "自图形中的对象数据(数据提取)"单选按钮:可以通过数据提取向导提取图形中的数据。

③"预览"区域。显示当前表格样式的样例。

④"插入方式"选项组。确定将表格插入到图形时的插入方式。

- "指定插入点"单选按钮:表示将通过在绘图窗口指定一点作为表格的一角点位置的方式插入表格。如果表格样式将表格的方向设置为由上而下读取,插入点为表的左上角点;如果表格样式将表格的方向设置为由下而上读取,则插入点位于表的左下角点。
- "指定窗口"单选按钮:表示将通过指定一窗口的方式确定表的大小与位置。

⑤"列和行设置"选项组。该选项组用于设置表格中的列数、行数以及列宽与行高。

⑥"设置单元样式"选项组。可以通过与"第一行单元样式""第二行单元样式""所有其他行单元样式"对应的下拉列表框,分别设置第一行、第二行和其他行的单元样式。每个下拉列表中有"标题""表头""数据"三个选项。

通过"插入表格"对话框完成表格的设置后,单击"确定"按钮,而后根据提示确定表格的位置,即可将表格插入到图形中,且插入后 AutoCAD 2020 弹出"文字格式"工具栏,同时将表格中的第一个单元格醒目显示,此时就可以直接向表格中输入文字。

输入文字时,可以利用【Tab】键和箭头键在各单元格之间切换,以便在各单元格中输入文字。单击"文字格式"对话框中的"确定"按钮,或在 AutoCAD 2020 绘图屏幕上任意一点单击,则会关闭"文字格式"工具栏,创建出所需表格。

7.3.3 修改表格

表格创建完后,可以单击或双击该表格上的任意网格线以选中该表格,然后通过使用"特性"选项板或夹点来修改该表格。双击表格线显示图 7-37 所示的"特性"面板,单击表格线显示的表格夹点如图 7-38 所示。

图 7-37 "特性"面板　　　　图 7-38 使用夹点修改表格

1. 修改表格行与列

利用夹点功能可以修改已有表格的列宽和行高。更改方法为:选择对应的单元格,AutoCAD 2020 会在该单元格的四条边上各显示出一个夹点,按住鼠标左键拖动即可更改表格的列宽和行高。

2. 打断表格

当表格太多时,可以将包含大量数据的表格打断成主要和次要的表格片段。使用表格底部的表格打断夹点,可以使表格覆盖图形中的多列或操作已创建的不同的表格部分。

7.3.4 功能区"表格单元"选项卡

在功能区处于活动状态时单击某个单元表格,功能区将显示"表格单元"选项卡,如图 7-39 所示。

1. "行"面板与"列"面板

"行"面板与"列"面板主要是编辑行或列,如插入行、列或删除行或列。

图 7-39 "表格单元"选项卡

2. "合并"面板

"合并"面板主要功能是合并和取消合并单元。

3. "单元样式"面板

编辑数据格式和对齐、改变单元边框的外观。

- "匹配单元"按钮：将选定单元的特性应用到其他单元。
- "对齐方式"列表：对单元内的内容指定对齐。内容相对于单元的顶部边框和底部边框进行居中对齐、上对齐或下对齐。内容相对于单元的左侧边框和右侧边框居中对齐、左对齐或右对齐。
- "表格单元样式"下拉列表框：列出当前表格样式所包含的所有单元样式。单元样式的标题、表头和数据通常包含在任意表格样式中且无法删除或重命名。
- "表格单元背景色"下拉列表框：指定填充颜色。选择"无"或选择一种背景，或选择"选择颜色"选项，弹出"选择颜色"对话框，如图 7-40 所示。
- "编辑边框"按钮：控制单元边框的外观。单击此按钮，弹出图 7-41 所示的"单元边框特性"对话框。

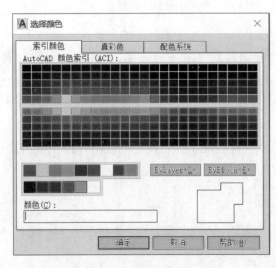

图 7-40 "选择颜色"对话框

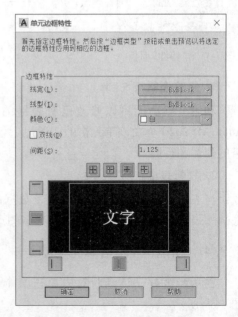

图 7-41 "单元边框特性"对话框

4. "单元格式"面板

作用是锁定和解锁编辑单元，以及创建和编辑单元样式。

- "单元锁定"按钮：锁定单元内容或格式以及对其解锁。若被锁定则无法进行编辑。
- "数据格式"按钮：显示数据类型列表（如"角度""日期""十进制数"等），从而可以设置表格行的格式。

5. "插入"面板

作用是插入块、字段和公式。

- "块"按钮：将块插入当前选定的表格单元中，单击此按钮，弹出"在表格单元中插入块"对话框，如图 7-42 所示。通过单击"浏览"按钮，查找创建的块。单击"确定"按钮即可将块插入到单元格中。
- "字段"按钮：将字段插入当前选定的表格单元中。单击此按钮，弹出"字段"对话框，如图 7-43 所示。

图 7-42 "在表格单元中插入块"对话框

图 7-43 "字段"对话框

- "公式"按钮 fx：将公式插入当前选定的表格单元中。公式必须以等号（=）开始。用于求和、求平均值和计数的公式将忽略空单元以及未解析为数值的单元。
- "管理单元内容"按钮：显示选定单元的内容。可以更改单元内容的次序以及单元内容的显示方向。

6. "数据"面板

作用是将表格链接至外部数据等。

- "链接单元"按钮：将在 Excel 中创建的电子表格链接到图形中的表格。
- "从源下载"按钮：从源文件下载更新数据。

7.4 绘图实例

7.4.1 涵洞图

涵洞图一般用一张总图来表示,有时可单独画出洞口构造图或某些细节的构造详图。

图 7-44 所示为用于公路的正交圆涵八字翼墙洞口图。该涵洞图由平面图、1—1 纵剖面图和侧面图组成。

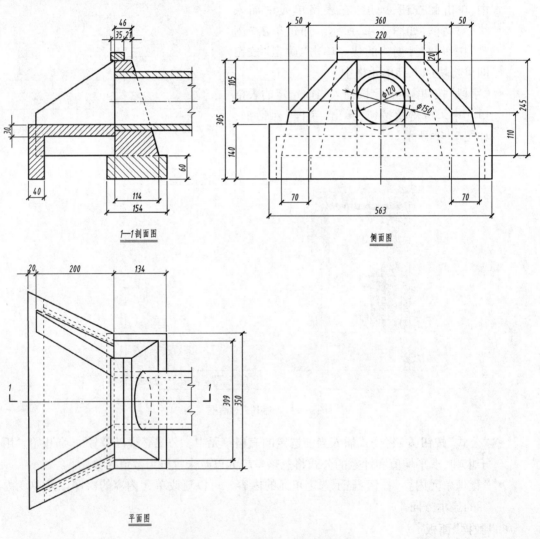

图 7-44 正交圆涵八字翼墙洞口图

绘制图形的主要过程如下:

1. 计算

计算各部位的尺寸以及相对尺寸。

2. 新建图形文件

单击快速访问工具栏中的"新建"按钮,弹出"创建新图形"对话框,新建一个图形文件,并保存。

3. 图层设置

单击"图层"工具栏中的"图层特性"按钮,弹出"图层特性管理器"对话框,创建并设置需要的图层及线型、颜色、线宽,见表7-2。

表7-2 设置图层

序 号	图层名称	图层线型	图层颜色	线 型
1	外轮廓线	粗实线0.7	绿色	Continuous(连续实线)
2	参考线	细实线0.18	白色	Continuous(连续实线)
3	填充线	点画线0.18	红色	Acad_isoo4w100(ISO长点画线)
4	辅助线	虚线0.35	紫色	Acad_isoo3w100(ISO虚线)
5	轴线	点画线0.18	黄色	Acad_5w100
6	标注和注释	细实线0.18		Continuous(连续实线)

4. 设置文字样式

在命令提示符后输入ST并按【Enter】键,启动STYLE命令。利用"文字样式"对话框,设置表7-3所示的字体样式。

表7-3 设置字体样式

序 号	字体样式名称	字 体	字 高	宽度系数	倾斜角度
1	新建	gbenor.shx	3.5		0
2	仿宋体	GB 2312仿宋	3.5	0.7	0

5. 草图设置

在状态栏对象捕捉按钮上右击,在弹出的快捷菜单中选择"草图设置"命令,弹出"草图设置"对话框,在其中设置四种自动目标捕捉方式。

6. 绘制1—1纵剖面

① 将参考线层设为当前层,使用构造线命令(XLINE),参照命令提示,画出水平和竖直参考线。转换到轮廓线图层,在这两条参考线上画出两条辅助线段,长度根据尺寸确定,如图7-45所示。

因为图形尺寸较大,所以,在绘图区看不全整幅图形。因此,在绘制图形过程中,经常需要用到窗口移动命令(PAN)和窗口缩放命令(ZOOM),这两个命令均可以在执行绘图命令过程中调用和退出。

命令:xline 指定点或 [水平(H)/垂直(V)/角度(A)/二等分(B)/偏移(O)]:
指定通过点: <正交 开>
指定通过点: (屏幕左上角任一点)
指定通过点: (水平方向任一点)
指定通过点: (转动到屏幕左下角,使画线成竖直,点取任一点)

正在恢复执行 LINE 命令
命令：LINE 指定第一点：from　　　　　　　　　　　　　　　　（选点基点即两直线交点）
基点：<偏移>：指定下一点或 [放弃(U)]：@ 452,0　　（此长度可任意，由平面图所知要大于354）
指定下一点或 [放弃(U)]：
命令：line 指定第一点：
指定下一点或 [放弃(U)]：@ 0,-465
指定下一点或 [放弃(U)]：　　　　　　　　　　　　　　　　　　　　　　　　　　（取消）

② 通过图层管理器，关闭参考线图层，将图形修剪成四边形。使用 COPY 命令，将水平辅助线向下复制 20、50、65、125、155、185、200、215、265、325，如图 7-46 所示。

命令：copy
选择对象：找到 1 个
选择对象：
当前设置：复制模式 = 多个
指定基点或 [位移(D)/模式(O)] <位移>：指定第二个点或 <使用第一个点作为位移>：20
指定第二个点或 [退出(E)/放弃(U)] <退出>：50
指定第二个点或 [退出(E)/放弃(U)] <退出>：65
指定第二个点或 [退出(E)/放弃(U)] <退出>：125
指定第二个点或 [退出(E)/放弃(U)] <退出>：155
指定第二个点或 [退出(E)/放弃(U)] <退出>：185
指定第二个点或 [退出(E)/放弃(U)] <退出>：200
指定第二个点或 [退出(E)/放弃(U)] <退出>：215
指定第二个点或 [退出(E)/放弃(U)] <退出>：265
指定第二个点或 [退出(E)/放弃(U)] <退出>：325
指定第二个点或 [退出(E)/放弃(U)] <退出>：

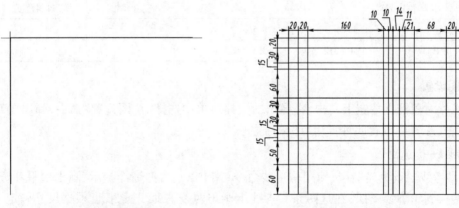

图 7-45　纵剖面过程(1)　　　　　　图 7-46　纵剖面过程(2)

③ 使用 COPY 命令，将竖直辅助线向右复制 20、40、200、210、220、245、266、334、354，如图 7-46 所示。

命令：copy
选择对象：找到 1 个
选择对象：
当前设置：复制模式 = 多个
指定基点或 [位移(D)/模式(O)] <位移>：指定第二个点或 <使用第一个点作为位移>：20
指定第二个点或 [退出(E)/放弃(U)] <退出>：40

指定第二个点或 [退出(E)/放弃(U)] <退出>: 200
指定第二个点或 [退出(E)/放弃(U)] <退出>: 210
指定第二个点或 [退出(E)/放弃(U)] <退出>: 220
指定第二个点或 [退出(E)/放弃(U)] <退出>: 245
指定第二个点或 [退出(E)/放弃(U)] <退出>: 266
指定第二个点或 [退出(E)/放弃(U)] <退出>: 334
指定第二个点或 [退出(E)/放弃(U)] <退出>: 354
指定第二个点或 [退出(E)/放弃(U)] <退出>:

④ 转换图层到标注层,颜色设为蓝色,利用线性标注命令(DIMLINEAR)和连续标注命令(DIMCONTINUE),配合"对象捕捉"功能,将上述直线间距标出作为参考,如图7-46所示。

命令: dimlinear
指定第一条尺寸界线原点或 <选择对象>:　　　　　　(水平辅助线与竖直辅助线的交点)
指定第二条尺寸界线原点:指定尺寸线位置或:　　　　(沿竖直辅助线向下的第一个交点)
[多行文字(M)/文字(T)/角度(A)/水平(H)/垂直(V)/旋转(R)]:
标注文字 =20 <退出>
命令: dimcontinue
指定第二条尺寸界线原点或 [放弃(U)/选择(S)] <选择>:　(沿竖直辅助线向下的第一个交点)
标注文字 =30
指定第二条尺寸界线原点或 [放弃(U)/选择(S)] <选择>:　(沿竖直辅助线向下的第二个交点)
标注文字 =15
指定第二条尺寸界线原点或 [放弃(U)/选择(S)] <选择>:　(沿竖直辅助线向下的第三个交点)
标注文字 =60
指定第二条尺寸界线原点或 [放弃(U)/选择(S)] <选择>:　　　　　　　　　　　(以下略)

设置尺寸标注样式。选择"标注"→"标注样式"命令或在命令行中输入DIMSTYLE后按【Enter】键,弹出"标注样式管理器"对话框,单击"修改"按钮,弹出"修改标注样式"对话框,在"符号和箭头"选项卡中,设为建筑标记。同时可设置文字、单位、比例因子等。

⑤ 转换图层到轮廓线图层,利用LINE命令,参考标注的尺寸,配合对象捕捉,将图中的两条斜线画出,如图7-47所示。

命令: line 指定第一点: 'pan
　　　　　　　　　　　　　　(按【Esc】或【Enter】键退出或右击显示快捷菜单)
正在恢复执行 LINE 命令
指定第一点:　　　　　　　　　　　　　　　　　　　　　　　　　(点A)
指定下一点或 [放弃(U)]: 'pan
(按【Esc】或【Enter】键退出或右击显示快捷菜单)
正在恢复执行 LINE 命令
指定下一点或 [放弃(U)]:　　　　　　　　　　　　　　　　　　　(点B)
指定下一点或 [放弃(U)]:　　　　　　　　　　　　　　　　　　　(按【U】键)
命令: line 指定第一点:　　　　　　　　　　　　　　　　　　　　(点C)
指定下一点或 [放弃(U)]: 'pan
　　　　　　　　　　　　　　(按【Esc】或【Enter】键退出或右击显示快捷菜单)
正在恢复执行 LINE 命令
指定下一点或 [放弃(U)]:　　　　　　　　　　　　　　　　　　　(点D)
指定下一点或 [放弃(U)]:　　　　　　　　　　　　　　　　　　　(按【U】键)

利用修剪命令(TRIM)和删除命令(ERASE),将图修改为图7-48所示图形。

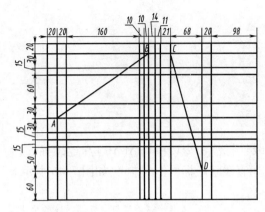
图7-47 绘制纵剖面过程(3)

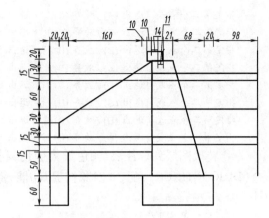
图7-48 绘制纵剖面过程(4)

命令:z
ZOOM
指定窗口角点,输入比例因子(nX 或 nXP),或
[全部(A)/中心点(C)/动态(D)/范围(E)/上一个(P)/比例(S)/窗口(W)]<实时>:a
命令:trim
当前设置:投影=UCS,边=无
选择剪切边…
选择对象:找到1个
选择对象:
选择要修剪的对象,按住【Shift】键选择要延伸的对象,或 [投影(P)/边(E)/放弃(U)]:
选择要修剪的对象,按住【Shift】键选择要延伸的对象,或 [投影(P)/边(E)/放弃(U)]:
选择要修剪的对象,按住【Shift】键选择要延伸的对象,或 [投影(P)/边(E)/放弃(U)]:
选择要修剪的对象,按住【Shift】键选择要延伸的对象,或 [投影(P)/边(E)/放弃(U)]:
以下命令相同,此处不再赘述。

⑥ 将当前图层标注删除,利用修剪和删除命令完善图形,转换图层到标注层,重新标注,如图7-49所示。

命令如下:选择所有的标注,利用删除命令删除;然后利用 DIMLINEAR 和 DIMCONTINUE 命令,配合"对象捕捉"功能标注。

⑦ 区域图样的填充。转换到填充图层,利用 BHATCH 命令,在"图案填充创建"选项中,设置图案 ANSI31、角度0、比例1;AR-SAND、角度0、比例0.05,完成图7-44所示1—1剖面图。

7. 绘制侧面图

① 转换到轮廓线图层,以辅助线 A 为基线,绘制矩形,命令为 RECTANG,指定下一点的相对坐标为(@220,-20)。大小由尺寸计算确定。然后转换到轴线图层,使用命令 XLINE 以矩形的水平线中点为基点画一条辅助线 B,同

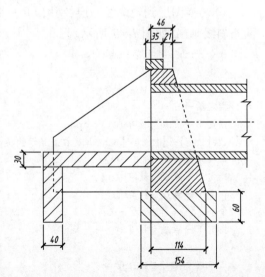
图7-49 标注后的图形

时作为轴线,如图7-50所示。

② 利用关键点将涵洞纵剖面图底部的内径线延长,作为侧面图的水平辅助线 C,利用偏移命令(OFFSET)将其向上平移75,作为水平辅助线 D,将图层转换到外轮廓线图层,以直线 D 与竖直辅助线 B 的交点为圆心,利用圆命令(CIRCLE),画半径为75的圆。然后利用OFFSET命令,将圆向外平移15,如图7-50所示。

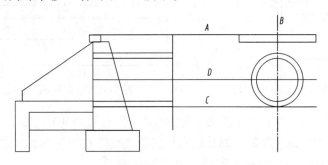

图7-50　绘制侧面图过程(1)

③ 将竖直辅助线 A 向左复制,复制距离分别为60、110、154.5、175、180、230、250、262.5、281.5,将水平辅助线 B 向下复制,复制距离分别为30、60、90、140、200,如图7-51所示。

④ 连接 AC、CD、BE、AF,如图7-52所示。

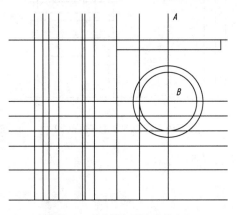 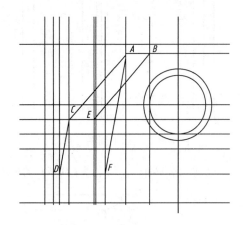

图7-51　绘制侧面图过程(2)　　图7-52　绘制侧面图过程(3)

⑤ 利用修剪命令修剪后,如图7-53所示。

⑥ 利用镜像命令,将图形按照轴线做镜像处理,如图7-54所示。

⑦ 利用标注命令标注尺寸。利用修剪和删除命令,去掉多余的线条,完成图7-44所示侧面图。

8. 绘制平面图

① 将参考线图层打开,并转换到外轮廓线图层,利用纵剖面和竖直参考线,在纵剖面图下方的适当位置,在"正交"和"对象捕捉"功能下,利用 LINE 命令和相对坐标(@0,−281.5),画出竖直线段 P,然后转换到辅助线图层,以线段的上端点为起点画一条任意长度的水平辅助线 Q,如图7-55所示。

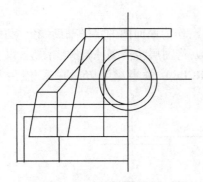
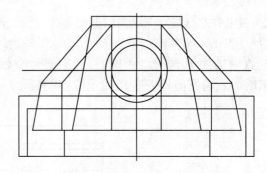

图 7-53 绘制侧面图过程(4)　　　　图 7-54 绘制侧面图过程(5)

② 关闭参考线图层,将图层转换到外轮廓线图层,利用 COPY 命令,将水平辅助线段 *P* 向上复制 180、230、235、240、262.5、281.5,然后将竖直线段 *Q* 水平向右复制 20、40、200、210、220、245、266、334、354,延长直线 *P* 至 452,如图 7-55 所示。

③ 重新画辅助线 *AB*,将 *AB* 向上复制 60、75、110、140、154.5、175,如图 7-56 所示。

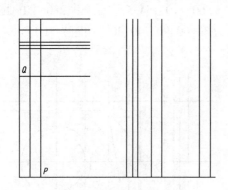
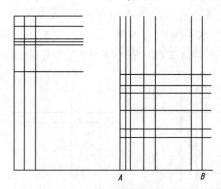

图 7-55 绘制平面图过程(1)　　　　图 7-56 绘制平面图过程(2)

④ 修剪部分图形,连接 *AB*、*CD*、*EF*、*GH*、*IJ*,如图 7-57 所示。

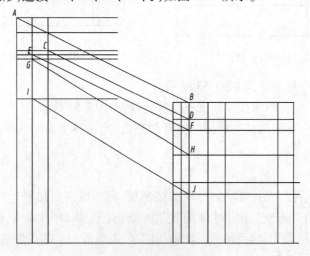

图 7-57 绘制平面图过程(3)

⑤ 利用修剪命令，修剪后，如图 7-58 所示。

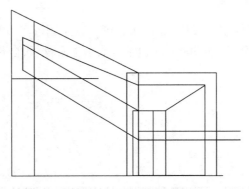

图 7-58　绘制平面图过程(4)

⑥ 利用镜像命令对图形进行操作，再利用纵剖面作辅助线 AA'、BB'、CC'，如图 7-59 所示。

⑦ 用椭圆命令，利用轴、端点绘制椭圆 $ABCD$，如图 7-60 所示。

⑧ 转换图层，进行修剪并标注，完成图 7-44 所示平面图。

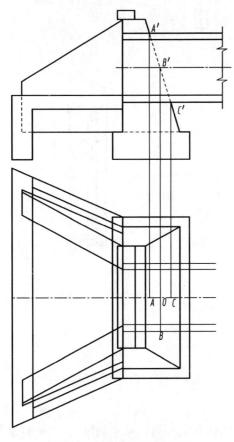

图 7-59　绘制平面图过程(5)

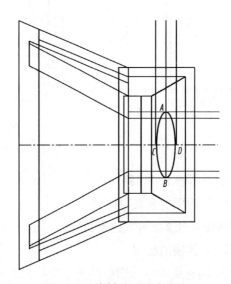

图 7-60　绘制平面图过程(6)

7.4.2 桥梁布置图

图 7-61 所示为某桥梁(空心板桥)总体布置图。整个图形可以分解成图框、立面图和平面图。从中可看出,桥梁全长为 4 304 cm(包括桥头引道及搭板,全长为 6 104 cm),桥面全宽 1 200 cm。

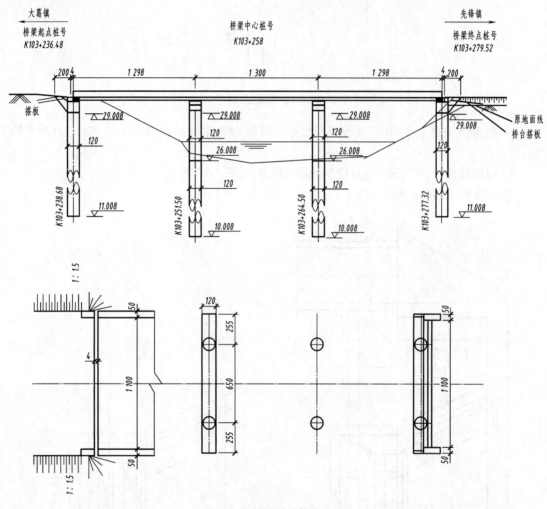

图 7-61 某桥梁总体布置图

绘制图形主要思路如下:

1. 设置图层及文字样式

对图层及文字样式进行设置。

2. 立面图的绘制

① 用直线命令在图框的上半部绘制左桥台的桩基轴线位置和左侧第一、二个桥墩的桩基轴线位置。

② 以上述步骤完成的左边两个中心线为基础，用直线命令绘制左侧桥台台帽和桩基、桥墩墩帽和桩基；使用镜像命令复制出右侧的桥台和桥墩。使用直线命令绘制空心板、桥梁栏杆、桥头引道、桥头搭板、桥梁河床横断线和水位线。对桥梁的桩基做截断处理，并标注桩底标高。

3. 平面图的绘制

在适当位置绘制路中线并使立面图的各桩基中心线延长到该直线。用圆的绘制命令绘制各个桩基的平面图投影。绘制左侧桥台、右侧桥台和墩帽的平面投影。绘制左侧桥头引道和锥形护坡，并进行标注。

7.4.3 住宅剖面图

图 7-62 所示为某住宅剖面图。从中可以看出，这个剖面图包括了门厅、墙体、楼顶、窗和阳台、阴台等构件。

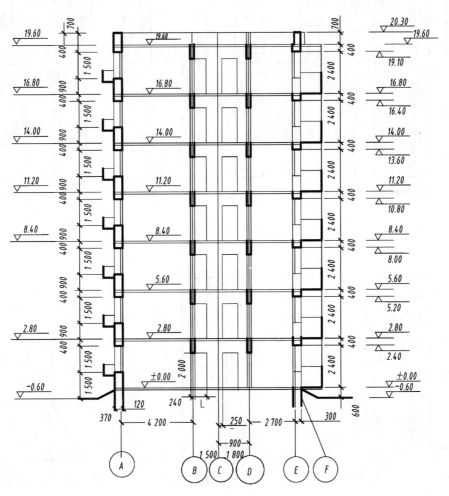

图 7-62　某住宅剖面图

一般情况下，首先绘制辅助网格、门洞、窗洞，这些辅助线是图形中不需要的，只不过是为了绘图方便而绘制的。当能够不用绘制更多的辅助线，就能将图形绘制出来时，显然绘图效率更高。详细绘制图形过程略。

7.4.4 住宅平面图

住宅平面图及详图如图 7-63 ~ 图 7-65 所示。路灯详图如图 7-66 所示。

图 7-63 所示为住宅平面图，绘制过程可首先采用直线命令绘制，然后进行修剪。注意图层的设置、文字及尺寸标注。

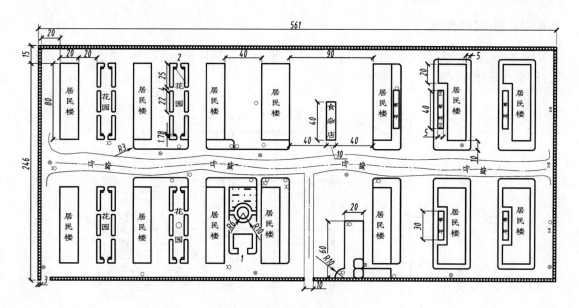

图 7-63 住宅平面图

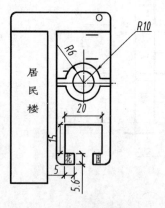

图 7-64 居民楼详图

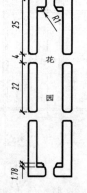

图 7-65 花园详图

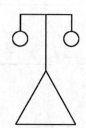

图 7-66 路灯详图

7.5 实例练习

练习一（见图 7-67）

图名				图号	
				比例	
制图	（签字）	（日期）	单位		
审核					

图 7-67　练习一

练习二（见图 7-68）

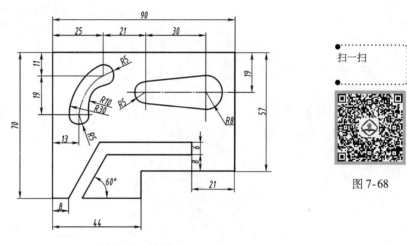

图 7-68　练习二

练习三（见图 7-69）

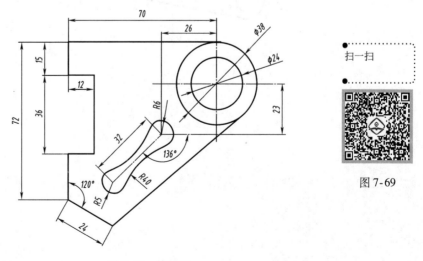

图 7-69　练习三

练习四(见图 7-70)

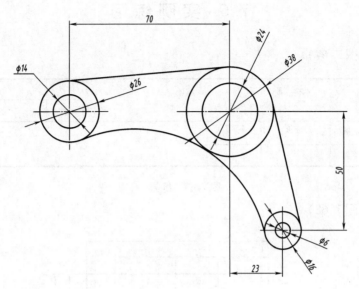

图 7-70　练习四

练习五(见图 7-71)

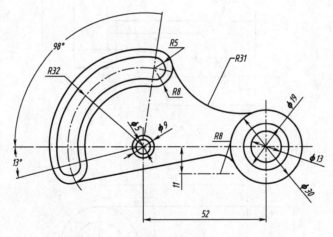

图 7-71　练习五

第 8 章　添加尺寸标注

图形的尺寸标注是 AutoCAD 绘图设计工作中一项非常重要的内容。一张完整的图样中除了需要用图形和文字表示对象之外,还需要用尺寸标注来说明尺寸大小。AutoCAD 包含了一套完整的尺寸标注命令和实用程序,可以轻松完成图样中要求的尺寸标注。本章详细介绍 AutoCAD 2020 注释功能和尺寸标注的基本知识及其应用。

8.1　尺寸标注的规则与步骤

下面介绍尺寸标注的规则、尺寸标注的组成以及尺寸标注的一般步骤。

8.1.1　尺寸标注的规则与组成

1. 基本规则

① 物体的真实大小应以图形所注的尺寸数值为依据,与图形的大小和绘图的准确度无关。

② 图形中的尺寸以毫米为单位时,不需要标注尺寸单位的代号或名称。如果用其他单位,则必须注明尺寸单位的代号或名称。

③ 图形中所标注的尺寸为图形所表示的物体的最后完工尺寸,如果是中间过程的尺寸,则必须另加说明。

④ 尺寸的配置要合理,功能尺寸应该直接标注,尽量避免在不可见的轮廓线上标注尺寸,数字之间不允许有任何图线穿过,必要时可以将图线断开。

2. 尺寸的组成

工程图样中一个完整的尺寸是由尺寸界线、尺寸线、尺寸箭头(土木工程图用中粗斜线)和尺寸数字等构成的,如图 8-1 所示。

(1)尺寸界线

尺寸界线是由细实线绘制的,尺寸界线一般与尺寸线垂直,并超出尺寸线 2～3 mm,其起始点距轮廓线 2～10 mm。

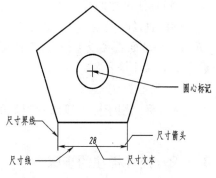

图 8-1　尺寸标注的组成

(2) 尺寸线

尺寸线就是标注文字下方的那一条直线,尺寸线也是由细实线绘制的,通常是放在两尺寸界线之间与标注对象相互平行的直线段,并将大尺寸注在小尺寸外面,以免尺寸线与尺寸界线相交(圆弧图形标注尺寸线为弧线)。尺寸线与要标注对象偏离一定距离,用来指明标注的方向和长度。如果所标注的是两条平行的直线,那么尺寸线与标注对象之间就不会存在偏移距离,一般画在标注对象上或两个标注对象之间。

(3) 尺寸箭头

尺寸箭头显示在尺寸线的末端,用于标明尺寸线的端点位置和标注方向。AutoCAD 2020 提供了多种箭头样式,用户也可以自定义样式。常用的箭头有两种:机械图中的箭头为闭合填充的三角形,建筑图中通常采用中粗短斜线,在 AutoCAD 中称为"建筑标记"。在 AutoCAD 中,用户可以任意设置箭头的大小,但应注意在同一张图中,箭头的样式和尺寸大小最好一致。

不同的设计图中标记也各不相同。国家标准规定,箭头的长度和高度比例为 4:1,下面是自定义箭头。

① 绘制箭头边框。

② 填充图案,删除边框:

③ 创建图形,以箭头最右侧点为拾取点:

④ 标注样式,箭头选择用户箭头。

(4) 尺寸文本

标注文本由数字、单词、字符和用来表明标注类型的文字或符号组成,用于表述所标注对象的尺寸大小和类型。采用标准标注样式时,数字、符号采用十进制格式。尺寸文本可以注写在尺寸线的上方或中断处(一般写在尺寸线的上方)。尺寸数字的方向是:水平方向字头朝上,垂直方向字头朝左,倾斜方向字头趋势向上且与尺寸线垂直,角度尺寸数字水平书写。

字体为 gbenor.shx,选择"使用大字体"选项,大字体为 gbcbig.shx,字高为 3.5,宽度比、倾斜角度均不设置。注意:标注图层线宽设置为文字字高的 1/8~1/12,改变文字线条粗细,设置标注样式中的尺寸线与尺寸界线宽度,标题栏中的字号比标注文字大一号。

(5) 标注尺寸的符号

标注直径时,应在尺寸数字前加注符号"ϕ";标注半径时,应在尺寸数字前加注符号"R";标注球面直径或半径时,应在符号"ϕ"或"R"前再加注符号"S";标注弧长时,应在尺寸数字上方加注符号"⌒"。

(6) 圆心标记

圆心标记用于标记圆或者圆弧的中心,中心线从圆心向外延伸。工程图只使用中心线标记圆心。

8.1.2 尺寸标注的步骤

尺寸标注是一项系统化的工作,涉及尺寸线、尺寸界线、指引线所属的图层、尺寸文本的样式、尺寸样式、尺寸公差样式等。在 AutoCAD 中对图形进行尺寸标注时,通常按以下步骤进行:

① 创建和设置尺寸标注图层,将尺寸标注在该图层上。
② 创建或设置尺寸标注的文字样式。
③ 创建或设置尺寸标注的样式。
④ 使用对象捕捉等功能,对图形中的元素进行相应的标注。
⑤ 设置尺寸偏差样式。
⑥ 标注带偏差的尺寸。
⑦ 设置几何公差样式。
⑧ 标注几何公差。
⑨ 修改调整尺寸标注。

8.2 创建与设置标注样式

在尺寸标注前,一般先要对标注样式进行设置,用于控制延伸线、尺寸线、箭头和标注文字的格式、全局标注比例、单位的格式和精度、公差的格式和精度等。

在默认状态下,AutoCAD 使用标准样式 Standard,它是根据美国国家标准协会标注标准设计的。如果在开始绘图时使用公制单位,则默认标注样式为 ISO-25(国际标准化组织)。用户应根据我国制图标准和行业习惯自定义。

尺寸标注样式是保存的一组尺寸标注变量的设置,它可以控制尺寸标注的格式和外观。针对不同的专业,尺寸标注的样式也可以不同。用户可以通过"标注样式管理器"对话框来设置和管理尺寸标注样式。

8.2.1 标注样式管理器

1. 功能

创建新的尺寸标注样式;修改已定义的尺寸标注样式;将已定义的尺寸标注样式设置为当前样式;覆盖某一尺寸标注样式;比较两种尺寸标注样式之间的差别。

2. 调用

- 功能区:"默认"选项卡→"注释"面板→"标注样式"按钮 。
- 菜单栏:"格式"→"标注样式"命令。
- 工具栏:"标注"工具栏中的"标注样式"按钮 。
- 命令行:DIMSTYLE。

3. 操作

执行以上任意一种命令后,弹出"标注样式管理器"对话框,如图 8-2 所示。AutoCAD 2020 提供公制或英制的标注样式,这取决于初次启动时的设置和新建图形所选用的模板。

图 8-2 "标注样式管理器"对话框

"标注样式管理器"对话框中各选项的含义介绍如下：
- "当前标注样式"选项组：显示当前标注样式的名称。
- "样式"选项组：列出图形中的标注样式，当前样式被亮显。在列表中右击并在弹出的快捷菜单中选择相应命令，可设置当前标注样式、重命名样式和删除样式。注意：不能删除当前样式或当前图形中已使用的样式。
- "列出"下拉列表框：在"样式"列表框中控制样式显示。若要查看图形中所有的标注样式，则可选择"所有样式"选项。若只希望查看图形中标注当前使用的标注样式，则选择"正在使用的样式"选项。
- "预览"区域：显示"样式"列表框中选定样式的图示。
- "置为当前"按钮：将在"样式"列表框中选定的标注样式设置为当前标注样式。当前样式将应用于所创建的标注。
- "新建"按钮：显示"创建新标注样式"对话框，从中可以定义新的标注样式。
- "修改"按钮：显示"修改标注样式"对话框，从中可以修改标注样式。对话框选项与"新建标注样式"对话框中的选项相同。
- "替代"按钮：显示"替代当前样式"对话框，从中可以设置标注样式的临时替代值。对话框选项与"新建标注样式"对话框中的选项相同。替代将作为未保存的更改结果显示在"样式"列表框中的标注样式下。
- "比较"按钮：显示"比较标注样式"对话框，如图8-3所示。从中可以比较两个标注样式或列出一个标注样式的所有特性。

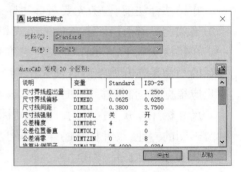

图8-3 "比较标注样式"对话框

8.2.2 新建标注样式

"标注样式管理器"对话框中，单击"新建"按钮，弹出"创建新标注样式"对话框，如图8-4所示。

在"创建新标注样式"对话框的"新样式名"文本框中输入新建的样式名，如取新样式名"工程制图"，在"基础样式"下拉列表框中选择新建样式的基础样式，新建样式即在该样式基础上进行修改而成。"用于"下拉列表框指的是新建标注的应用范围，可以是"所有标注""线性标注""角度标注""半径标注""直径标注""坐标标注""引线与公差"等，默认为"所有标注"。工程制图还应建立"角度标注""半径标注""直径标注"三个子样式。

图8-4 "创建新标注样式"对话框

单击"创建新标注样式"对话框中的"继续"按钮，弹出"新建标注样式"对话框，如图8-5所示。"新建标注样式"对话框中包含了七个选项卡，在各个选项卡中可对标注样式进行相关设置。

1. "线"选项卡

在"线"选项卡中,用户可以设置尺寸线、尺寸界线等内容。

①"尺寸线"选项组。用于设置尺寸线的特性,如颜色、线型、线宽、基线间距等特征参数,还可以控制是否隐藏尺寸线,如图 8-5 所示。

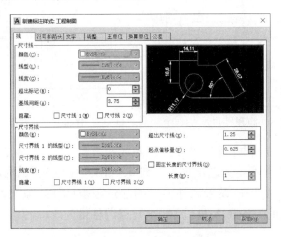

图 8-5 "新建标注样式"对话框"线"选项卡

- "颜色"下拉列表框:用于设置尺寸线的颜色。
- "线型"下拉列表框:用于设置尺寸线的线型。
- "线宽"下拉列表框:用于设置尺寸线的线宽。
- "超出标记"微调框:指定当箭头使用倾斜、建筑标记和无标记时尺寸线超过尺寸界线的距离。图 8-6(a)所示为没有超出标记,图 8-6(b)所示为超出标记 3 mm。
- "基线间距"微调框:指定执行基线尺寸标注方式时两尺寸线间的距离。图 8-7(a)所示为指定基线间距 8 mm,如图 8-7(b)所示为指定基线间距 5 mm。

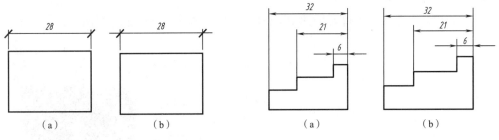

图 8-6 超出标记　　　　　　图 8-7 基线间距

- "隐藏"复选框:显示一部分尺寸。"尺寸线 1"隐藏第一条尺寸线,如图 8-8(a)所示;"尺寸线 2"隐藏第二条尺寸线,如图 8-8(b)所示。

②"尺寸界线"选项组。用于控制尺寸界线的外观。可以设置尺寸界线的颜色、线宽、超出尺寸线、起点偏移量等特征参数。

- "颜色"下拉列表框:设置尺寸线的颜色。
- "线宽"下拉列表框:设置尺寸界线的线宽。

- "尺寸界线 1 的线型"下拉列表框:设置第一条尺寸界线的线型。
- "尺寸界线 2 的线型"下拉列表框:设置第二条尺寸界线的线型。
- "隐藏"复选框:不显示尺寸界线。"尺寸界线 1"不显示第一条尺寸界线,如图 8-9(a)所示;"尺寸界线 2"不显示第二条尺寸界线,如图 8-9(b)所示。

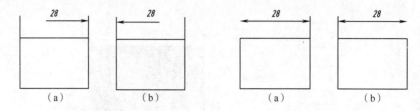

图 8-8 隐藏尺寸线　　　　　　图 8-9 隐藏尺寸界线

- "超出尺寸线"微调框:指定尺寸界线超出尺寸线的长度,制图标准规定该值为 2～3 mm。图 8-10(a)所示为超出尺寸线 0;如图 8-10(b)所示为超出尺寸线 2 mm。
- "起点偏移量"微调框:设置尺寸界线的起点与被标注对象之间的距离。图 8-11(a)所示起点偏移量为 0;图 8-11(b)所示起点偏移量为 3 mm。

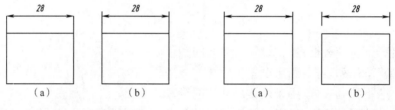

图 8-10 超出尺寸线　　　　　　图 8-11 起点偏移量

- "固定长度的尺寸界线"复选框:设置尺寸界线从尺寸线开始到标注原点的总长度,如图 8-12 所示。选中复选框后,可在"长度"文本框中输入数值。

2. "符号和箭头"选项卡

该选项卡中的各项用于设置箭头、圆心标记、弧长符号和折弯半径标注的格式和位置,如图 8-13 所示。

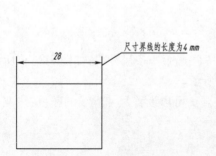
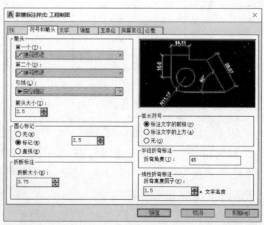

图 8-12 固定长度的尺寸界线　　　　图 8-13 "符号和箭头"选项卡

①"箭头"选项组。可以设置尺寸线和引线标注的箭头的类型及大小。AutoCAD 2020 提供的箭头种类如图 8-14 所示。

- "第一个"下拉列表框:设置第一条尺寸线的箭头。当改变第一个箭头的类型时,第二个箭头将自动改变以同第一个箭头相匹配。
- "第二个"下拉列表框:设置第二条尺寸线的箭头,可与第一个箭头不同。
- "引线"下拉列表框:设置引线箭头的形式。
- "箭头大小"微调框:显示和设置箭头的大小。

②"圆心标记"选项组。用于设置标注圆或圆弧中心的标记类型和标记大小。

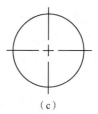

图 8-14　箭头种类

- "无"单选按钮:不创建圆心标记或中心线,如图 8-15(a)所示。
- "标记"单选按钮:在圆心位置以短十字线标注圆心,如图 8-15(b)所示。
- "直线"单选按钮:创建中心线,如图 8-15(c)所示。

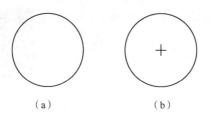

图 8-15　圆心标记

- "圆心标记大小"微调框:该微调框用于设置圆心小十字标记和直线延伸到圆外长度的尺寸。

③"折断标注"选项组。在"折断大小"微调框中可以指定线性折弯(Z 字形)高度的大小。

④"弧长符号"选项组。用于控制弧长标注中圆弧符号的显示。

- "标注文字的前缀"单选按钮:将弧长符号放在标注文字的前面,如图 8-16(a)所示。
- "标注文字的上方"单选按钮:将弧长符号放在标注文字的上方,如图 8-16(b)所示。
- "无"单选按钮:不显示弧长符号,如图 8-16(c)所示。

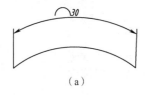 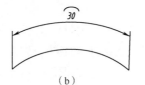 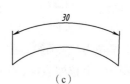

图 8-16　弧长标注

⑤"半径折弯标注"选项组。控制折弯(Z字形)半径标注的显示。折弯半径标注通常在中心点位于页面外部时创建。如图8-17所示,折弯角度确定用于连接半径标注的尺寸界线和尺寸线的横向直线的角度。

⑥"线性折弯标注"选项组。用来确定线性折弯标注中折弯高度的比例因子,如图8-18所示。

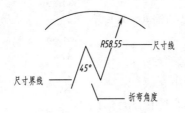

图8-17 半径折弯标注

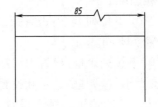

图8-18 线性折弯标注

3. "文字"选项卡

在"文字"选项卡中,用户可以设置标注文字的格式、位置和对齐,如图8-19所示。

①"文字外观"选项组。用于设置文字格式特性与大小。

- "文字样式"下拉列表框:用来选择标注文字的文本样式。
- "文字颜色"下拉列表框:用来选择标注文字的文本颜色。
- "填充颜色"下拉列表框:设置标注中文字背景的颜色。
- "文字高度"微调框:设置当前标注文字样式的高度。在文本框中输入值。如果在"文字样式"中将文字高度设置为固定值(即文字样式高度大于0),则该高度将替代此处设置

图8-19 "文字"选项卡

的文字高度。如果要使用此处设置的高度,则需要将"文字样式"中的文字高度设置为0。

- "分数高度比例"微调框:设置相对于标注文字的分数比例。仅当在"主单位"选项卡上选择"分数"作为"单位格式"时,此选项才可用。在此处输入的值乘以文字高度,可确定标注分数相对于标注文字的高度。
- "绘制文字边框"复选框:控制是否为标注文字绘制边框。

②"文字位置"选项组。用于控制标注文字的位置。

- "垂直"下拉列表框:用来控制标注文字沿尺寸线垂直方向的位置。

"上":将标注文字放在尺寸线上方,如图8-20(a)所示。

"居中":将标注文字放在尺寸线的中间,如图8-20(b)所示。

"外部":将标注文字放在尺寸线上远离第一个定义点的一边,如图8-20(c)所示。

"JIS":按照日本工业标准(JIS)放置标注文字。
"下":将标注文字放在尺寸线下方,如图8-20(d)所示。

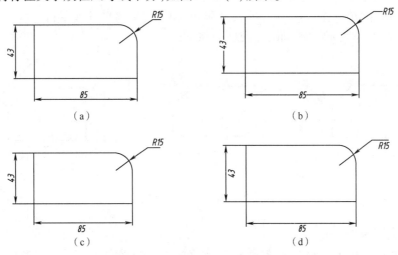

图 8-20 标注文字的垂直位置

- "水平"下拉列表框:用来控制尺寸数字沿尺寸线水平方向的位置。其列表中有五个选项。

"居中":使尺寸界线内的尺寸数字居中放置,效果如图8-21(a)所示。

"第一条尺寸界线":使尺寸界线中的尺寸数字靠向第一条尺寸界线放置,效果如图8-21(b)所示。

"第二条尺寸界线":使尺寸界线中的尺寸数字靠向第二条尺寸界线放置,效果如图8-21(c)所示。

"第一条尺寸界线上方":将尺寸数字放在尺寸界线上并平行第一条尺寸界线,效果如图8-21(d)所示。

"第二条尺寸界线上方":将尺寸数字放在尺寸界线上并平行第二条尺寸界线,效果如图8-21(e)所示。

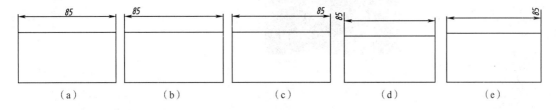

图 8-21 标注文字的水平位置

- "观察方向"下拉列表框:用于控制标注文字的观察方向,即按从左到右阅读的方向放置文字,还是按从右到左阅读的方式放置文字。
- "从尺寸线偏移"调整框:尺寸数字底边距尺寸线的距离。

③"文字对齐"选项组。用于控制标注文字放在尺寸界线外边或里边时的方向是保持水平还是与尺寸界线平行。

- "水平"单选按钮:水平放置文字,如图8-22(a)所示。
- "与尺寸线对齐"单选按钮:文字与尺寸线平行,如图8-22(b)所示。
- "ISO 标准"单选按钮:当文字在尺寸界线内时,文字与尺寸线平行。当文字在尺寸界线外时,文字水平排列,如图8-22(c)所示。

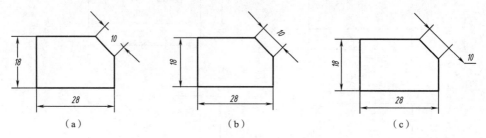

图 8-22　标注文字对齐方式

4. "调整"选项卡

"调整"选项卡用于设置文字、箭头、尺寸线标注方式、文字的标注位置和标注的特征比例等,如图8-23所示。

①"调整选项"选项组。用于控制基于尺寸界线之间可用空间的文字和箭头的位置。

- "文字或箭头(最佳效果)"单选按钮:按最佳布局将文字或箭头移动到尺寸界线外部。
- "箭头"单选按钮:先将箭头移动到尺寸界线外部,然后移动文字,效果如图8-24所示。
- "文字"单选按钮:先将文字移动到尺寸界线外部,然后移动箭头。
- "文字和箭头"单选按钮:如果空间允许,将文字与箭头都放在尺寸界线内,否则都放在尺寸界线之外。

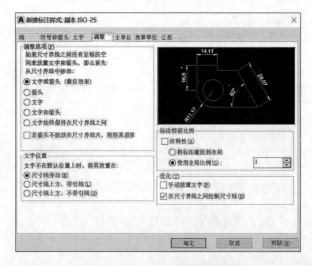

图 8-23　"调整"选项卡

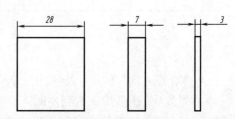

图 8-24　箭头选项示例

- "文字始终保持在尺寸界线之间"单选按钮:如果空间允许,任何情况下都将文字放在两尺寸界线之中。
- "若箭头不能放在尺寸界线内,则将其消除"复选框:如果尺寸界线内空间不够,就省略箭头。

②"文字位置"选项组。设置当标注文字无法放置在尺寸界线之间时文字的放置位置。

- "尺寸线旁边"单选按钮:当标注文字放置在尺寸界线外时,将标注文字放置在尺寸线旁边,效果如图8-25(a)所示。
- "尺寸线上方,带引线"单选按钮:当标注文字放置在尺寸界线外时,把标注文字放在尺寸线上方,并加引线,效果如图8-25(b)所示。
- "尺寸线上方,不带引线"单选按钮:当标注文字放置在尺寸界线外时,把标注文字放在尺寸线上方,不加引线,效果如图8-25(c)所示。

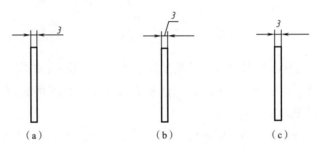

图8-25 文本位置区选项示例

③"标注特征比例"选项组。用于设置全局标注比例值或图纸空间比例。

- "将标注缩放到布局"单选按钮:根据当前模型空间视口和图纸空间之间的比例确定比例因子。
- "使用全局比例"单选按钮:为尺寸标注样式中设置的所有参数设置一个比例,该比例值将影响尺寸标注所有组成元素的显示大小,但不改变标注的测量值。

④"优化"选项组。设置放置标注文字的其他选项。

- "手动放置文字"复选框:忽视所有水平对正设置并把文字放在"尺寸线位置"提示下指定的位置。
- "在尺寸界线之间绘制尺寸线"复选框:即使箭头放在尺寸界线之外,也在尺寸界线之间绘制尺寸线。图8-26(a)所示为选中该复选框的效果;图8-26(b)所示为不选中该复选框的效果。

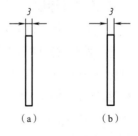

图8-26 在尺寸界线之间绘制尺寸线示例

5. "主单位"选项卡

"主单位"选项卡用于设置主标注单位的格式和精度,并设置标注文字的前缀和后缀,如图8-27所示。

①"线性标注"选项组。用于控制线性基本尺寸度量单位和尺寸数字中的前缀和后缀。

- "单位格式"下拉列表框:用来设置线性尺寸单位格式。该列表框中包括了小数、科学、十进制、工程、分数等单位,其中十进制为默认设置。

图 8-27 "主单位"选项卡

- "精度"下拉列表框:用来设置线性基本尺寸小数点后保留的位数。
- "分数格式"下拉列表框:用来设置线性基本尺寸中分数的格式,包括"对角""水平" "非重叠"三个选项。
- "小数分隔符"下拉列表框:用来指定十进制单位中小数分隔符的形式。
- "舍入"微调框:用于设置线性基本尺寸值舍入(即取近似值)的规定。
- "前缀"文本框:用来在尺寸数字前加一个前缀。
- "后缀"文本框:用来在尺寸数字后加一个后缀。
- "比例因子"微调框:其为线性尺寸设置一个比例因子。它可实现按不同比例绘图时,直接注出实际物体的大小。例如,若绘图时将尺寸缩小一半来绘制,即绘图比例为 1:2,那么在此设置比例因子为 2,AutoCAD 就将把测量值扩大一倍,使用真实的尺寸值进行标注。
- "仅应用到布局标注"复选框:控制仅把比例因子用于布局中的尺寸。

②"消零"选项组:不显示前导零和后续零。如果"前导"复选框被选中,则不输出所有十进制标注中的前导零,例如,0.80 显示为 .80;如果"后续"复选框被选中,则不输出所有十进制标注中的后续零,例如,0.80 显示为 0.8。

③"角度标注"选项组。用于控制角度基本尺寸度量单位、精度及尺寸数字中的前缀和后缀。其各选项的含义与"线性标注"选项组对应选项相同。

6. "换算单位"选项卡

"换算单位"选项卡可以设置换算单位的格式,如图 8-28 所示。设置换算单位的单位格式、精度、前缀、后缀和消零的方法,与设置主单位的方法相同,但该选项卡中两个选项是独有的。

①"换算单位倍数"微调框。指定一个乘数,作为主单位和换算单位之间的转换因子使

用。例如，要将英寸转换成毫米，可输入 25.4，此值对角度标注没有影响，而且不会应用于舍入值或者正、负公差值。

②"位置"选项组。用于控制标注文字中换算单位的位置。其中"主值后"用于将换算单位放在标注文字中的主单位之后。"主值下"用于将换算单位放在标注文字中的主单位下面。

7. "公差"选项卡

在"公差"选项卡中，可以设置指定标注文字中公差的显示及格式，如图 8-29 所示。

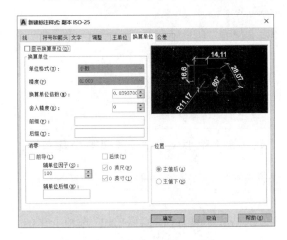 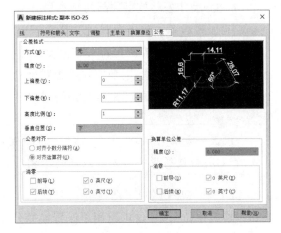

图 8-28　"换算单位"选项卡　　　　　图 8-29　"公差"选项卡

(1)"公差格式"选项组

"公差格式"选项组用于设置公差的方式、精度、公差值与高度比例等。

①"方式"下拉列表框：用来指定公差标注方式，其中包括五个选项，如图 8-30 所示。

- 无：表示无公差标注，如图 8-30(a)所示。
- 对称：表示上下偏差同值标注，正负号相反，如图 8-30(b)所示。
- 极限偏差：表示上下偏差不同值标注，如图 8-30(c)所示。
- 极限尺寸：标注最大极限尺寸和最小极限尺寸，如图 8-30(d)所示。
- 基本尺寸：标注设计尺寸，在标注文字周围画一个框，如图 8-30(e)所示。

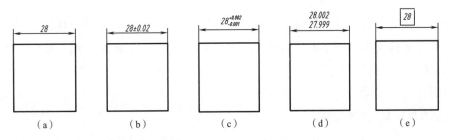

图 8-30　公差标注方式

②"精度"下拉列表框：设置尺寸公差的精度，即确定小数点后的小数位数。

- "上偏差"微调框:设置尺寸的上偏差。
- "下偏差"微调框:设置尺寸的下偏差。
- "高度比例"微调框:设置公差数字与尺寸数值高度之间的比例。

③"垂直位置"下拉列表框:用来控制尺寸公差相对于基本尺寸的位置。其包括三个选项,分别如下:

- 下:尺寸公差数字底部与基本尺寸数字底部对齐。
- 中:尺寸公差数字中部与基本尺寸数字中部对齐。
- 上:尺寸公差数字顶部与基本尺寸数字顶部对齐。

④"公差对齐":当堆叠时,设置"上偏差"值和"下偏差"值的对齐方式。
⑤"消零":用于控制是否省略公差尺寸标注时的零。

- "前导"复选框:用来控制是否对尺寸公差值中的前导0加以显示。
- "后续"复选框:用来控制是否对尺寸公差值中的后续0加以显示。

—注 意—
设置公差的时候,注意将"精度"的小数点位数设置为等于或高于公差值的小数点位数,否则将会使所设的公差与预期的不相符。

(2)"换算单位公差"选项组

"换算单位公差"选项组用于设置换算公差单位的格式。只有当"换算单位"选项卡中的"显示换算单位"复选框被选中,此选项才可用。

所有的选项卡都设置完成后,单击"确定"按钮,返回到"标注样式管理器"对话框。

8.2.3 将标注样式置为当前

完成新建标注样式后,在"标注样式管理器"对话框左侧会显示标注样式列表,包括新建标注样式。选择其中一个标注样式,单击右侧的"置为当前"按钮,可将该样式置为当前,AutoCAD 2020 默认将新建的标注样式置为当前样式。

8.3 标注基本尺寸

尺寸标注样式设置好后,可以利用尺寸标注命令标注尺寸,在 AutoCAD 2020 中,系统提供了多种尺寸标注类型,它们可以在图形中标注任意两点间的距离、圆或圆弧的半径和直径、圆弧或相交直线的角度等。

尺寸标注命令的调入方法有以下几种。

1. "草图与注释"工作空间

图 8-31 所示为 AutoCAD 2020 "草图与注释"工作空间"默认"选项卡中的"注释"面板。
当设置成"显示菜单栏"时,可以利用"标注"菜单进行操作。图 8-32 所示为"草图与注释"工作空间中的"标注"菜单。

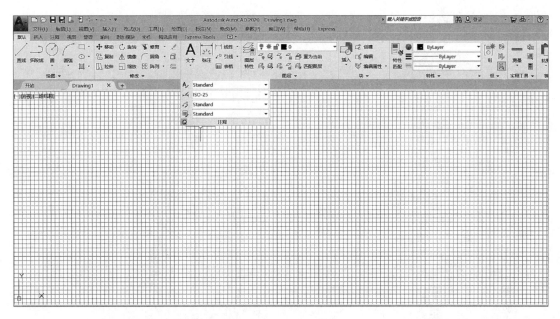

图 8-31 "草图与注释"工作空间"默认"选项卡中的"注释"面板

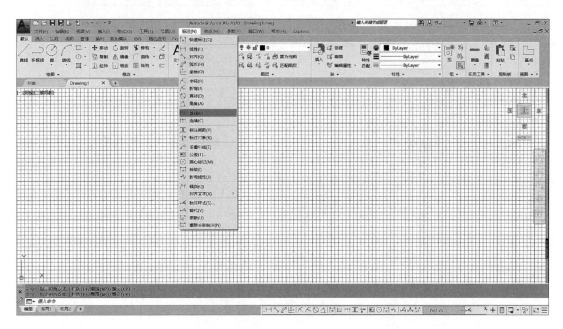

图 8-32 "草图与注释"工作空间中的"标注"菜单

选择"注释"选项卡,显示有"文字""标注""中心线"等几个选项面板供选择操作。图 8-33 所示为"草图与注释"工作空间中的"注释"选项卡及"标注"工具栏。

2. "命令行"输入标注命令

在"草图与注释"工作空间可在命令行中输入需要的标注命令,根据提示进行操作。

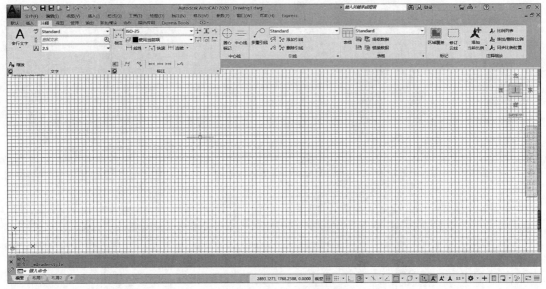

(a) "注释"选项卡

(b) "标注"工具栏

图 8-33　"草图与注释"工作空间中的"注释"选项卡及"标注"工具栏

8.3.1　标注线性尺寸

1. 功能

标注两个点之间的水平或垂直距离的尺寸。图 8-34 所示为标注的线性尺寸。

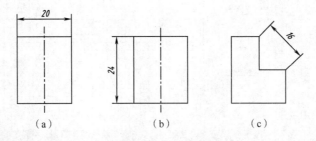

图 8-34　线性尺寸标注

2. 调用

- 功能区："默认"选项卡→"注释"面板→"线性标注"按钮┠┥。
- 功能区："注释"选项卡→"标注"面板→"线性标注"按钮┠┥。
- 菜单栏："标注"→"线性"命令。
- 工具栏："标注"工具栏中的"线性标注"按钮┠┥。
- 命令行：DIMLINEAR。

3. 操作

① 执行"线性标注"命令后,命令行提示:

```
命令:_dimlinear
DIMLINEAR 指定第一个尺寸界线原点或 <选择对象>:
```

② 在该提示下指定第一条尺寸界线原点,命令行提示:

```
DIMLINEAR 指定第二条尺寸界线原点:
```

③ 在该提示下指定第二条尺寸界原点,命令行提示:

```
指定尺寸线位置或
DIMLINEAR [多行文字(M) 文字(T) 角度(A) 水平(H) 垂直(V) 旋转(R)]:
```

④ 在该提示下直接指定尺寸线位置,AutoCAD 将按测定尺寸数字完成标注。其余各选项含义如下:

- "多行文字(M)"选项:输入并定制多行尺寸文本。执行该选项,弹出"多行文本编辑器",用户可通过该编辑器输入文本并定制尺寸文本的格式。
- "文字(T)"选项:执行该选项,用户输入尺寸文本而代替测量值。
- "角度(A)"选项:指定尺寸数字的旋转角度。
- "水平(H)"选项:进行水平尺寸标注,如图 8-34(a)所示。
- "垂直(V)"选项:进行垂直尺寸标注,如图 8-34(b)所示。
- "旋转(R)"选项:指定尺寸线与水平线所夹角度,如图 8-34(c)所示。

8.3.2 标注对齐尺寸

1. 功能

用于标注倾斜的线性尺寸,且尺寸线与尺寸界线原点连线平行。图 8-35 所示为对齐尺寸标注方式示例。

2. 调用

- 功能区:"默认"选项卡→"注释"面板→"对齐标注"按钮。
- 功能区:"注释"选项卡→"标注"面板→"对齐标注"按钮。
- 菜单栏:"标注"→"对齐"命令。
- 工具栏:"标注"工具栏中的"对齐标注"按钮。
- 命令行:DIMALIGNED。

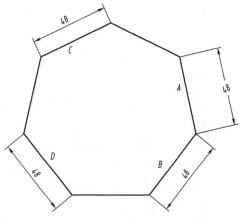

图 8-35 对齐尺寸标注

3. 操作

① 执行"对齐标注"命令后,命令行提示:

```
命令:_dimaligned
DIMALIGNED 指定第一个尺寸界线原点或 <选择对象>:
```

② 在该提示下指定第一条尺寸界线原点,命令行提示:

> DIMALIGNED 指定第二条尺寸界线原点:

③ 在该提示下指定第二条尺寸界线原点,命令行提示:

> DIMALIGNED [多行文字(M) 文字(T) 角度(A)]:

④ 直接指定尺寸线位置,AutoCAD 将按测定尺寸数字完成标注。

若需要可选择其他选项,各选项的含义与线性尺寸标注方式的同类选项相同。

8.3.3 标注角度尺寸

1. 功能

标注两条非平行线的角度或圆弧两端点对应的圆心角,如图 8-36 所示。

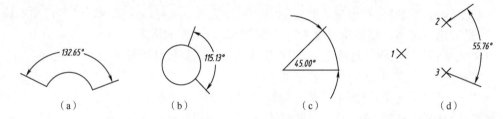

（a）　　　　（b）　　　　（c）　　　　（d）

图 8-36　角度尺寸标注

2. 调用

- 功能区:"默认"选项卡→"注释"面板→"角度标注"按钮△。
- 功能区:"注释"选项卡→"标注"面板→"角度标注"按钮△。
- 菜单栏:"标注"→"角度"命令。
- 工具栏:"标注"工具栏中的"角度标注"按钮△。
- 命令行:DIMANGULAR。

3. 操作

执行"角度标注"命令后,命令行提示:

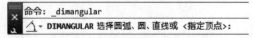

此时可单击选择标注对象的标注角度,分别有以下几种情况。

① 选择圆弧。如果单击的对象是一段圆弧,那么圆弧的圆心是角度的顶点,圆弧的两个端点作为角度标注的尺寸界线原点,如图 8-36(a)所示。选择圆弧后,命令行提示:

> 选择圆弧、圆、直线或 <指定顶点>:
> DIMANGULAR 指定标注弧线位置或 [多行文字(M) 文字(T) 角度(A) 象限点(Q)]:

可用鼠标指定尺寸线的位置,AutoCAD 将按测定尺寸数字完成标注。

- 默认选项"指定标注弧线位置":可直接指定尺寸线的位置。
- "多行文字(M)""文字(T)""角度(A)",含义同前,此处不再赘述。
- "象限点(Q)":用于将角度标注锁定在指定的象限。

② 选择圆。如果单击的对象是圆，那么角度标注第一条尺寸界线的原点即选择圆时所单击的那个点，而圆的圆心是角度的顶点，如图 8-36(b)所示。选择圆后，命令行提示：

> 选择第二条直线：
> DIMANGULAR 指定标注弧线位置或 [多行文字(M) 文字(T) 角度(A) 象限点(Q)]：

用指定弧线位置，完成角度标注，各个选项的含义与"选择圆弧"的相同。

③ 选择直线。如果单击的对象是直线，那么将用两条直线定义角度，如图 8-36(c)所示。选择直线后，命令行提示：

> 选择第二条直线：
> DIMANGULAR 指定标注弧线位置或 [多行文字(M) 文字(T) 角度(A) 象限点(Q)]：

选择第二条道线：指定弧线位置，完成角度标注，各个选项的含义与"选择圆弧"的相同。

④ 直接按【Enter】键。如果直接按【Enter】键，则创建基于指定三点的标注，如图 8-36(d)所示。直接按【Enter】键后命令行提示：

> 指定角的顶点：
> 指定角的第一个端点：
> 指定角的第二个端点：
> DIMANGULAR 指定标注弧线位置或 [多行文字(M) 文字(T) 角度(A) 象限点(Q)]：

在此提示下，依次选择图 8-36(d)中的 1、2、3 点，则可完成图 8-36(d)中的角度标注。

8.3.4 标注半径尺寸

1. 功能

用于标注圆或圆弧的半径，在标注文字前加半径符号"R"，如图 8-37 所示。

图 8-37 半径尺寸标注

2. 调用

- 功能区："默认"选项卡→"注释"面板→"半径标注"按钮⊙。
- 功能区："注释"选项卡→"标注"面板→"半径标注"按钮⊙。
- 菜单栏："标注"→"半径"命令。
- 工具栏："标注"工具栏中的"半径标注"按钮⊙。
- 命令行：DIMRADIUS。

3. 操作

① 执行"半径标注"命令后，命令行提示：

> 命令: _dimradius
> DIMRADIUS 选择圆弧或圆：

② 在该提示下选择圆弧或圆，命令行提示：

> DIMRADIUS 指定尺寸线位置或 [多行文字(M) 文字(T) 角度(A)]：

③ 在该提示下，直接指定尺寸线位置，AutoCAD 将按测定尺寸数字完成标注，并在尺寸

数字前自动加"R",如图 8-37 所示。若需要可进行其他选项,各选项的含义与线性尺寸标注方式的同类选项相同。

8.3.5 标注直径尺寸

1. 功能

用于标注圆及圆弧的直径,在标注文字前加直径符号"φ",如图 8-38 所示。

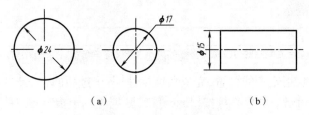

图 8-38 直径尺寸标注

2. 调用

- 功能区:"默认"选项卡→"注释"面板→"直径标注"按钮⊘。
- 功能区:"注释"选项卡→"标注"面板→"直径标注"按钮⊘。
- 菜单栏:"标注"→"直径"命令。
- 工具栏:"标注"工具栏中的"直径标注"按钮⊘。
- 命令行:DIMDIAMETER。

3. 操作

① 执行"直径标注"命令后,命令行提示:

命令: _dimdiameter
⊘ ▼ DIMDIAMETER 选择圆弧或圆:

② 在该提示下选择圆弧或圆,命令行提示:

⊘ ▼ DIMDIAMETER 指定尺寸线位置或 [多行文字(M) 文字(T) 角度(A)]:

③ 在此提示下,直接指定尺寸线位置,AutoCAD 将按测定尺寸数字完成标注,并在尺寸数字前自动加"φ",如图 8-38(a)所示。若需要可进行其他选项,各选项的含义与线性尺寸标注方式的同类选项相同。

在机械制图中,有时需要在非圆上标注直径,如图 8-38(b)所示,此时需要用线性标注实现,其步骤为:执行线性标注→指定标注的两个尺寸界线原点→选择"文字(T)"选项→输入"%%c15"→完成标注。

8.3.6 标注弧长尺寸

1. 功能

用于标注圆弧的长度,在标注文字前方或上方用弧长标记"⌒"表示,如图 8-39 所示。

2. 调用

- 功能区:"默认"选项卡→"注释"面板→"弧长标注"按钮⌒。

- 功能区:"注释"选项卡→"标注"面板→"弧长标注"按钮。
- 菜单栏:"标注"→"弧长"命令。
- 工具栏:"标注"工具栏中的"弧长标注"按钮。
- 命令行:DIMARC。

3. 操作

① 执行"弧长标注"命令后,命令行提示:

```
命令: _dimarc
DIMARC 选择弧线段或多段线圆弧段:
```

② 在该提示下选择要标注的圆弧(注意"弧长标注"只能对"弧"进行标注,而不能对"圆"进行标注),命令行提示:

```
DIMARC 指定弧长标注位置或 [多行文字(M) 文字(T) 角度(A) 部分(P) 引线(L)]:
```

③ 直接指定弧长标注的位置,AutoCAD 将按测定尺寸数字完成标注,并在标注文字前方或上方用弧长标记"⌒"。

其他选项的含义如下:
- "多行文字(M)""文字(T)""角度(A)":含义同前。
- "部分(P)":用于指定弧长中某段的标注。
- "引线(L)":用于对弧长标注添加引线。只有当圆弧大于 90°时,才会出现。弧长的引线按径向绘制,指向所标注圆弧的圆心,如图 8-39(c)所示。

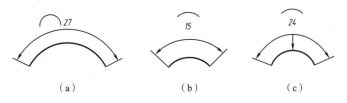

图 8-39 弧长尺寸标注

8.3.7 标注坐标尺寸

1. 功能

坐标标注用于测量基准点到特征点,默认的基准点为当前坐标的原点,如图 8-40 所示。

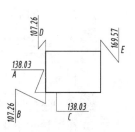

2. 调用

- 功能区:"默认"选项卡→"注释"面板→"坐标标注"按钮。
- 功能区:"注释"选项卡→"标注"面板→"坐标标注"按钮。
- 菜单栏:"标注"→"坐标"命令。
- 工具栏:"标注"工具栏中的"坐标标注"按钮。
- 命令行:DIMORDINATE。

图 8-40 坐标尺寸标注

3. 操作

① 执行"坐标标注"命令后,命令行提示:

```
命令: _dimordinate
DIMORDINATE 指定点坐标:
```

② 在该提示下选择要标注的点,命令行提示:

```
DIMORDINATE 指定引线端点或 [X 基准(X) Y 基准(Y) 多行文字(M) 文字(T) 角度(A)]:
```

③ 在该提示下指定引线端点的位置。AutoCAD 2020 通过自动计算点坐标和引线端点的坐标差确定它是 X 轴坐标标注还是 Y 轴坐标标注,如果 Y 轴坐标的坐标差较大,标注就测量 X 轴坐标;否则就测量 Y 轴坐标。

其他选项的含义如下:
- X 基准(X):确定为测量 X 轴坐标并确定引线和标注文字的方向。
- Y 基准(Y):确定为测量 Y 轴坐标并确定引线和标注文字的方向。
- "多行文字(M)""文字(T)""角度(A)":含义同前。

8.3.8 标注折弯尺寸

1. 功能

创建圆弧或圆的中心位于布局外且无法在其实际位置显示时的半径标注,如图 8-41 所示。

2. 调用
- 功能区:"默认"选项卡→"注释"面板→"折弯标注"按钮。
- 功能区:"注释"选项卡→"标注"面板→"折弯标注"按钮。
- 菜单栏:"标注"→"折弯"命令。
- 工具栏:"标注"工具栏中的"折弯标注"按钮。
- 命令行:DIMJOGGED。

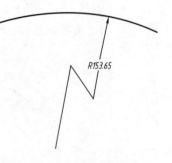

图 8-41 折弯尺寸标注

3. 操作

① 执行"折弯标注"命令后,命令行提示:

```
命令: _dimjogged
DIMJOGGED 选择圆弧或圆:
```

② 在该提示下选择圆弧或圆,命令行提示:

```
DIMJOGGED 指定图示中心位置:
```

③ 在该提示下指定一点用来替代圆弧圆心,命令行提示:

```
DIMJOGGED 指定尺寸线位置或 [多行文字(M) 文字(T) 角度(A)]:
```

④ 拖动确定尺寸线位置或选项,命令行提示:

```
DIMJOGGED 指定折弯位置:
```

⑤ 指定一点以确定折弯中点位置,系统结束命令。

---注 意---
在标注折弯半径时,首先应设置折弯的标注样式,在"修改标注样式"对话框中,选择"符号和箭头"选项卡,修改折弯角度。

8.3.9 标注基线尺寸

1. 功能

从上一个标注或选定标注的基线处创建线性尺寸、角度尺寸或坐标标注,如图8-42所示。

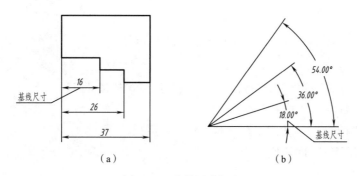

图8-42 基线尺寸标注

2. 调用

- 功能区:"注释"选项卡→"标注"面板→"基线标注"按钮。
- 菜单栏:"标注"→"基线"命令。
- 工具栏:"标注"工具栏中的"基线标注"按钮。
- 命令行:DIMBASELINE。

3. 操作

① 执行"基线标注"命令后,命令行提示:

```
命令: _dimbaseline
DIMBASELINE 指定第二条尺寸界线原点或 [放弃(U) 选择(S)] <选择>:
```

② 在该提示下,单击第二个点进行基线标注。可连续进行标注,直到按【Enter】键结束该命令。

其他选项的含义如下:
- "放弃(U)":放弃基线标注。
- "选择(S)":重新选择基准标注。

---注 意---
基线标注要求以一个现有的线性标注、角度标注或坐标标注为基础,如果当前任务中未创建任何标注,将提示用户选择线性标注、角度标注或坐标标注,以用作基线标注的基准。

8.3.10 标注连续尺寸

1. 功能

从上一个标注或选定标注的第二条尺寸界线处创建线性尺寸、角度尺寸或坐标标注,如图 8-43 所示。

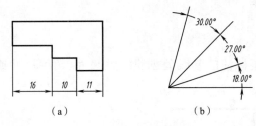

图 8-43 连续尺寸标注

2. 调用

- 功能区:"注释"选项卡→"标注"面板→"连续标注"按钮。
- 菜单栏:"标注"→"连续"命令。
- 工具栏:"标注"工具栏中的"连续标注"按钮。
- 命令行:DIMCONTINUE。

3. 操作

① 执行"连续标注"命令后,命令行提示:

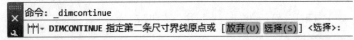

② 在该提示下,单击第二个点进行连续标注。可连续进行标注,直到按【Enter】键结束该命令。

③ 其他选项与基线标注一样。

8.3.11 标注圆心标记

1. 功能

用于圆和圆弧的圆心标记。

2. 调用

- 功能区:"注释"选项卡→"标注"面板→"圆心标记"按钮。
- 菜单栏:"标注"→"圆心标记"命令。
- 工具栏:"标注"工具栏中的"圆心标记"按钮。
- 命令行:DIMCENTER。

3. 操作

① 执行"圆心标记"命令后,命令行提示:

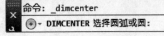

②选择一圆或圆弧,选择后即完成操作。

> **注意**
> 圆心标记有三种形式:"无标记""十字标记""中心线"(见图8-44),其形式可以通过"新建/修改标注样式"对话框的"符号和箭头"选项卡设置。

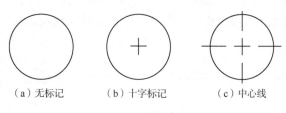

(a)无标记　　(b)十字标记　　(c)中心线

图8-44　圆心标记

8.3.12　快速标注尺寸

1. 功能

可以选择多个需要标注的相同类型尺寸对象,对其进行快速尺寸标注。特别适合创建一系列基线或连续标注和一系列圆或圆弧的径向尺寸标注。选择一次即可完成多个标注,因此可节省时间,提高工作效率。

2. 调用

- 功能区:"注释"选项卡→"标注"面板→"快速标注"按钮。
- 菜单栏:"标注"→"快速标注"命令。
- 工具栏:"标注"工具栏中的"快速标注"按钮。
- 命令行:QDIM。

3. 操作

① 执行"快速标注"命令后,命令行提示:

```
关联标注优先级 = 端点
QDIM 选择要标注的几何图形:
```

② 在该提示下,选择要标注的图形,按【Enter】键结束选择,命令行提示:

```
选择要标注的几何图形:
QDIM 指定尺寸线位置或 [连续(C)/并列(S)/基线(B)/坐标(O)/半径(R)/直径(D)/基准点(P)/编辑(E)/设置(T)] <连续>:
```

③ 选择要标注的类型,系统完成标注。

各选项的说明如下:

- "指定尺寸线位置":为默认选项,直接确定尺寸线的位置,在该位置按默认的尺寸标注类型标注出相应的尺寸。
- "连续(C)/并列(S)/基线(B)/坐标(O)/半径(R)/直径(D)":指定标注类型。
- "基准点(P)":为基线标注和连续标注确定一个新的基准点。
- "编辑(E)":编辑一系列标注。AutoCAD提示在现有标注中添加和删除标注点。
- "设置(T)":为指定尺寸界线原点设置默认的对象捕捉方式。

8.4 引线标注

AutoCAD 提供了引线标注功能,利用该功能不仅可以标注特定的尺寸,如倒角、圆角等,还可以实现在图中添加多行旁注、说明。在引线标注中指引线可以是折线,也可以是曲线,其一端带有箭头或设置没有箭头,另一端带有多行文字对象或块,也可以是几何公差。引线标注示例如图 8-45 所示。

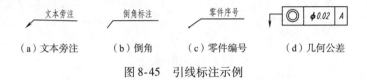

（a）文本旁注　　　（b）倒角　　　（c）零件编号　　　（d）几何公差

图 8-45　引线标注示例

8.4.1 多重引线样式

在向 AutoCAD 图形添加多重引线时,单一的引线样式往往不能满足设计的要求,这就需要预先定义新的引线样式,即指定基线、引线、箭头和注释内容的格式,用于控制多重引线对象的外观。多重引线的结构如图 8-46 所示。

在 AutoCAD 2020 中,通过"多重引线样式管理器"对话框可创建并设置多重引线样式。

- 功能区:"注释"选项卡→"引线"面板→"多重引线样式"按钮 。
- 菜单栏:"格式"→"多重引线样式"命令。
- 工具栏:"样式"工具栏中的"多重引线样式"按钮 。
- 命令行:MLEADERSTYLE。

执行以上任一种操作后,弹出"多重引线样式管理器"对话框,如图 8-47 所示。

单击"新建"按钮,弹出"创建新多重引线样式"对话框,如图 8-48 所示。单击"继续"按钮,弹出"修改多重引线样式"对话框,如图 8-49 所示。

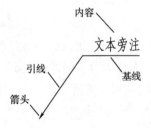

图 8-46　多重引线的结构

图 8-47　"多重引线样式管理器"对话框　　　图 8-48　"创建新多重引线样式"对话框

在"修改多重引线样式"对话框中包含"引线格式"选项卡、"引线结构"选项卡和"内容"选项卡。

1. "引线格式"选项卡

用于设置多重引线基本外观和引线箭头类型、大小等,如图8-49所示。

①"常规"选项组。设置引线的外观。
- "类型"下拉列表框:用于设置引线的类型,列表中有"直线""样条曲线""无"三个选项,分别表示引线为直线、样条曲线或没有引线。
- "颜色""线型""线宽"下拉列表框:分别用于设置引线的颜色、线型以及线宽。

②"箭头"选项组。设置箭头的样式与大小。
- "符号"下拉列表框:选择箭头的样式。
- "大小"微调框:设置箭头的大小。

③"引线打断"选项组。设置引线打断时的打断距离值。

"打断大小"微调框:其含义与"标注样式"对话框"符号和箭头"选项卡中的"折断大小"的含义相似。

④"预览"区域:预览对应的引线样式。

— 注 意 —
在进行引线标注时,引线总长度必须大于箭头长度的2倍,引线箭头才会被显示。

2. "引线结构"选项卡

用于设置引线的段数、引线每一段的倾斜角度及引线的显示属性,如图8-50所示。

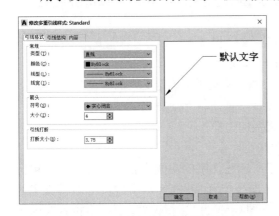
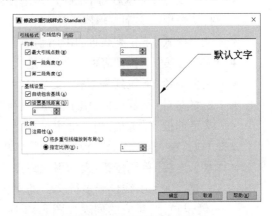

图8-49 "修改多重引线样式"对话框"引线格式"选项卡

图8-50 "引线结构"选项卡

①"约束"选项组。控制多重引线的结构。
- "最大引线点数"复选框:用于确定是否要指定引线端点的最大数量。选中复选框表示要指定,此时可以通过其右侧的微调框指定具体的值。
- "第一段角度"和"第二段角度"复选框:分别用于确定是否设置反映引线中第一段直线和第二段直线方向的角度(如果引线是样条曲线,则分别设置第一段样条曲线和第二段样条曲线起点切线的角度)。选中复选框后,用户可以在对应的下拉列表框中指定角度。需要说明的是,一旦指定了角度,对应线段(或曲线)的角度方向会按设置值的整数倍变化。

② "基线设置"选项组。其中"自动包含基线"复选框用于设置引线中是否包含基线。选中复选框表示包含基线,此时还可以通过"设置基线距离"微调框指定基线的长度。

③ "比例"选项组。设置多重引线标注的缩放关系。

- "注释性"复选框:用于确定多重引线样式是否为注释性样式。
- "将多重引线缩放到布局"单选按钮:表示将根据当前"模型空间"视口和"图纸空间"之间的比例确定比例因子。
- "指定比例"单选按钮:用于为所有多重引线标注设置一个缩放比例。

3. "内容"选项卡

主要用来设置引线是包含文字还是包含块,如图 8-51 所示。

在此选项卡的"多重引线类型"下拉列表框中可以设置多重引线标注的类型,列表中有"多行文字""块""无"三个选项,即表示由多重引线标注出的对象分别是多行文字、块或没有内容。

(1)"多行文字"选项

如果在"多重引线类型"下拉列表中选中"多行文字"选项,表示多重引线标注出的对象是多行文字,如图 8-51 所示。

① "文字选项"选项组:如果在"多重引线类型"下拉列表中选中"多行文字"选项,则会显示出此选项组,用于设置多重引线标注的文字内容。

- "默认文字"文本框:用于确定多重引线标注中使用的默认文字,可以单击右侧的按钮,从弹出的文字编辑器中输入。
- "文字样式"下拉列表框:用于确定所采用的文字样式。
- "文字角度"下拉列表框:用于确定文字的倾斜角度。
- "文字颜色"下拉列表框和"文字高度"微调框:分别用于确定文字的颜色与高度。
- "始终左对正"复选框:用于确定是否使文字左对齐。
- "文字加框"复选框:用于确定是否要为文字加边框。

② "引线连接"选项组:该选项组有两个单项按钮。

- "水平连接"单选按钮:表示引线终点位于所标注文字的左侧或右侧。其中,"连接位置 - 左"表示引线位于多行文字的左侧,"连接位置 - 右"表示引线位于多行文字的右侧,与它们对应的列表如图 8-52 所示。图 8-53 为"连接位置 - 左"下拉列表框中各选项的效果图。
- "垂直连接"单选按钮:表示引线终点位于所标注文字的上方或下方。
- "基线间隙"微调框:用于确定多行文字的相应位置与基线之间的距离。

(2)"块"选项

如果在"多重引线类型"下拉列表中选中"块"选项,表示多重引线标注出的对象是块,如图 8-54 所示。

在对话框中的"块选项"选项组中,"源块"下拉列表框用于确定多重引线标注使用的块对象,对应的列表如图 8-55 所示。

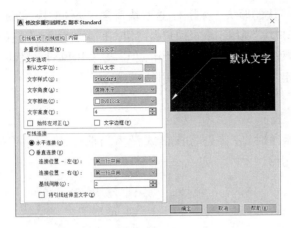

图 8-51　设置多重引线类型为"多行文字"

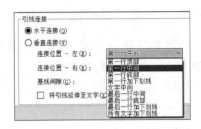

图 8-52　设置引线位置

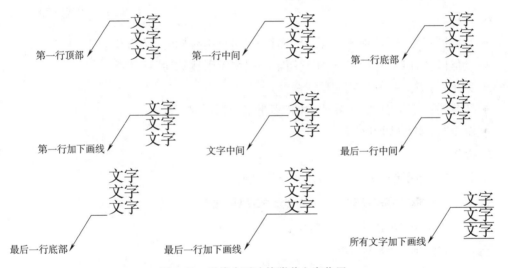

图 8-53　引线水平连接附着文字位置

图 8-54　设置多重引线类型为"块"

图 8-55　设置块对象

列表中位于各项前面的图标说明了对应块的形状。实际上,这些块是含有属性的块,即标注后还允许用户输入文字信息。列表中的"用户块"项用于选择用户自己定义的块。"附着"下拉列表框用于指定块与引线的关系,"颜色"下拉列表框用于指定块的颜色,但一般采 ByBlock(随块)。

所有选项卡都设置完成后,单击"确定"按钮,即保存了该引线样式。

8.4.2 多重引线标注

当需要以某一多重引线样式进行标注时,应首先将该样式设为当前样式。AutoCAD 2020 在"注释"选项卡中专门设置了"引线"面板,如图 8-56 所示。

图 8-56 "引线"面板

1. 功能

创建多重引线对象,多重引线对象通常包含箭头、水平基线、引线或曲线和多行文字对象或块。

2. 调用

- 功能区:"默认"选项卡→"注释"面板→"多重引线标注"按钮。
- 功能区:"注释"选项卡→"引线"面板→"多重引线标注"按钮。
- 菜单栏:"标注"→"多重引线"命令。
- 工具栏:"多重引线"工具栏中的"多重引线标注"按钮。
- 命令行:MLEADER。

3. 操作

① 执行"多重引线"标注命令后,命令行提示:

MLEADER 指定引线箭头的位置或 [引线基线优先(L) 内容优先(C) 选项(O)] <选项>:

② 在此提示下,指定引线箭头的位置。

MLEADER 指定引线基线的位置:

其他各选项的含义如下:
- "引线基线优先(L)"选项:首先确定引线基线的位置。
- "内容优先(C)"选项:首先确定标注内容。
- "选项(O)"选项:可对多重引线标注的样式重新设置。指定完引线箭头的位置后,命令行提示:

MLEADER 指定引线基线的位置:

③ 在此提示下,确定引线基线位置,系统弹出文字编辑器,输入文字,单击"关闭文字编辑器"按钮,完成多重引线标注。

8.4.3 添加引线

1. 功能

将引线添加至现有的多重引线对象,根据光标位置,新引线将添加到选定多重引线的左侧或右侧。

2. 调用

- 功能区:"默认"选项卡→"注释"面板→"添加引线"按钮。
- 功能区:"注释"选项卡→"引线"面板→"添加引线"按钮。

3. 操作

① 执行"添加引线"命令后,命令行提示:

　　AIMLEADEREDITADD 选择多重引线:

② 在此提示下,选择要添加引线的多重引线,命令行提示:

　　AIMLEADEREDITADD 指定引线箭头位置或 [删除引线(R)]:

③ 在此提示下,移动鼠标光标到合适的位置,单击确定引线箭头的位置,命令行提示:

　　AIMLEADEREDITADD 指定引线箭头位置或 [删除引线(R)]:

④ 在此提示下,如果已添加引线完成,可以按【Enter】键完成引线添加,如图 8-57 所示。

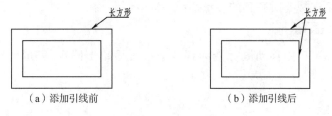

(a) 添加引线前　　　　　　(b) 添加引线后

图 8-57　添加引线

8.4.4　删除引线

1. 功能

将引线从现有的多重引线对象中删除。

2. 调用

- 功能区:"默认"选项卡→"注释"面板→"删除引线"按钮。
- 功能区:"注释"选项卡→"引线"面板→"删除引线"按钮。

3. 操作

① 执行"删除引线"命令后,命令行提示:

　　AIMLEADEREDITREMOVE 选择多重引线:

② 在此提示下,在绘图窗口中选择要删除引线的多重引线,命令行提示:

　　AIMLEADEREDITREMOVE 指定要删除的引线或 [添加引线(A)]:

③ 在此提示下,选择要删除的引线,按【Enter】键完成引线的删除。

8.4.5　对齐引线

1. 功能

将选定多重引线对象对齐并按一定间距排列,如图 8-58 所示。

2. 调用

- 功能区:"默认"选项卡→"注释"面板→"对齐引线"按钮。
- 功能区:"注释"选项卡→"引线"面板→"对齐引线"按钮。

3. 操作

① 执行"对齐引线"标注命令后,命令行提示:

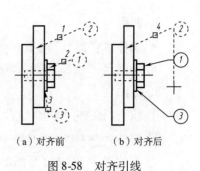

(a)对齐前　　(b)对齐后

图 8-58　对齐引线

② 在此提示下,在绘图窗口中选择要对齐的多重引线,按【Enter】键完成多重引线的选择,命令行提示:

③ 在此提示下选择要对齐到的多重引线,命令行提示:

④ 此时在绘图窗口中移动鼠标光标到合适位置后单击确定,完成对齐操作,如图 8-58 所示。

8.4.6　合并引线

1. 功能

将包含块的选定多重引线组织到行或列中,并使用单引线显示结果,如图 8-59 所示。

2. 调用

- 功能区:"默认"选项卡→"注释"面板→"合并引线"按钮。
- 功能区:"注释"选项卡→"引线"面板→"合并引线"按钮。

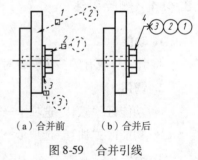

(a)合并前　　(b)合并后

图 8-59　合并引线

3. 操作

① 执行"合并引线"命令后,命令行提示:

② 在此提示下,在绘图窗口中选择要合并的多重引线,按【Enter】键完成多重引线的选择,命令行提示:

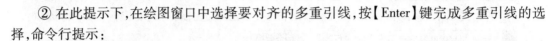

③ 完成选择后,可指定多重引线的位置,其结果如图 8-59 所示(该结果为选择水平位置)。

各选项的含义如下:

- 指定收集的多重引线位置:将放置多重引线集合的点指定在集合的左上角。
- "垂直(V)"选项:将多重引线集合放置在一列或多列中。

- "水平(H)"选项:将多重引线集合放置在一行或多行中。
- "缠绕(W)"选项:指定缠绕的多重引线集合的宽度。

8.4.7 快速引线标注

1. 功能

利用 QLEADER 命令可快速生成引线及注释,而且可以通过命令行优化对话框进行用户自定义,由此可以消除不必要的命令提示,取得高效的工作效率。

2. 调用

命令行:QLEADER 或 LE。

3. 操作

① 执行"快速引线"命令后,命令行提示:

```
QLEADER
QLEADER 指定第一个引线点或 [设置(S)] <设置>:
```

② 在此提示下,指定第一个引线点,命令行提示:

```
QLEADER 指定下一点:
```

③ 在此提示下,指定下一个引线点(AutoCAD 提示输入点的数目由"引线设置"对话框确定),输入完引线的点后,命令行提示:

```
QLEADER 指定文字宽度 <0>:
```

④ 在此提示下,指定文字宽度,命令行提示:

```
QLEADER 输入注释文字的第一行 <多行文字(M)>:
```

⑤ 在命令行输入文字,按【Enter】键完成引线标注。若选择多行文字,则打开多行文字编辑器,在其中编辑多行文字。

4. 设置选项

若选择"设置(S)"选项,则弹出"引线设置"对话框,如图 8-60 所示,该对话框用于设置引线标注注释的格式,包含三个选项卡。

图 8-60 "引线设置"对话框"注释"选项卡

①"注释"选项卡。该选项卡用于设置引线标注中注释文本的类型、多行文本的格式并确定注释文本是否多次使用,如图 8-60 所示。

- "注释类型"选项组:用于设置注释类型,包含五个单选按钮。

"多行文字"单选按钮:可在引线的末端创建多行文字注释。

"复制对象"单选按钮:复制多行文字、单行文字、公差或块参照对象。

"公差"单选按钮:可打开"形位公差"对话框,标注形位公差。

"块参照"单选按钮:可在引线末端加入块,可以使用自己定义的块作为注释。

"无"单选按钮:引线末端不加任何注释。

- "多行文字选项"选项组:用于设置多行文字的格式。
- "重复使用注释"选项组:用于设置是否重复使用哪个注释。AutoCAD 保存最后一次的引线标注内容,允许重复使用。

②"引线和箭头"选项卡。该选项卡用于控制引线及箭头的格式,如图 8-61 所示。

③"附着"选项卡。该选项卡用于设置多行文字附着于引线末端的位置,如图 8-62 所示。

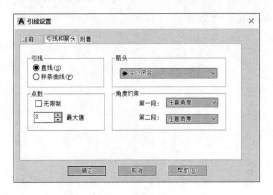

图 8-61 "引线和箭头"选项卡

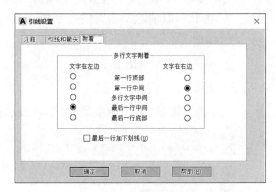

图 8-62 "附着"选项卡

8.5 编辑标注对象

完成尺寸标注后,若不满意还可以对其进行编辑。在 AutoCAD 中,可以对已标注对象的文字、位置及样式等内容进行修改,而不必删除所标注的尺寸对象再重新进行标注。

8.5.1 编辑标注

1. 功能

可编辑已有标注的文字内容和放置位置。

2. 调用

- 工具栏:"标注"工具栏中的"编辑标注"按钮 。
- 命令行:DIMEDIT。

3. 操作

① 执行"编辑标注"命令后,命令行提示:

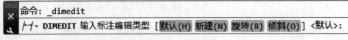

各选项的含义及操作如下:

- "默认(H)"选项(默认项):该选项按默认位置和方向放置尺寸文本。
- "新建(N)"选项:该选项将新输入的尺寸数字加入尺寸标注中。选择该项后,弹出"多行文字编辑器"对话框,用户在其中输入新的尺寸值,再选择尺寸对象即可修改。
- "旋转(R)"选项:该选项将所选尺寸数字以指定的角度旋转。执行该选项后,输入角度值,然后选择尺寸对象,即可将尺寸文本旋转一个指定的角度。
- "倾斜(O)"选项:该选项将所选取尺寸界线以指定的角度倾斜,执行该选项后,首先选择尺寸对象,然后输入角度值,即可将尺寸对象倾斜。

② 完成各选项,命令行提示:

`DIMEDIT 选择对象:`

③ 用鼠标选择要编辑的标注后,按【Enter】键完成编辑标注。

8.5.2 编辑标注文字

1. 功能

移动和旋转标注文字。

2. 调用

- 菜单栏:"标注"→"对齐文字"命令。
- 工具栏:"标注"工具栏中的"编辑标注文字"按钮。
- 命令行:DIMTEDIT。

3. 操作

① 执行"编辑标注文字"命令后,命令行提示:

`命令: _dimtedit`
`DIMTEDIT 选择标注:`

② 选择要修改的尺寸,命令行提示:

`DIMTEDIT 为标注文字指定新位置或 [左对齐(L) 右对齐(R) 居中(C) 默认(H) 角度(A)]:`

③ 此时可动态拖动所选尺寸进行修改,也可进行编辑。

各选项的含义如下:
- "左对齐(L)"选项:将尺寸数字移到尺寸线左边。
- "右对齐(R)"选项:将尺寸数字移到尺寸线右边。
- "居中(C)"选项:将尺寸数字移到尺寸线正中。
- "默认(H)"选项:将尺寸数字返回到编辑前的尺寸标注位置。
- "角度(A)"选项:将尺寸数字旋转指定的角度。

8.5.3 调整间距

1. 功能

可自动调整平行的线性标注和角度标注之间的间距,或者根据指定的间距值进行调整。

2. 调用

- 功能区:"注释"选项卡→"标注"面板→"调整间距"按钮。
- 菜单栏:"标注"→"标注间距"命令。
- 工具栏:"标注"工具栏中的"等距标注"按钮。
- 命令行:DIMSPACE。

3. 操作

① 执行"调整间距"命令后,命令行提示:

> 命令: _DIMSPACE
> DIMSPACE 选择基准标注:

② 在此提示下,选择标注基准,命令行提示:

> DIMSPACE 选择要产生间距的标注:

③ 选择要产生间距的标注,命令行提示:

> DIMSPACE 输入值或 [自动(A)] <自动>:

④ 输入间距值后按【Enter】键完成间距调整,如图 8-63 所示。

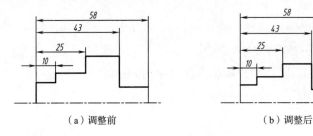

(a)调整前　　　　　　　　(b)调整后

图 8-63　调整间距

注 意

"自动"选项用于根据现有尺寸位置,自动调整各尺寸对象的位置,使其间隔相等。

8.5.4　倾斜标注

1. 功能

使线性标注的延伸线倾斜。

2. 调用

- 功能区:"注释"选项卡→"标注"面板→"倾斜标注"按钮 H 。
- 菜单栏:"标注"→"倾斜标注"命令。
- 工具栏:"标注"工具栏中的"倾斜标注"按钮 H 。
- 命令行:DIMEDIT。

3. 操作

① 执行"倾斜标注"命令后,命令行提示:

> DIMEDIT 选择对象:

② 在此提示下选择要倾斜的标注尺寸(可继续选择,按【Enter】键结束选择),命令行提示:

> DIMEDIT 输入倾斜角度 (按 ENTER 表示无):

③ 此提示下输入倾斜的角度,按【Enter】键完成倾斜标注,如图 8-64 所示。

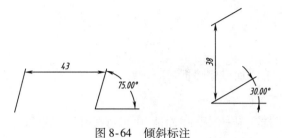

图 8-64 倾斜标注

8.5.5 标注打断

1. 功能

用于在尺寸线、尺寸界线与几何对象或其他标注相交的位置将其打断。

2. 调用

- 功能区:"注释"选项卡→"标注"面板→"打断标注"按钮。
- 菜单栏:"标注"→"打断标注"命令。
- 工具栏:"标注"工具栏中的"打断标注"按钮。
- 命令行:DIMBREAK。

3. 操作

① 执行"打断标注"命令后,命令行提示:

> DIMBREAK 选择要添加/删除折断的标注或 [多个(M)]:

② 选择要添加折断的标注,可通过"多个(M)"选项选择多个尺寸。命令行提示:

> DIMBREAK 选择要折断标注的对象或 [自动(A) 删除(R)] <自动>:

③ 在此提示下选择要打断的对象,进行对应的打断,完成标注打断。图 8-65(a)所示为打断前;图 8-65(b)所示为打断后。

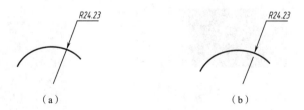

图 8-65 标注打断

其他选项的含义如下:

- "自动(A)"选项:按默认设置的尺寸进行打断。此默认尺寸可以通过"标注样式"对话框"符号和箭头"选项卡中的"折断标注"选项设置。
- "多个(M)"选项:以手动的方式指定标注打断点。
- "删除(R)"选项:删除已选的对象。

8.5.6 折弯线性标注

1. 功能

在线性或对齐标注上添加或删除折弯线。

2. 调用

- 功能区:"注释"选项卡→"标注"面板→"折弯线性"按钮。
- 菜单栏:"标注"→"折弯线性"命令。
- 工具栏:"标注"工具栏中的"折弯线性"按钮。
- 命令栏:DIMJOGLINE。

3. 操作

① 执行"折弯线性"命令后,命令行提示:

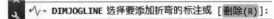

② 选择要添加折弯的标注,命令行提示:

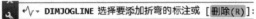

③ 指定折弯位置(若按【Enter】键,系统会自动选定折弯位置标注),完成折弯标注,如图8-66所示。

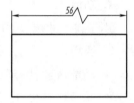

图8-66 折弯线性标注

8.5.7 替代标注

当少数尺寸标注与其他大多数尺寸标注在样式上有差别时,若不想创建新的标注样式,可以创建标注样式替代。在"标注样式管理器"对话框中,单击"替代"按钮,弹出"替代当前样式"对话框,如图8-67所示。从中可对所需参数进行设置,单击"确定"按钮即可,返回到上一对话框,在"样式"列表框中显示了"样式替代",如图8-68所示。

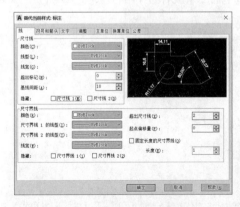

图8-67 "替代当前样式"对话框

图8-68 "标注样式管理器"对话框

> **注意**
> 用户只要为当前标注样式创建替代样式,当用户将其他标注样式设置为当前样式后样式替代自动删除。

8.5.8 标注更新

1. 功能

"标注更新"命令用于将尺寸对象的样式更新为当前标注样式,还可以将当前的标注样式保存起来,以供用户随时调用。

2. 调用

- 功能区:"注释"选项卡→"标注"面板→"标注更新"按钮。
- 菜单栏:"标注"→"更新"命令。
- 工具栏:"标注"工具栏中的"标注更新"按钮。
- 命令行:DIMSTYLE。

3. 操作

① 执行"标注更新"命令后,命令行提示:

```
输入标注样式选项
[注释性(AN)/保存(S)/恢复(R)/状态(ST)/变量(V)/应用(A)/?] <恢复>: _apply
-DIMSTYLE 选择对象:
```

② 选择更新的尺寸对象即完成尺寸样式的更新。

命令行各选项的含义如下:

- "状态(ST)"选项:用于以文本窗口的形式显示当前标注样式的数据。
- "应用(A)"选项:将选择的标注对象自动更换为当前标注样式。
- "保存(S)"选项:用于将当前标注样式存储为用户定义的样式。
- "恢复(R)"选项:用于恢复已定义过的标注样式。

8.6 尺寸标注的关联性

标注的尺寸(包括尺寸线、尺寸文本)与被标注的对象发生联系(即关联),组成一个标注结合体,这样的尺寸标注称为关联标注。下面将为用户介绍尺寸标注的关联性,包括设置关联标注模式、重新关联、查看尺寸标注的关联关系等。

8.6.1 设置关联标注模式

在 AutoCAD 2020 中,尺寸标注的各组成元素之间的关系有两种:一种是所有组成元素构成一个块实体;另一种是各组成元素构成各自的单独实体。

作为一个块实体的尺寸标注与所标注对象之间的关系也有两种:一种是关联标注;另一种是无关联标注。在关联标注模式下,尺寸标注随被标注对象的变化而自动改变。AutoCAD 用系统变量 DIMASSOC 控制尺寸标注的关联性。AutoCAD 提供了几何对象与标注间的三种类型的关联性。

① 关联标注。当与其关联的几何对象被修改时,自动调整其位置、方向和测量值。DIMASSOC 系统变量设置为 2。

② 无关联标注。需与其测量的几何图形一起选定和修改。若仅当其测量的几何对象被

修改时，标注不发生变化。DIMASSOC 系统变量设置为 1。

③ 分解的标注。包括单个对象而不是单个标注对象的集合，此时 DIMASSOC 系统变量设置为 0。

8.6.2 重新关联

1. 功能

可以将标注重新关联或解除关联。

2. 调用

- 功能区："注释"选项卡→"标注"面板→"重新关联"按钮 。
- 命令行：DIMREASSOCIATE。

在状态栏中单击"注释监测器"按钮 ，可跟踪关联标注，并亮显任何无效的或解除关联的标注，单击此图标，可以打开快捷菜单，进行关联设置。

8.6.3 查看尺寸标注的关联关系

选中尺寸标注后，打开"特性"选项板，可查看尺寸标注的关联关系。在"特性"选项板的"常规"区域中有一个"关联"选项，如果是关联性尺寸标注，其后显示"是"，如图 8-69 所示。如果是非关联尺寸标注，其后显示"否"，如图 8-70 所示。如果是分解的尺寸标注，则没有关联项。

图 8-69 关联性尺寸标注

图 8-70 非关联性尺寸标注

> **注 意**
>
> 改为关联：选择需要修改的尺寸标注，执行 DIMREASSOCIATE 命令即可。改为非关联：选择要修改的尺寸标注，执行 DIMREASSOCIATE 命令即可。

8.7 绘图实例

8.7.1 隧道内外侧沟

铁路隧道是火车穿越山岭时遇到的建筑物，它的主要部分是洞身和洞门，此外还有大避车洞、小避车洞、防水设备、排水设备、通风设备等。

洞门处排水系统的构造较复杂。隧道内的积水通过排水沟流入路堑侧沟内；洞顶地表水则通过端墙顶排水沟、翼墙顶排水沟流入路堑侧沟。图 8-71 所示详图 A 与 1—1、2—2 剖面图和 3—3 断面图共同表示隧道洞口处内、外侧沟的连接情况，看图时注意各图的不同比例。由详图 A 可知，洞内侧沟的水是经过两次直角转弯后流入翼墙脚侧沟的。

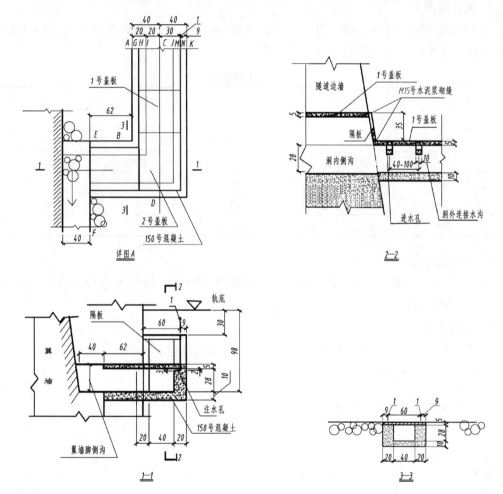

图 8-71　隧道内外侧沟连接

绘制图形主要过程如下：

1. 新建图形文件

单击快速访问工具栏中的"新建"按钮，弹出"创建新图形"对话框，新建一个图形文件，并保存为"隧道内外侧沟.dwg"。

2. 设置文字样式

在命令提示符后输入 ST 并按【Enter】键，启动 SYTLE 命令。利用"文字样式"对话框，设置字体样式见表 8-1。

表 8-1　设置字体样式

序号	字体样式名称	字体	字高	宽度系数	倾斜角度
1	新建	gbenor.shx	0		0
2	仿宋体	GB 2312 仿宋	0	0.75	0

3. 设置图层

单击"图层特性"按钮,弹出"图层特性管理器"对话框,创建并设置需要的图层及线型、颜色、线宽,见表 8-2(表中所列项目可作参考)。

表 8-2　设置图层

序号	名称	图层	颜色	线型	线宽
1	外轮廓线	粗实线	绿色	Continuous(连续实线)	0.50
2	参考线	细实线	白色	Continuous(连续实线)	0.12
3	填充线	点画线	红色	Acad_isoo4w100(ISO 长点画线)	0.12
4	辅助线	虚线	紫色	Acad_isoo3w100(ISO 虚线)	0.25
5	标注	细实线	蓝色	Continuous(连续实线)	0.12
6	轴线	点画线	黄色	Acad_5w100	0.12

4. 草图设置

选择"工具"→"草图设置"命令,弹出"草图设置"对话框。在该对话框中设置几种所需的自动目标捕捉方式。

5. 绘制详图 A

① 绘制图 8-72 所示图形,在"图层管理器"中选取轴线层。

命令: line 指定第一点:　　　　　　　　　　　　　　　　　　　　　　　(单击点 C)
指定下一点或 [放弃(U)]: <正交 开>　　　　　　　　　　　　　　　(向下拾取点 D)
在图层管理器中选取外轮廓线层。
命令: l
LINE 指定第一点: from
基点: <偏移>: @ -40,0　　　　　　　　　　　　　　　　　　　　　　(单击点 A)
指定下一点或 [放弃(U)]: <正交 开>　　　　　　　　　　　　　　　(向下拾取点 B)
指定下一点或 [放弃(U)]:　　　　　　　　　　　　　　　　　　　　　(按【Enter】键)
命令: copy
选择对象: 找到 1 个　　　　　　　　　　　　　　　　　　　　　　　(选择直线 AB)
选择对象:　　　　　　　　　　　　　　　　　　　　　　　　　　　　(按【Enter】键)
指定基点或位移,或者 [重复(M)]: M
指定基点:　　　　　　　　　　　　　　　　　　　　　　　　　　　　(捕捉点 A)
指定位移的第二点或 <用第一点作位移>:　　　　　　　　　　　　　　(右 9)
指定位移的第二点或 <用第一点作位移>:　　　　　　　　　　　　　　(右 10)
指定位移的第二点或 <用第一点作位移>:　　　　　　　　　　　　　　(右 20)
指定位移的第二点或 <用第一点作位移>:　　　　　　　　　　　　　　(右 60)
指定位移的第二点或 <用第一点作位移>:　　　　　　　　　　　　　　(右 70)
指定位移的第二点或 <用第一点作位移>:　　　　　　　　　　　　　　(右 71)
指定位移的第二点或 <用第一点作位移>:　　　　　　　　　　　　　　(右 80)

```
指定位移的第二点或 <用第一点作位移>:                                    (按【Enter】键)
```
使用关键点将直线 *CD* 拉伸。
```
命令: line 指定第一点:                                                  (点 B)
指定下一点或 [放弃(U)]: @ -62,0                                         (点 E)
指定下一点或 [放弃(U)]: @ -40,0
指定下一点或 [闭合(C)/放弃(U)]:                                         (按【Enter】键)
命令: copy
选择对象: 找到 1 个                                                     (选择直线 BE)
选择对象:                                                              (按【Enter】键)
指定基点或位移,或者 [重复(M)]: m                                        (大、小写均可)
指定基点: 指定位移的第二点或 <用第一点作位移>:9
指定位移的第二点或 <用第一点作位移>:                                    (下 10)
指定位移的第二点或 <用第一点作位移>:                                    (下 20)
指定位移的第二点或 <用第一点作位移>:                                    (下 60)
指定位移的第二点或 <用第一点作位移>:                                    (下 70)
指定位移的第二点或 <用第一点作位移>:                                    (下 71)
指定位移的第二点或 <用第一点作位移>:                                    (下 80)
指定位移的第二点或 <用第一点作位移>:                                    (按【Enter】键)
```
把所有直线都拉伸相交,修剪。

② 绘制图 8-73 所示图形。
```
命令: line 指定第一点:                                                  (点 E)
指定下一点或 [放弃(U)]: <正交 开>                                      (向下拾取点 F)
指定下一点或 [闭合(C)/放弃(U)]:                                         (按【Enter】键)
命令: copy
选择对象: 找到 1 个                                                     (选择直线 EF)
选择对象:                                                              (按【Enter】键)
指定基点或位移,或者 [重复(M)]:                                          (捕捉点 E)
指定基点: 指定位移的第二点或 <用第一点作位移>: @ -40,0
指定位移的第二点或 <用第一点作位移>:                                    (按【Enter】键)
```
拉伸该直线画盖板。
```
命令: line 指定第一点:
指定下一点或 [放弃(U)]: <正交 开>
指定下一点或 [闭合(C)/放弃(U)]:                                         (按【Enter】键)
```
填充如图 8-73 所示。

③ 标注尺寸,如图 8-74 所示。切换图层到标注层。
```
命令: dimlinear                                                         (线性标注命令)
指定第一条延伸线原点或 <选择对象>: <捕捉 关>                           (捕捉点 A)
指定第二条延伸线原点: 指定尺寸线位置或
[多行文字(M)/文字(T)/角度(A)/水平(H)/垂直(V)/旋转(R)]:                  (捕捉点 I)
标注文字 =20
命令: dimcontinue                                                       (连续标注命令)
指定第二条延伸线原点或 [放弃(U)/选择(S)] <选择>:                        (捕捉点 C)
标注文字 =20
指定第二条延伸线原点或 [放弃(U)/选择(S)] <选择>:                        (捕捉点 M)
标注文字 =30
指定第二条延伸线原点或 [放弃(U)/选择(S)] <选择>:                        (捕捉点 N)
标注文字 =1
```

```
指定第二条延伸线原点或 [放弃(U)/选择(S)] <选择>:                    (捕捉点 K)
标注文字 =9
指定第二条延伸线原点或 [放弃(U)/选择(S)] <选择>:                    (放弃)
命令: dimlinear
指定第一条延伸线原点或 <选择对象>:                                   (捕捉点 A)
指定第二条延伸线原点:指定尺寸线位置或
[多行文字(M)/文字(T)/角度(A)/水平(H)/垂直(V)/旋转(R)]:             (捕捉点 C)
标注文字 =40
命令: dimcontinue
指定第二条延伸线原点或 [放弃(U)/选择(S)] <选择>:                    (捕捉点 K)
标注文字 =40
指定第二条延伸线原点或 [放弃(U)/选择(S)] <选择>:                    (按【Enter】键)
```

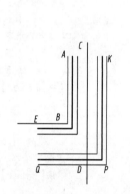

图 8-72 绘制过程(1)

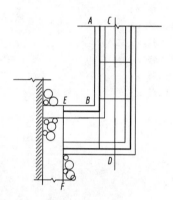

图 8-73 绘制过程(2)

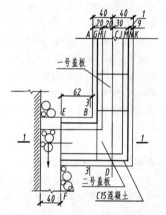

图 8-74 标注尺寸后的图形

6. 绘制 3—3 断面图

① 绘制图 8-75 所示图形,切换图层到外轮廓线层。

```
命令: line 指定第一点:                                              (单击一点)
指定下一点或 [放弃(U)]:  <正交 关>  <正交 开>                       (向右拾取一点)
指定下一点或 [放弃(U)]:                                             (按【Enter】键)
命令: line 指定第一点:  <捕捉 开>  <对象捕捉 开>                    (在直线上捕捉点 A)
指定下一点或 [放弃(U)]: @ 0,-43                                     (点 B)
指定下一点或 [放弃(U)]: @ 80,0                                      (点 C)
指定下一点或 [放弃(U)]: @ 0,43                                      (点 D)
指定下一点或 [闭合(C)/放弃(U)]:                                     (按【Enter】键)
命令: copy
选择对象: 找到 1 个                                                 (选择直线 AB)
选择对象:                                                          (按【Enter】键)
指定基点或位移,或者 [重复(M)]:M
指定位移的第二点或 <用第一点作位移>: 20
指定位移的第二点或 <用第一点作位移>: 60
指定位移的第二点或 <用第一点作位移>:                               (按【Enter】键)
命令: copy
选择对象: 找到 1 个                                                 (选择直线 BC)
选择对象:                                                          (按【Enter】键)
指定基点或位移,或者 [重复(M)]: M
指定位移的第二点或 <用第一点作位移>: 10
```

指定位移的第二点或 <用第一点作位移>： <正交 开> 38
指定位移的第二点或 <用第一点作位移>： （按【Enter】键）
修剪如图 8-75 所示。

② 打开图层管理器、将图层切换到填充线层，进行填充，然后将图层切换到标注层进行尺寸标注，如图 8-71 所示。

7. 绘制 1—1 剖面图

① 绘制图 8-76 所示图形。在图层管理器中切换图层至外轮廓线层。

命令：line 指定第一点： （单击点 A）
指定下一点或 [放弃(U)]：@ 40,0 （点 B）
指定下一点或 [放弃(U)]：@ 62,0 （点 C）
指定下一点或 [闭合(C)/放弃(U)]：@ 70,0 （点 D）
指定下一点或 [闭合(C)/放弃(U)]： （按【Enter】键）
命令：copy
选择对象：指定对角点：找到 3 个 （点 A~D）
选择对象： （按【Enter】键）
指定基点或位移，或者 [重复(M)]： （点 A）
指定位移的第二点或 <用第一点作位移>：33

命令：copy·
选择对象：指定对角点：找到 2 个 （点 B 和点 D）
选择对象： （按【Enter】键）
指定基点或位移，或者 [重复(M)]： （点 B）
指定位移的第二点或 <用第一点作位移>：10 （向下）

命令：copy
选择对象：指定对角点：找到 2 个 （点 B 和点 D）
选择对象： （按【Enter】键）

指定基点或位移，或者 [重复(M)]： （点 B）
指定位移的第二点或 <用第一点作位移>：28

命令：copy 找到 1 个 （CD）
指定基点或位移，或者 [重复(M)]：M
指定位移的第二点或 <用第一点作位移>：98
指定位移的第二点或 <用第一点作位移>：68
指定位移的第二点或 <用第一点作位移>：63

指定位移的第二点或 <用第一点作位移>： （按【Enter】键）
命令：line 指定第一点： （点 F）
指定下一点或 [放弃(U)]： （点 E）
指定下一点或 [放弃(U)]： （按【Enter】键）

命令：copy
选择对象：找到 1 个 （DE）
选择对象： （按【Enter】键）
指定基点或位移，或者 [重复(M)]： （点 D）
指定位移的第二点或 <用第一点作位移>： （点 C）
指定位移的第二点或 <用第一点作位移>： （按【Enter】键）

以同样的方法复制，剪切后如图 8-76 所示。

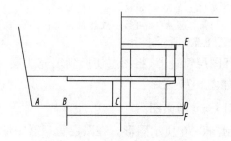

图 8-75　绘制 3—3 断面过程　　　　图 8-76　绘制 1—1 剖面过程

② 填充及标注尺寸，如图 8-77 所示。切换图层至标注层。

```
命令：dimlinear
指定第一条延伸线原点或 <选择对象>：                              (点 C)
指定第二条延伸线原点：指定尺寸线位置或
[多行文字(M)/文字(T)/角度(A)/水平(H)/垂直(V)/旋转(R)]：           (点 B)
标注文字 =62


命令：dimcontinue
指定第二条延伸线原点或 [放弃(U)/选择(S)] <选择>：                 (点 A)
标注文字 =40
指定第二条延伸线原点或 [放弃(U)/选择(S)] <选择>：            (按【Enter】键)
```

以相同的方法标注其他尺寸标注部位，如图 8-77 所示。

8. 绘制 2—2 剖面图

如图 8-78 所示，把图层切换到外轮廓线层。

```
命令：line 指定第一点：                                        (单击点 A)
指定下一点或 [放弃(U)]： <正交 开>                          (向右拾取点 B)
指定下一点或 [放弃(U)]：                                    (按【Enter】键)


命令：copy
选择对象：找到 1 个                                              (AB)
选择对象：
指定基点或位移，或者 [重复(M)]：M
指定基点： <捕捉 开> <对象捕捉 开> (A)
指定位移的第二点或 <用第一点作位移>：10
指定位移的第二点或 <用第一点作位移>：38
指定位移的第二点或 <用第一点作位移>：43
指定位移的第二点或 <用第一点作位移>：78
指定位移的第二点或 <用第一点作位移>：83
指定位移的第二点或 <用第一点作位移>：                        (按【Enter】键)
命令：line 指定第一点：
指定下一点或 [放弃(U)]：@ 0,-5
指定下一点或 [放弃(U)]：@ 10,0
指定下一点或 [闭合(C)/放弃(U)]：@ 0,5
指定下一点或 [闭合(C)/放弃(U)]：                            (按【Enter】键)
```

修剪后如图 8-78 所示，填充、标注尺寸如图 8-71 所示。

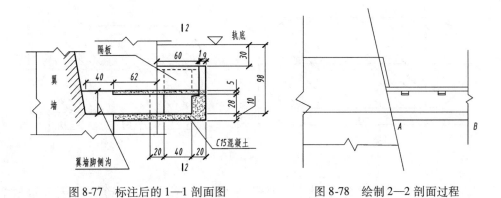

图 8-77 标注后的 1—1 剖面图　　　图 8-78 绘制 2—2 剖面过程

8.7.2 桥墩墩帽图

由于桥墩图比例一般较小,墩帽部分的细节及尺寸表示不清楚,所以需要用较大的比例画出墩帽图,如图 8-79 所示。

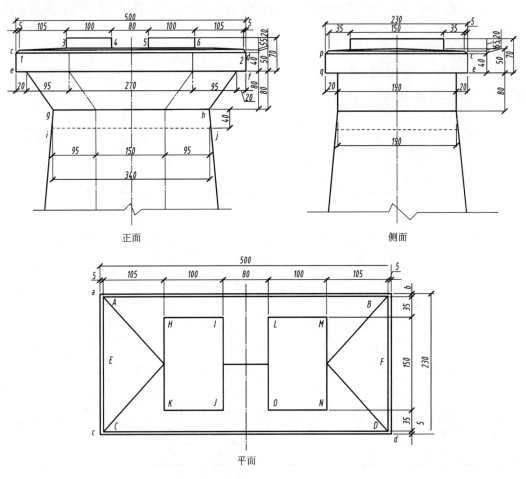

图 8-79 墩帽图

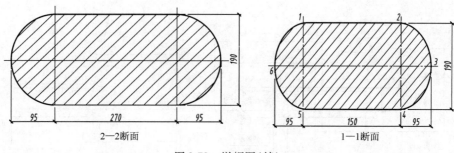

图 8-79 墩帽图(续)

墩帽图一般由五个投影组成,其中正面图、平面图和侧面图是外形图,主要表示顶帽的形状和尺寸、托盘的宽度和长度。另外两个断面图主要表示托盘的顶面和底面的形状和尺寸。

绘制图形的主要过程如下:

1. 新建图形文件

单击快速访问工具栏中的"新建"按钮,弹出"创建新图形"对话框,新建一个图形文件,并保存为"墩帽图.dwg"。

2. 设置文字样式

在命令提示符后输入 ST 并按【Enter】键,启动 STYLE 命令。利用"文字样式"对话框,设置表 8-3 所示的字体样式。

表 8-3 设置文字样式

序 号	字体样式名称	字 体	字 高	宽度系数	倾斜角度
1	新建	gbenor.shx	0	1	0
2	仿宋体	GB 2312 仿宋	0	0.7	0

3. 设置图层

单击"图层"工具栏中的"图层特性"按钮,弹出"图层特性管理器"对话框,创建并设置需要的图层及线型、颜色、线宽,见表 8-4(图中所列项目可作参考)。

表 8-4 设置图层

序 号	名 称	图 层	颜 色	线 型	线 宽
1	外轮廓线	粗实线	绿色	Continuous(连续实线)	0.50
2	参考线	细实线	白色	Continuous(连续实线)	0.12
3	填充线	细实线	红色	Acad_isoo4w100(ISO 长点画线)	0.12
4	辅助线	细实线	紫色	Acad_isoo3w100(ISO 虚线)	0.25
5	标注	细实线	蓝色	Continuous(连续实线)	0.12
6	细实线	细实线	青色	Continuous(连续实线)	0.12
7	轴线	点画线	黄色	Acad_5w100	0.12

4. 草图设置

在状态栏"对象捕捉"按钮上右击,在弹出的快捷菜单中选择"草图设置"命令,弹出"草图设置"对话框,在其中设置四种自动目标捕捉方式。

5. 绘制平面图

① 绘制图 8-79 所示图形,使用矩形命令(RECTANGLE)、偏移命令(OFFSET)、分解命令(EXPLODE)、直线命令(LINE)、修剪命令(TRIM)。

在图层管理器中选取外轮廓线层为当前层。

```
命令:REC                                                    (RECTANGLE)
指定第一个角点或 [倒角(C)/标高(E)/圆角(F)/厚度(T)/宽度(W)]:    (确定一点 a)
指定另一个角点或 [尺寸(D)]:@ 500,230
```
切换图层至细实线层。
```
命令:O                                                      (OFFSET)
指定偏移距离或 [通过(T)] <1.0000>:5
选择要偏移的对象或 <退出>:                                  (选择矩形 abdc)
指定点以确定偏移所在一侧:              (在矩形 abdc 内任意处单击,得到矩形 ABCD)
命令:X                                                      (EXPLODE)
选择对象:找到 1 个                                          (选择矩形 ABDC)
选择对象:                                                   (按【Enter】键)
命令:L                                                      (LINE)
指定下一点或 [放弃(U)]:                                     (捕捉 AC 线段的中点 E)
指定下一点或 [放弃(U)]:                                     (捕捉 BD 线段的中点 F)
命令:O                                                      (OFFSET)
指定偏移距离或 [通过(T)] <5.0000>:105
选择要偏移的对象或 <退出>:                                  (选择线段 AC)
指定点以确定偏移所在一侧:                        (在线段 AC 右边任意地方单击)
选择要偏移的对象或 <退出>:                                  (选择线段 BD)
指定点以确定偏移所在一侧:                        (在线段 BD 左边任意地方单击)
命令:O                                                      (OFFSET)
指定偏移距离或 [通过(T)] <105.0000>:100
选择要偏移的对象或 <退出>:                                  (选择线段 HK)
指定点以确定偏移所在一侧:                        (在线段 HK 右边任意地方单击)
选择要偏移的对象或 <退出>:                                  (选择线段 MN)
指定点以确定偏移所在一侧:                        (在线段 MN 左边任意地方单击)
命令:TR                                                     (TRIM)
选择对象:                                    (分别选择 HI、LM、KJ、ON 线段)
选择要修剪的对象或[投影(P)/边(E)/放弃(U)]:
                           (靠近 H、I、L、M、N、O、J、K、F,分别选择端头直线,重复命令)
选择对象:                                    (分别选择 HK、IJ、LO、MN 线段)
```
修剪线段 *EF*,修剪后如图 8-80 所示。

② 完善平面图及标注尺寸,如图 8-81 所示,使用直线命令(LINE)及尺寸标注命令(DIMLINEAR、DIMCONTINUE)。
```
命令:L                                                      (LINE)
指定下一点或 [放弃(U)]:                                    (捕捉点 A)
```

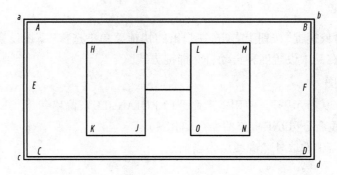

图 8-80 绘制平面图过程

指定下一点或 [放弃(U)]:　　　　　　　　　　　　　　　　　　　　（捕捉线段 HK 的中点）
重复命令,分别画出四条斜线。
尺寸标注,将当前图层切换至标注层。
命令:DLI　　　　　　　　　　　　　　　　　　　　　　　　　　　（DIMLINEAR）
指定第一条延伸线原点或 <选择对象>:　　　　　　　　　　　　　　（捕捉点 a）
指定第二条延伸线原点:　　　　　　　　　　　　　　　　　　　　　（捕捉点 b）
指定尺寸线位置或
[多行文字(M)/文字(T)/角度(A)/水平(H)/垂直(V)/旋转(R)]:
标注文字 =500
命令:DLI　　　　　　　　　　　　　　　　　　　　　　　　　　　（DIMLINEAR）
指定第一条延伸线原点或 <选择对象>:　　　　　　　　　　　　　　（捕捉点 a）
指定第二条延伸线原点:　　　　　　　　　　　　　　　　　　　　　（捕捉点 A）
指定尺寸线位置或
[多行文字(M)/文字(T)/角度(A)/水平(H)/垂直(V)/旋转(R)]:
标注文字 =5
命令:DCO　　　　　　　　　　　　　　　　　　　　　　　　　　　（DIMCONTINUE）
指定第二条延伸线原点或 [放弃(U)/选择(S)] <选择>:　　（分别捕捉 H、I、L、M、B、b）
重复标注步骤,标注出另一边尺寸,得到图示平面图,如图 8-81 所示。

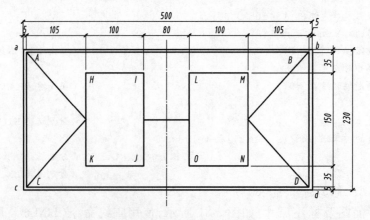

图 8-81 标注尺寸的平面图

6. 绘制正面图

① 绘制图 8-82 所示图形,使用矩形命令(RECTANGLE)、偏移命令(OFFSET)、分解命令(EXPLODE)、直线命令(LINE)。

三面投影图必须遵循"长对正、高平齐、宽相等"的三等关系。利用 AutoCAD 中提供的 XLINE 命令,可以方便地根据平面图快速画出正面图。

用直线命令画出轴线,切换当前层至轴线层。

LINE 指定第一点:
指定下一点或 [放弃(U)]:
指定下一点或 [放弃(U)]:
切换图层至外轮廓线层。

命令: rec   (RECTANG)
指定第一个角点或 [倒角(C)/标高(E)/圆角(F)/厚度(T)/宽度(W)]:
from   (选定端点为基点)
基点: <偏移>: @ -250,0   (找到矩形端点 C)
指定另一个角点或 [尺寸(D)]: @ 500,-40
得矩形 cdfe,向上拉伸中轴线。

命令:X   (EXPLODE)
选择对象:找到 1 个   (选择矩形 cdfe)
命令:O   (OFFSET)
指定偏移距离或 [通过(T)] <通过>: 80
选择要偏移的对象或 <退出>:   (选择线段 ef)
指定点以确定偏移所在一侧: (偏移 ef 于下方得线段 gh)
命令:O   (OFFSET)
指定偏移距离或 [通过(T)] <80.0000>: 40
选择要偏移的对象或 <退出>:   (选择线段 gh)
指定点以确定偏移所在一侧: (偏移于 gh 下方得线段 ij)
命令:O   (OFFSET)
指定偏移距离或 [通过(T)] <40.0000>: 115
选择要偏移的对象或 <退出>:   (分别向里侧偏移线段 ce、线段 df)
重复偏移命令。
指定偏移距离或 [通过(T)] <95.0000>: 20
选择要偏移的对象或 <退出>:   (分别向里侧偏移线段 ce 和线段 df,得点1、点2)
命令:O   (OFFSET)
指定偏移距离或 [通过(T)] <95.0000>: 75
选择要偏移的对象或 <退出>:   (分别向左右偏移中轴线)
重复偏移命令。
指定偏移距离或 [通过(T)] <75.0000>: 170
选择要偏移的对象或 <退出>:   (分别向左右偏移中轴线)
切换图层至细实线层。

命令:L
LINE 指定第一点:
指定下一点或 [放弃(U)]:   (捕捉点1)
指定下一点或 [放弃(U)]:   (捕捉 g 得线段 1g)
重复直线命令得线段 2h,再用直线命令画出各轴线,如图 8-82 所示。

② 在图 8-82 基础上,绘制图 8-83 所示图形,使用偏移命令(OFFSET)、删除命令(ERASE)、修剪命令(TRIM)。

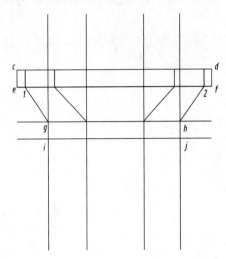

图 8-82　绘制正面图过程(1)　　　　图 8-83　绘制正面图过程(2)

命令:E　　　　　　　　　　　　　　　　　　　　　　　　　　　(ERASE)
选择对象:　　　　　　　　　　　　　　　　　　　　　(分别删除偏移的轴线)
命令:TR　　　　　　　　　　　　　　　　　　　　　　　　　　　(TRIM)
当前设置:投影=UCS,边=延伸
选择剪切边...
选择对象:　　　　　　　　　　　　　　　　　　　　　(修剪各出头的线段)

命令 E　　　　　　　　　　　　　　　　　　　　(ERASE)(删除线段1、2)
命令:O　　　　　　　　　　　　　　　　　　　　　　　　　　　(OFFSET)
指定偏移距离或 [通过(T)] <20.000 0>:40
选择要偏移的对象或 <退出>:　　　　　　　　　　　(分别向左右偏移中轴线)
重复偏移命令。
指定偏移距离或 [通过(T)] <40.000 0>:100
选择要偏移的对象或 <退出>:　　　　　　　　　　　(分别向左右偏移中轴线)
重复偏移命令。
指定偏移距离或 [通过(T)] <100.000 0>:105
选择要偏移的对象或 <退出>:　　　　　　　　　　　(分别向左右偏移中轴线)
命令:O(OFFSET)
指定偏移距离或 [通过(T)] <20.000 0>:5
选择要偏移的对象或 <退出>:　　　　　　　　　　　　　(向上偏移线段 cd)
指定偏移距离或 [通过(T)] <20.000 0>:10
选择要偏移的对象或 <退出>:　　　　　　　　　　　　　(向上偏移线段 cd)
指定偏移距离或 [通过(T)] <20.000 0>:30
选择要偏移的对象或 <退出>:　　　　　　　　　　　　　(向上偏移线段 cd)

③ 绘制图 8-84 所示图形,使用直线命令(LINE)、圆角命令(FILLET)及修剪命令(TRIM)。

命令:L

用直线命令分别画出线段 3、4、5、6,重复直线命令(分别捕捉点 3、6 画出两条斜线段)。

命令:fillet
当前模式:模式 = 修剪,半径 = 10.000 0
选择第一个对象或 [多段线(P)/半径(R)/修剪(T)]:r
指定圆角半径 <10.000 0>:5
选择第一个对象或 [多段线(P)/半径(R)/修剪(T)]:
选择第二个对象:
重复命令
当前模式:模式 = 修剪,半径 = 5.000 0
选择第一个对象或 [多段线(P)/半径(R)/修剪(T)]:
选择第二个对象:
命令:TR   (TRIM)
当前设置:投影=UCS,边=延伸
选择剪切边…

修剪多出的各边,如图 8-84 所示。

④ 整理图 8-84 所示图形,删除偏移后的各轴线,然后用线性标注进行尺寸标注。

切换当前层至标注层。

命令:DLI   (分别捕捉出各个标注点进行标注)
标注后所得图形如图 8-79 正面图所示。

7. 绘制侧面图

与前面相同,采用制图规则中的对正、平齐对应关系。使用 AutoCAD 中提供的 XLINE 命令,可以方便地根据平面图快速画出侧面图,同时注意图层切换。

① 绘制图 8-85 所示图形,切换当前层至外轮廓线层。

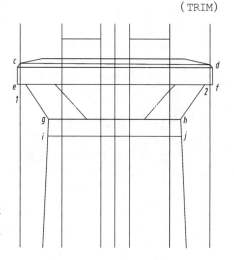

图 8-84 绘制正面图过程(3)

命令:XL
XLINE 指定点或 [水平(H)/垂直(V)/角度(A)/二等分(B)/偏移(O)]:h
指定通过点:>>   (对应于正面图分别画出几条构造线)
命令:REC   (RECTANGLE)
指定第一个角点或 [倒角(C)/标高(E)/圆角(F)/厚度(T)/宽度(W)]:
指定另一个角点或 [尺寸(D)]:@ 230,40   (得矩形 pqec)
命令:X   (EXPLODE)
选择对象:找到 1 个   (分解矩形 pqec)
命令:O   (OFFSET)
指定偏移距离或 [通过(T)] <通过>:75
选择要偏移的对象或 <退出>   (分别向左右偏移中轴线)
重复命令。
指定偏移距离或 [通过(T)] <75.000 0>:95
选择要偏移的对象或 <退出>:   (分别向左右偏移中轴线)
命令:O   (OFFSET)
指定偏移距离或 [通过(T)] <110.000 0>:5
选择要偏移的对象或 <退出>:   (向上偏移线段 pc 两次)
重复命令。

```
指定偏移距离或 [通过(T)] <5.000 0>:30
选择要偏移的对象或 <退出>:                                (向上偏移线段 pc)
```
② 绘制图 8-86 所示图形,转换当前层至细实线层。

用直线命令画出图中各条短线段及斜线段。
```
命令:L
LINE 指定第一点:
指定下一点或 [放弃(U)]:
指定下一点或 [放弃(U)]:
命令:fillet
当前模式:模式 = 修剪,半径 = 5.000 0
选择第一个对象或 [多段线(P)/半径(R)/修剪(T)]:
选择第二个对象:                                         (修剪出两个圆角)
命令:TR                                                (TRIM)
当前设置:投影=UCS,边=延伸
选择剪切边...                                          (修剪出头的线段)
```
③ 整理及标注图 8-86 中的图形,删除偏移的轴线,修剪构造线,然后进行尺寸标注,标注后的图形如图 8-79 侧面图所示。

用线性标注进行尺寸标注。
```
命令:DLI                                                (DIMLINEAR)
指定第一条延伸线原点或 <选择对象>:
指定第二条延伸线原点:指定尺寸线位置或
[多行文字(M)/文字(T)/角度(A)/水平(H)/垂直(V)/旋转(R)]:   (分别标注各个标注点的尺寸)
或用连续标注命令 DCO(DIMCONTINUE)。
指定第二条延伸线原点或 [放弃(U)/选择(S)] <选择>:         (分别标注各个标注点的尺寸)
```

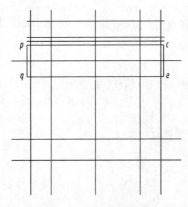

图 8-85　绘制侧面图过程 1

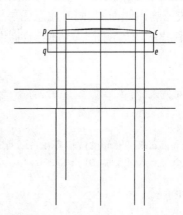

图 8-86　绘制侧面图过程 2

8. 绘制 2—2 断面

① 绘制图 8-87 所示图形,可利用直线命令(LINE)、偏移命令(OFFSET)、多段线命令(PLINE)。

用直线命令任意画出两垂直相交的轴线。
```
命令:L                                    (LINE)
```
偏移出图 8-87 所示的轴网。

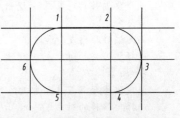

图 8-87　绘制 2—2 断面图过程

```
命令: O                                                          (OFFSET)
指定偏移距离或 [通过(T)] <通过>:
```
依次捕捉各点后画图 8-87 所示的多线。
```
命令: PL                                                         (PLINE)
指定起点:                                                        (捕捉点 1)
当前线宽为 0.000 0
指定下一个点或 [圆弧(A)/半宽(H)/长度(L)/放弃(U)/宽度(W)]:          (捕捉点 2)
指定下一点或 [圆弧(A)/闭合(C)/半宽(H)/长度(L)/放弃(U)/宽度(W)]: a
指定圆弧的端点或 [角度(A)/圆心(CE)/闭合(CL)/方向(D)/半宽(H)/直线(L)/半径(R)/第二个点
(S)/放弃(U)/
宽度(W)]:                                                        (捕捉点 3)
```

② 对图 8-87 所示图形,删除偏移后的轴线及多余的线段,进行填充,标注出各个尺寸,得到 2—2 断面图,如图 8-79 所示。

9. 绘制 1—1 断面

类似于 2—2 断面图画法,绘制出 1—1 断面图。

10. 绘制 A3 图幅及标题栏

启动 MOVE 命令,调整图幅及各视图之间的相互位置,使各视图包含于 A3 图幅之中,整个图面适中分布,匀称协调。

8.7.3 桥台图

桥台图一般包括侧面图、半平面图及半基顶剖面图、半正面图及半背面图,如图 8-88 所示。由于桥台前后对称,所以平面图采用半平面和半基顶剖面的组合图形,常绘制在侧面图下方。由于桥台正面和背面的形状各自对称,因此采用半正面和半背面的组合图形,一般绘制在前面所说的侧面图的右侧位置。

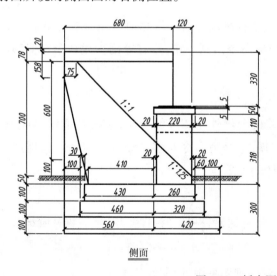
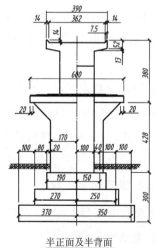

侧面　　　　　　　　　　　　　　半正面及半背面

图 8-88　桥台图

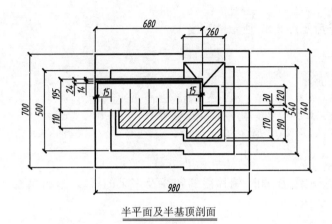

半平面及半基顶剖面

图 8-88　桥台图（续）

绘制图形的主要思路如下：

1. 设置图层及文字样式

首先对图层及文字样式进行设置。

2. 确定视图的对应位置

图形布置主要分三个区域，应初步确定三个视图的对应位置。设置绘图界限，用直线命令绘制三个视图的基准线，然后以基准线为基准使用偏移命令绘制三个视图的轮廓线，轮廓线可长些，对应的两个视图均可使用。

3. 绘制侧面图

首先用查询点坐标命令指定基准点，然后通过键盘输入相对直角坐标方式指定矩形的角点，完成基础图形的绘制。台身也用矩形命令绘制。路、路肩等用直线命令和偏移命令配合完成。

4. 绘制半平面及半基顶剖面

以对称线为基准，用直线命令绘制基础台阶外轮廓线的一半，然后经镜像完成另一半，基础台阶的其余部分可通过偏移命令实现，用修剪命令对多余线进行修剪。其他部分用直线命令绘制后，用偏移命令与修剪命令配合完成。

5. 绘制半正面和半背面

由于外轮廓左右对称，可先绘制一半外轮廓，另一半经镜像实现，然后再补画细节。

6. 绘制或调用图框

将绘制好的图形通过缩放适当比例移动到图框中，调整好位置。

8.8 实例练习

练习一（见图 8-89）

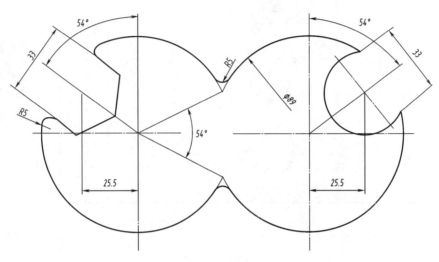

图 8-89 练习一

练习二（见图 8-90）

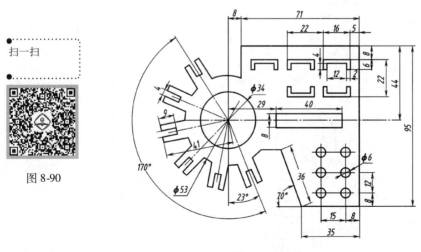

图 8-90 练习二

练习三（见图 8-91）

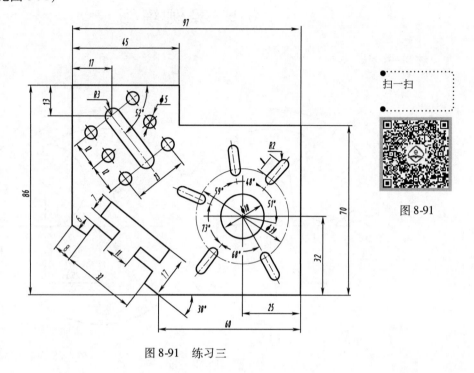

图 8-91　练习三

练习四（见图 8-92）

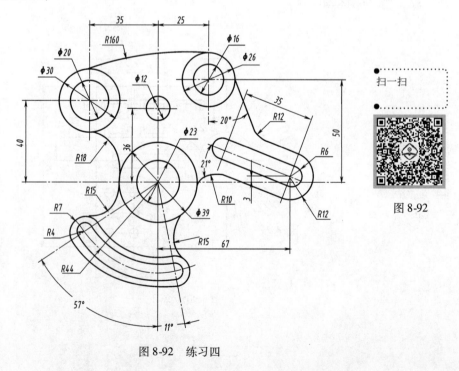

图 8-92　练习四

第9章　参数化设计

参数化特性使 AutoCAD 对象比以往更加智能。对于参数化图形,可以为几何图形添加几何约束和标注约束,也可以通过应用标注约束和指定值来控制二维几何对象或对象上的点之间的距离或角度,还可以通过变量和方程式来约束几何图形,以确保设计符合特定要求。

9.1 参数化设计概述

传统的交互绘图软件系统都用固定的尺寸值定义几何元素,输入的每一条线都有确定的坐标位置。若图形的尺寸有变动,则必须在原图上修改或删除原图重画。而在机械产品中系列化的产品占有相当比重。对系列化的机械产品,其零件的结构形状基本相同,仅尺寸不同,若采用交互绘图,则对系列产品中的每一种产品均需重新绘制,重复绘制的工作量极大。参数化绘图适用于结构形状比较定型,并可以用一组参数来约定尺寸关系的系列化或标准化的图形绘制。参数化图形是一项用于使用约束进行设计的技术,约束是应用于二维几何图形的关联和限制。有两种常用的约束类型:"几何约束"控制对象相对于彼此的关系;"标注约束"控制对象的距离、长度、角度和半径值。将光标移至应用了约束的对象上时,始终会显示蓝色光标。在工程的设计阶段,通过约束,可以在试验各种设计或进行更改时强制执行要求,对对象所做的更改可能会自动调整其他对象,并将更改限制为距离和角度值。利用约束,用户可以通过约束图形中的几何图形来保持设计规范和要求,将多个几何约束应用于对象,在标注约束中包括公式和方程式,通过更改变量值可快速进行设计更改。一般的做法是先在设计中应用几何约束以确定设计的形状,然后应用标注约束以确定对象的大小。

当使用约束时,图形会处于以下三种状态之一:
- 未约束:未将约束应用于任何几何图形。
- 欠约束:将某些约束应用于几何图形。
- 完全约束:将所有相关几何约束和标注约束应用于几何图形。完全约束的一组对象还需要包括至少一个固定约束,以锁定几何图形的位置。

因此,有两种方法可以通过约束进行设计。一种是可以在欠约束图形中进行操作,同时进行更改。方法是:使用编辑命令和夹点的组合,添加或更改约束。另一种是先创建一个图形,并对其进行完全约束,然后以独占方式对设计进行控制,方法是:释放并替换几何约束,更改标注约束中的值。所选的方法取决于设计实践以及全题的要求,防止用户应用任何会导致过约束情况的约束。

9.2 几何约束

几何约束支持在对象或关键点之间建立关联。传统的对象捕捉是暂时性的,而现在,约束被永久保存在对象中,以便能够更加精确地实现设计意图,可指定二维对象或对象上的点之间的几何约束,之后编辑受约束的几何图形时,将保留约束。

9.2.1 设置几何约束

在用 AutoCAD 绘图时,可以控制约束栏的显示,利用"约束设置"对话框可控制约束栏上显示或隐藏的几何约束类型,单独或全局显示几何约束和约束栏,如图 9-1 所示。

可以使用以下方法打开"约束设置"对话框。

- 菜单栏:"参数"→"约束设置"命令。
- 功能区:"参数化"选项卡→"几何"面板→"约束设置,几何"按钮 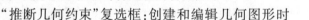。
- 工具栏:"参数化"工具栏中的"约束设置"按钮 。
- 命令行:CSETTINGS。

"约束设置"对话框中的"几何"选项卡控制约束栏上几何约束类型的显示,各选项的含义如下:

"推断几何约束"复选框:创建和编辑几何图形时自动应用几何约束。也可以单击状态栏上的"推断约束"按钮。启用"推断约束"模式会自动在正在创建或编辑的对象与对象捕捉的关联对象或点之间应用约束。不支持下列对象捕捉:交点、外观交点、延伸、象限。无法推断下列约束:固定、平滑、对称、同心、等于、共线。

图 9-1 "几何"选项卡

在"约束栏显示设置"选项组中,控制图形编辑器中是否为对象显示约束栏或约束点标记。例如,可以为水平约束和竖直约束隐藏约束栏的显示。

- "全部选择"按钮:显示全部几何约束的类型。
- "全部清除"按钮:清除(全部)选定的几何约束类型。
- "仅为处于当前平面中的对象显示约束栏"复选框:仅为当前平面上受几何约束的对象显示约束栏。
- "约束栏透明度":设置图形中约束栏的透明度。
- "将约束应用于选定对象后显示约束栏"复选框:手动应用约束后或使用 AUTOCONSTRAIN 命令时显示相关约束栏。
- "选定对象时显示约束栏"复选框:临时显示选定对象的约束栏。

9.2.2 创建几何约束

1. 利用"几何约束"命令创建几何约束

利用几何约束工具,可以指定草图对象必须遵守的条件,或是草图对象之间必须维持的关系。可以通过以下方法启动创建(添加)几何约束的命令。

- 菜单栏:"参数"→"几何约束"命令。
- 功能区:"参数化"选项卡→"几何"面板→"几何约束"各按钮,如图 9-2 所示。
- 工具栏:"几何约束"工具栏中的"几何约束"各按钮,如图 9-3 所示。

图 9-2 "几何"面板

图 9-3 "几何约束"工具栏

- 命令行:GEOMCONSTRAINT。

其主要几何约束类型如下:

- "重合"按钮 :约束两个点使其重合,或者约束一个点使其位于曲线(或曲线的延长线)上。选择对象上不同的两个点,分别作为第一个和第二个点,使第二个点与第一个点重合。
- "垂直"按钮 :使选定的直线位于彼此垂直的位置。选择要置为垂直的两个对象,第二个对象将被设为与第一个对象垂直。
- "平行"按钮 :使选定的直线彼此平行。选择要置为平行的两个对象,第二个对象将被设为与第一个对象平行。
- "相切"按钮 :将两条曲线约束为保持彼此相切或其延长线保持彼此相切。选择要相切的两个对象,第二个对象与第一个对象保持相切于一点。
- "水平"按钮 :使直线或点对位于与当前坐标系的 X 轴平行的位置。选择两个约束点而非一个对象,对象上的第二个选定点将设置为与第一个选定点水平。
- "竖直"按钮 :使直线或点对位于与当前坐标系的 Y 轴平行的位置。可以选择同一对象或两个独立对象上的不同约束点。
- "共线"按钮 :使两条或多条直线段沿同一直线方向。选择第一个和第二个对象,将第二个对象与第一个对象共线。
- "同心"按钮 :将两个圆弧、圆或椭圆约束到同一个中心点。选择第一个和第二个圆弧或圆对象,第二个圆弧或圆对象将会移动,与第一个对象具有同一个圆心。
- "平滑"按钮 :将样条曲线约束为连续,并与其他样条曲线、直线、圆弧或多段线保持 GZ 连续性。选定的第一个对象必须为样条曲线,应用了平滑约束的曲线的端点将设为重合。
- "对称"按钮 :使选定对象受对称约束,相对于选定直线对称。选择第一个和第二个对象,以及作为对称轴的直线,选定对象将关于对称轴直线对称约束。

- "相等"按钮:约束两条直线或多段线线段使其具有相同长度,或约束圆弧和圆使其具有相同半径值。选择第一个和第二个对象,第二个对象将置为与第一个对象相等。
- "固定"按钮:约束一个点或一条曲线,使其固定在相对于世界坐标系的特定位置。和方向上。选择对象上的点,对其应用固定约束将锁定节点。

总之,添加约束时只需选择一个几何约束工具(如"平行"),然后选择两个希望保持约束关系的对象。选择的第一个对象非常重要,因为第二个对象将根据第一个对象的位置进行平行调整,所有的几何约束都遵循这个规则。

2. 利用"自动约束"命令创建几何约束

利用 AUTOCONSTRAIN 命令,或单击"几何"面板中的"自动约束"按钮,选定一组之前绘制的对象后,AutoCAD 将自动根据需求对其进行约束,即根据对象相对于彼此的方向将几何约束应用于对象的选择集。

使用"约束设置"对话框中的"自动约束"选项卡(见图9-4),可在指定的公差集内将几何约束应用至几何图形的选择集,在此对话框中,可以更改应用的约束类型、应用约束的顺序以及适用的公差。

图9-4 "自动约束"选项卡

9.2.3 显示和验证几何约束

1. 控制几何约束的显示

几何约束的显示可以从视觉上确定与任意几何约束关联的对象,也可以确定与任意对象关联的约束。

约束栏(对象上的几何图标)提供了有关如何约束对象的信息,约束栏显示一个或多个图标,这些图标表示已应用于对象的几何约束,如图 9-5 所示。

图9-5 约束栏

将光标置于约束栏的图标上可亮显相关几何图形。将光标置于受约束对象上(在约束栏处于显示状态时)可亮显与选定对象关联的约束图标。

可以将这些约束栏拖动到屏幕的任意位置,还可以控制约束栏是处于显示还是隐藏状态。即通过"几何"面板中的"显示/隐藏"按钮、"全部显示"按钮和"全部隐藏"按钮的功能可单独或全局显示/隐藏几何约束和约束栏。

CONSTRAINTBARMODE 系统变量可控制约束栏处于显示状态时约束栏上几何约束的显示。

使用"约束设置"对话框可控制约束栏上显示或隐藏的几何约束类型。可以将约束栏设置为当选定约束几何图形时自动暂时显示,当不再选定几何图形时,暂时显示的约束栏将隐藏。对设计进行分析并希望过滤几何约束的显示时,隐藏几何约束会非常有用。例如,用户可以选择仅显示平行约束图标,也可以选择只显示垂直约束的图标。为减少混乱,重合约束应默认显示为蓝色小正方形。如果需要,可以使用"约束设置"对话框中的某个选项将其关闭。

总之,单独或全局显示/隐藏几何约束和约束栏,可执行以下任意操作:
- 显示(或隐藏)所有几何约束。
- 显示(或隐藏)指定类型的几何约束。
- 显示(或隐藏)所有与选定对象相关的几何约束。
- 暂时显示选定对象的几何约束。

2. 验证几何约束

可通过两种方式确认几何约束与对象的关联:
① 在约束栏上滚动浏览约束图标时,将亮显与该几何约束关联的对象,如图9-6所示。
② 将光标悬停在已应用几何约束的对象上时,会亮显与该对象关联的所有约束栏,如图9-7所示。这些亮显特征简化了约束的使用,尤其是当图形中应用了多个约束时,此时,在某一几何约束类型上右击,则可在弹出的快捷菜单中进行相应的操作,如图9-8所示。

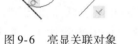
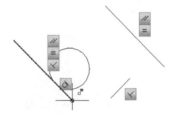
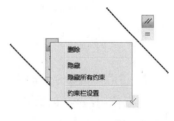

图9-6　亮显关联对象　　　图9-7　亮显对象所有约束栏　　　图9-8　几何约束右键快捷菜单

3. 删除或释放约束

需要对设计进行更改时,有两种方法可取消约束效果:
① 单独删除约束,过后应用新约束。将光标悬停在几何约束图标上时,可以使用【Delete】键或快捷菜单命令删除该约束。
② 临时释放选定对象上的约束以进行更改。已选定夹点或在执行编辑命令期间指定选项时,按【Shift】键以交替使用释放约束和保留约束。

进行编辑期间不保留已释放的约束,编辑过程完成后,约束会自动恢复(如果可能)。不再有效的约束将被删除。注意:DELCONSTRANT命令(单击"管理"面板中的"删除约束"按钮)可删除选定对象上的所有几何约束和标注约束,删除的约束数将显示在命令行中。

9.2.4　修改几何约束的对象

几何约束用来确定几何对象之间或对象上的每个点之间的关系,可以从视觉上确定与任意几何约束关联的对象,也可以确定与任意对象关联的约束。可以通过以下方法编辑受几何约束的对象:使用夹点、编辑命令,或释放或应用几何约束。根据定义,应用于几何对象的几何约束会限制在这些对象上执行的编辑操作。

1. 使用夹点修改受约束对象

可以使用夹点编辑模式修改受约束的几何图形,几何图形会保留应用的所有约束,要释放约束,按【Shift】键即可。

例如,如果某条直线对象被约束为与某个圆相切,用户可以旋转该直线,并可以更改其长度和端点(圆已应用了半径约束),但是,该直线或其延长线会保持与该圆相切,如图9-9所示。如果不是圆而是圆弧,则该直线或其延长线会保持与该圆弧或其延长线相切。修改欠约束对象最终产生的结果取决于已应用的约束以及涉及的对象类型。例如,如果尚未应用半径约束,则会修改圆的半径,而不修改直线的切点,如图9-10所示。

CONSTRAINTSOLVEMODE 系统变量(默认值为1)确定对象在应用约束或使用夹点对其进行编辑时的行为方式。设为 0 时,应用或修改约束时不保持几何图形的大小,调整受约束线的大小可能会导致不可预料的行为;设为 1 时,应用或修改约束时保持几何图形的大小。经验表明,通过应用其他几何约束或标注约束,如重合约束和固定约束,可以限制意外更改。

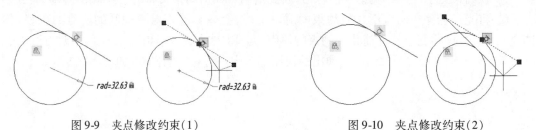

图 9-9　夹点修改约束(1)　　　　图 9-10　夹点修改约束(2)

2. 使用编辑命令修改受约束对象

可以使用命令(如移动、复制、旋转、缩放和拉伸)修改受约束的几何图形,同时保持应用于对象的约束。在某些情况下,类似修剪、延伸、打断和合并的命令可以删除约束。默认情况下,如果编辑命令导致复制受约束对象,则也会复制应用于原始对象的约束。此行为由 PARAMETERCOPYMODE 系统变量控制。

9.3　标 注 约 束

标注约束控制设计的大小和比例,它们可以约束以下内容:对象之间或对象上的点之间的距离;对象之间或对象上的点之间的角度,圆弧或圆的大小。如果更改标注约束的值,会计算对象上的所有约束,并自动更新受影响的对象。此外,可以向多段线中的线段添加约束,就像这些线段为独立的对象一样。标注约束中显示的小数位数由 LUPREC 和 AUPREC 系统变量控制。

9.3.1　设置标注约束

图 9-11 所示为"约束设置"对话框中的"标注"选项卡,控制约束栏上的标注约束设置,各选项的含义如下:

在"标注约束格式"选项组中,设置标注名称格式和锁定图标的显示。

- "标注名称格式"下拉列表框:为应用标注约束时显示的文字指定格式。可将名称格

图 9-11　"标注"选项卡

式设置为显示名称、值或名称和表达式。
- "为注释性约束显示锁定图标"复选框:针对已应用注释性约束的对象显示锁定图标（DIMCONSTRAINTICON 系统变量）。
- "为选定对象显示隐藏的动态约束"复选框:显示选定时已设置为隐藏的动态约束。

9.3.2 创建标注约束

标注约束会使几何对象之间或对象上的点之间保持指定的距离和角度,可以通过以下方法启动创建(添加)标注约束的命令:
- 菜单栏:"参数"→"标注约束"命令。
- 功能区:"参数化"选项卡→"标注"面板各按钮,如图 9-12 所示。
- 工具栏:"标注约束"工具栏中的各按钮,如图 9-13 所示。

图 9-12　"标注"面板

图 9-13　"标注约束"工具栏

- 命令行:DIMCONSTRAINT。

其主要标注约束类型如下:
- "水平"约束:约束对象上的点或不同对象上两个点之间的 x 距离。
- "竖直"约束:约束对象上的点或不同对象上两个点之间的 y 距离。
- "线性"约束:根据尺寸界线原点和尺寸线的位置创建水平、垂直或旋转约束。选定直线或圆弧后,对象的端点之间的水平或垂直距离将受到约束。
- "对齐"约束:约束不同对象上两个点之间的距离。
- "半径"约束:约束圆或圆弧的半径。
- "直径"约束:约束圆或圆弧的直径。
- "角度"约束:约束直线段或多段线段之间的角度、由圆弧或多段线圆弧扫掠得到的角度,或对象上三个点之间的角度。
- "转换":将关联标注转换为标注约束。

下面通过一个具体的示例,介绍参数化绘图中各类约束的创建方法和过程。
① 建立新文件,设立相应图层。
② 调用直线命令,绘制中心线,如图 9-14 所示。
③ 调用直线、圆命令,绘制图 9-15 所示的草图。

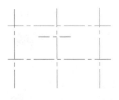

图 9-14　绘制中心线

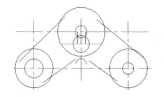

图 9-15　绘制草图

④ 单击"几何"面板中的"自动约束"按钮,对图形进行自动约束操作,如图 9-16 所示。
⑤ 单击"几何"面板中的"相切"按钮,对图形中的相关圆进行相切约束,如图 9-17 所示。

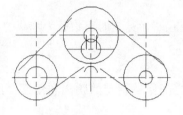

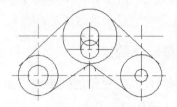

图 9-16　自动约束　　　　　　　　图 9-17　相切约束

⑥ 单击"几何"面板中的"相等"按钮,对图形进行相等约束,如图 9-18 所示。
⑦ 单击"几何"面板中的"对称"按钮,对图形进行对称约束,如图 9-19 所示。

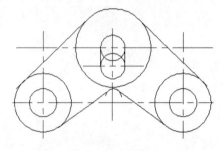

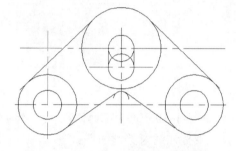

图 9-18　相等约束　　　　　　　　图 9-19　对称约束

⑧ 单击"标注"面板中的"直径"按钮,对图形中的圆和圆弧进行直径约束,并修改直径值,单击"线性"按钮,对图形中的定位尺寸进行约束,如图 9-20 所示。
⑨ 单击"角度"按钮,对图形中的角度进行约束,必要时,删除自动约束时的过约束,如图 9-21 所示。

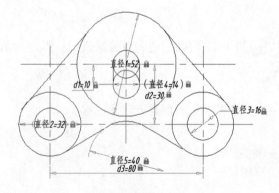

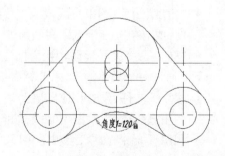

图 9-20　标注约束　　　　　　　　图 9-21　角度约束

⑩ 隐藏所有几何约束和动态标注约束,利用"延伸""修剪""拉长"等命令对图形进行编辑修改,结果如图 9-22 和图 9-23 所示。

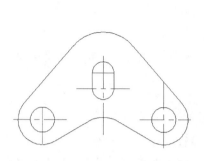
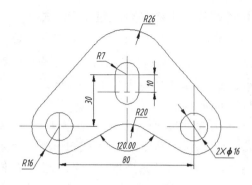

图 9-22　编辑修改　　　　　　图 9-23　完成图形

9.3.3　控制标注约束的显示

将标注约束应用于对象时,会自动创建一个约束变量,以保留约束值。默认情况下,这些名称为指定的名称,例如 d1 或 dia1,但是,用户可以在"参数化"面板的"参数管理器"中对其进行重命名,如图 9-24 所示。

标注约束可以创建为以下形式之一:动态约束和注释性约束。

上述两种形式用途不同。此外,可以将所有动态约束或注释性约束转换为参照参数。默认情况下,标

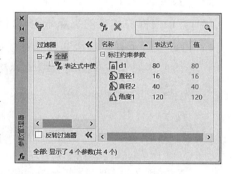

图 9-24　参数管理器

注约束是动态的。它们对于常规参数化图形和设计任务来说非常理想。如果需要控制动态约束的标注样式,或者需要打印标注约束时,请使用特性选项板将动态约束更改为注释性约束。打印后,可以使用特性选项板将注释性约束转换回动态约束。

1. 显示或隐藏动态约束

希望只使用几何约束时,或者需要在图形中继续执行其他操作时,可以隐藏所有动态约束,以减少混乱。可通过功能区"标注"面板中的"显示/隐藏"按钮、"全部显示"按钮和"全部隐藏"按钮显示或隐藏与对象选择集关联的动态约束,或使用 DCDISPLAY 命令打开动态约束的显示(如果需要)。默认情况下,如果选择与隐藏的动态约束关联的对象,则会暂时显示与该对象关联的所有动态约束。可以为所有对象或一个选择集显示或隐藏动态约束。

2. 显示或隐藏注释性约束

可以控制注释性约束的显示,方法与控制标注对象的显示相同,即将注释性约束指定给图层,并根据需要打开或关闭该图层。还可以为注释性约束指定对象特性,例如标注样式、颜色和线框。

9.3.4　修改标注约束的对象

可以通过以下方法控制对象的长度、距离和角度,更改约束值,使用夹点操作标注约束,或更改与标注约束关联的用户变量或表达式。

1. 编辑标注约束的名称、值和表达式

可以通过在位编辑来编辑与标注约束关联的名称、值和表达式。

① 双击标注约束，以显示在位文字编辑器，输入新的名称或表达式（名称 = 值），按【Enter】键或在绘图区域中单击以确认更改。或选择标注约束，然后使用右键快捷菜单或 TEXTEDIT 命令。

② 打开特性选项板并选择标注约束。

③ 打开参数管理器，从列表或图形中选择标注约束。

④ 将"快捷特性"选项板自定义为显示多种约束特性。

可通过在位编辑操作期间选择其他标注约束来参照这些约束。注意：无法编辑参照参数的"表达式"特性和"值"特性。

2. 使用标注约束的夹点修改标注约束

可以通过选择对象或通过选择约束来使用夹点编辑标注约束的对象。

（1）使用对象本身的夹点编辑标注约束的对象

① 选择标注约束的对象。

② 单击其中一个夹点。

③ 按【Shift】键可暂时释放标注约束。

④ 使用夹点继续编辑操作。

（2）使用关联标注约束上的三角形夹点或正方形夹点修改受约束对象

① 选择标注约束。

② 单击其中一个夹点。

标注约束上的三角形夹点提供了更改约束值同时保持约束的方法。例如，可以使用对齐的标注约束上的三角形夹点更改对角线的长度，对角线保持其角度和其中一个端点的位置变动。标注约束上的正方形夹点提供了更改文字及其他元素位置的方法。

③ 按【Esc】键取消选择。

9.4 通过公式和方程式约束设计

可以使用包含标注约束的名称、用户变量和函数的数学表达式控制几何图形，在标注约束内或通过定义用户变量将公式和方程式表示为表达式。

1. 使用参数管理器

图 9-25 所示为"参数管理器"，列出了标注约束参数、参照参数和用户变量，也可以对其进行创建、编辑和组织。参数管理器支持以下操作：

- 单击标注约束参数的名称以亮显图形中的约束。
- 双击名称或表达式以进行编辑。
- 右击并在弹出的快捷菜单中选择"删除"命令以删除标注约束参数或用户变量。
- 单击列标题以按名称、表达式或值对参数的列表进行排序。

图 9-26 所示为将圆约束到矩形中心的设计,圆中某个区域与该矩形的某个区域面积相等。长度和宽度标注约束参数设置为常量。d1 和 d2 约束为参照长度和宽度的简单表达式。半径标注约束参数设置为包含平方根函数的表达式,用括号括起以确定操作的优先级顺序、用户变量 Area、除法运算符以及常量 PI。这些参数都可以在参数管理器中访问。

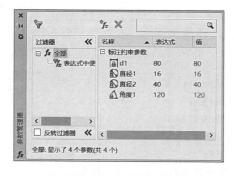

图 9-25　参数管理器

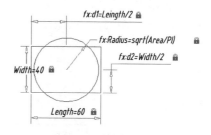

图 9-26　标注约束

如上所述,用于确定圆的面积的方程式,有一部分包括在半径标注约束参数中,一部分定义为用户变量。或者,可能已将整个表达式 sqrt(Length * Width/PI) 指定给半径标注约束参数,也可能已在用户变量或某些其他组合中进行定义。

当一个"动态标注约束"参照一个或多个参数时,系统会将"fx:"前缀添加到该约束的名称中。此前缀仅显示在图形中。其作用是当"标注名称格式"设置为"值"或"名称"时,可避免意外覆盖参数和公式,因为该前缀可以抑制参数和公式的显示。

标注约束参数和用户变量支持在表达式内使用表 9-1 中的运算符。

表 9-1　标注约束参数和用户变量支持的运算符

运算符	说明	运算符	说明
+	加	/	除
−	减或取负值	^	求幂
%	浮点模数	( )	圆括号或表达式分隔符
*	乘	.	小数分隔符

2. 明确表达式中的优先级顺序

表达式是根据以下标准数学优先级规则计算的:
① 括号中的表达式优先,最内层括号优先。
② 运算符标准顺序为:①取负值;②指数;③乘除;④加减。
③ 优先级相同的运算符从左至右计算。

3. 表达式中支持的函数

表达式中可以使用表 9-2 中的函数。

表 9-2 表达式中支持的函数

函　数	语　法	函　数	语　法
余弦	cos(表达式)	舍入到最接近的整数	round(表达式)
正弦	sin(表达式)	截取小数	trunc(表达式)
正切	tan(表达式)	下舍入	floor(表达式)
反余弦	acos(表达式)	上舍入	ceil(表达式)
反正弦	asin(表达式)	绝对值	abs(表达式)
反正切	atan(表达式)	阵列中的最大元素	max(表达式1;表达式2)
双曲余弦	cosh(表达式)	阵列中的最小元素	min(表达式1;表达式2)
双曲正弦	sinh(表达式)	将度转换为弧度	d2r(表达式)
双曲正切	tanh(表达式)	将弧度转换为度	r2d(表达式)
反双曲余弦	acosh(表达式)	对数,基数为 e	ln(表达式)
反双曲正弦	asinh(表达式)	对数,基数为 10	log(表达式)
反双曲正切	atanh(表达式)	指数函数,底数为 a	exp(表达式)
平方根	sqrt(表达式)	幂函数	pow(表达式1;表达式2)
符号函数(-1,0,1)	sign(表达式)	随机小数,0~1	随机

除上述函数外,表达式中还可以使用常量 PI 和 e。

9.5　实例练习

练习一(见图 9-27)

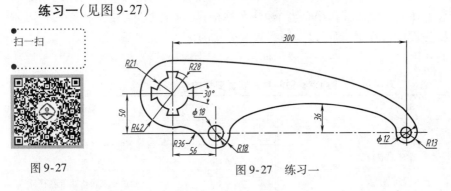

扫一扫

图 9-27

图 9-27　练习一

练习二(见图 9-28)

扫一扫

图 9-28

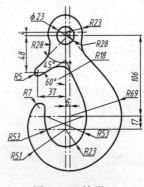

图 9-28　练习二

练习三(见图 9-29)

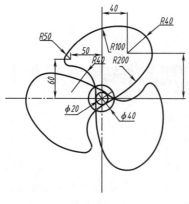

图 9-29

图 9-29 练习三

第 10 章　绘制与编辑等轴测图与三维图形

在工程设计中虽然可以用二维的图纸来表示三维实体,但采用二维绘图来表示三维设计对象存在着很多不便。如设计师必须将自己脑中筹划出的产品用二维的绘图方法将其表现在图纸上,而其他人员则必须通过设计师的二维图纸的表达在其心目中勾画出真正的产品图像,而且有时二维绘图难以表示三维的设计对象。因此,掌握三维图形的绘制方法是非常必要且符合实际需要的。Autodesk 公司从 R14 版开始增加了三维实体构造功能,随着版本的不断更新,其实体构造和显示的功能得到了进一步增强。

10.1　等轴测图的绘制

等轴测图是一种在二维空间里描述三维物体的最简单的方法,它能以人们比较习惯的方式,直观清晰地反映产品的形状和特征,帮助用户和设计人员理解产品的设计。等轴测图由于其绘制方便等优点,在工程制图中得到了广泛应用。

10.1.1　等轴测图基础

正投影图的观察方向总是与空间坐标系的某一根轴平行,而等轴测图的观察方向则与三个坐标轴的夹角相等或互补,如图 10-1 所示。

在绘制等轴测图时,常忽略坐标轴的方向,用三个等轴测图建立图 10-2 所示的参照系。左边的斜线称为左水平轴,中间的线为立轴,右边的斜线为右水平轴。在等轴测图中与等轴测图的构成平面平行的平面称为等轴测平面(ISOPLANE)。图 10-3 分别显示出了左等轴测平面、上等轴测平面和右等轴测平面。

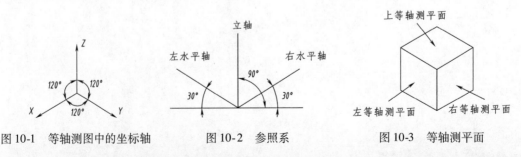

图 10-1　等轴测图中的坐标轴　　图 10-2　参照系　　图 10-3　等轴测平面

与等轴测平行的直线称为等轴测直线。在等轴测图中,等轴测直线投影后的边长约为实际边长的 81%。但是,为了作图方便,实际上通常使投影后的边长与实际边长相等。由于三个方向的等轴测线投影后的比例一致,所以这样的简化处理只会使图形显得大一些,而不会影响图形的形状。作等轴测图的目的是帮助用户理解物体的形状,并不是为了描述物体的确切尺寸,因此这样的简化处理是可以的。

10.1.2 设置等轴测绘图环境

AutoCAD 可以设置专门用于绘制等轴测图的绘图环境,以提高绘制等轴测图的效率。所谓的等轴测绘图环境,即将对象捕捉(SNAP)、栅格(GRID)、正交模式(ORTHO)和十字光标作图辅助工具都设置成专用于绘制等轴测图的模式。

操作步骤如下:

命令:SNAP
指定捕捉间距或[开(ON)/关(OFF)/纵横向间距(A)/样式(S)/类型(T)<10.000>]:S
输入捕捉栅格类型[标准(S)/等轴测(I)]:I
指定垂直间距 <10.000 0>:

通过以上设置即进入了等轴测绘图环境。

图 10-4 显示的是左等轴测平面,用于绘制等轴测图中与左等轴测平面平行的图形。当需要绘制与上等轴测平面或右等轴测平面平行的图形时,可用 ISOPLANE 命令将十字光标和栅格切换至上面或右面,如图 10-5 和图 10-6 所示。

图 10-4 左等轴测平面　　图 10-5 上等轴测平面　　图 10-6 右等轴测平面

操作步骤如下:

命令:ISOPLANE
当前等轴测平面:左
输入等轴测平面设置[左(L)/上(T)/右(R)]<上>:

另外,也可通过"草图设置"对话框完成以上设置,如图 10-7 所示。

进入等轴测图作图模式后,还可以按【F5】键或按【Ctrl+E】组合键在三个等轴测平面之间快速切换。

10.1.3 等轴测图的绘制

等轴测图实际上是一种平面图形的三维效果。在等轴测模式下,很多图形对象都有其独特的绘制规则,以产生等轴测的视觉变化效果。下面介绍几种典型的等轴测图的绘制方法。

图 10-7 "草图设置"对话框

1. 等轴测模式下椭圆的绘制

在等轴测图中,若位于三维模型的等轴测平面上的圆显示为长径与短径之比为 1.732 的椭圆,则称为等轴测椭圆。图 10-8 所示为三个等轴测平面上等轴测椭圆的正确形状。在等轴测图中所有的椭圆都是等轴测椭圆。

操作步骤如下:

```
命令:Ellipse
指定椭圆轴的端点或[圆弧(A)/中心点(C)/等轴测圆(I)]:I
```

> **注 意**
>
> 只有在等轴测模式下才会出现"等轴测圆(I)"选项。用 ELLIPSE 命令绘制的等轴测椭圆和它所在的等轴测平面对应。例如,当前 ISOPLANE 为 TOP,则绘制出来也应该是顶面等轴测椭圆。图 10-9 中把左等轴测椭圆绘制在上等轴测平面上,这是一个明显的错误例子。

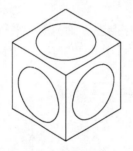
图 10-8 等轴测椭圆的正确形状

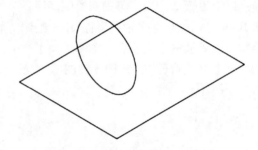
图 10-9 等轴测椭圆的错误例子

2. 等轴测模式下角度的绘制

等轴测模式下角度的绘制比较麻烦,需要掌握一定的技巧。一般的思路是根据角度计算出距离,然后绘制辅助线或用 MEASURE 命令确定交点,最后进行连线,擦除辅助线并修剪多余的边。

例如,图 10-10 中有一个 30° 的夹角,在该物体的等轴测图中,由于投影变形的缘故,该角度已不再是 30°。要在等轴测图中准确地画出该角度,可选用

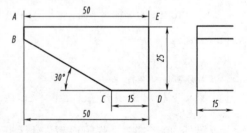
图 10-10 绘制角度例图

DIST 命令测量出图 10-10 中线段 AB 的长度为 9.792 7,然后按照图 10-11 所示的步骤,先根据长度尺寸画出物体的轮廓线,然后用 COPY 命令将图中线段 AE 向下复制 9.792 7 个单位,线段 DE 向 150° 方向复制 15 个单位,作辅助线的点 B、C,最后连线,删除或修剪多余的线段,即可正确绘制出该 30° 夹角。

3. 等轴测模式下尺寸的标注

为了反映零件的大小,常常需要在等轴测图上标记重要的轮廓尺寸。在等轴测图中可用 DIMALIGNED 命令标注,然后用 DIMEDIT 命令旋转尺寸引线,使之与物体上相应的轮廓线对齐。以图 10-12 中长为 50 的尺寸为例。

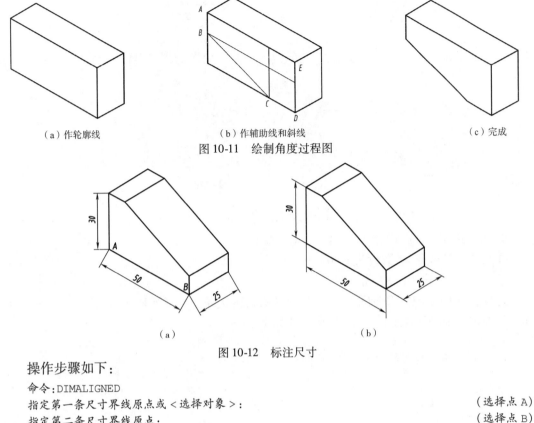

图 10-11　绘制角度过程图

图 10-12　标注尺寸

操作步骤如下：

命令:DIMALIGNED
指定第一条尺寸界线原点或<选择对象>:　　　　　　　　　　　　　　　　　　　　　　（选择点A）
指定第二条尺寸界线原点:　　　　　　　　　　　　　　　　　　　　　　　　　　　　　（选择点B）
指定尺寸线位置或[多行文字(M)/文字(T)/角度(A)]:　　　　　　　　　　（选一点以确定标注线的位置）
标注文字=50

接下来旋转尺寸界线的位置。

命令:DIMEDIT
输入标注编辑类型[默认(H)/新建(N)/旋转(R)/倾斜(O)]<默认>:O
选择对象:　　　　　　　　　　　　　　　　　　　　　　　　　　　　　　（选择刚才标注的尺寸）
输入倾斜角度:270　　　　　　　　　　　　　　　　　　　　　　　　　　（按【Enter】键表示无）

> **注意**
> 最后输入的角度值是尺寸界线的绝对角度，而不是相对旋转角度。读者可试着标注其他尺寸，这里不再赘述。

4. 等轴测模式下文字的标注

与等轴测模式下的尺寸标注相似，等轴测模式下文字的标注也是倾斜的。图 10-13 所示为三个等轴测平面上文字的标注情况，标注前首先需要定义专门标注等轴测图的字体样式，现以定义一个标注在等轴测平面的字体样式为例，说明其操作方法。

图 10-13　文字标注

操作步骤如下：

① 选择"格式"→"字体样式"命令，弹出"文字样式"对话框，如图 10-14 所示。

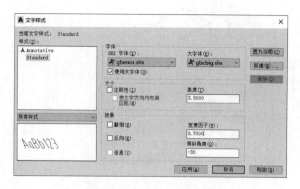

图 10-14 "文字样式"对话框

② 单击"新建"按钮并输入新的字形式样名称 Left。
③ 在"字体"下拉列表框中选择 gbenor.shx。
④ 把"倾斜角度"参数设为 -30。
⑤ 单击"应用"按钮,关闭此对话框。

这样,专用于标注左等轴测平面的字形样式就建立好了。接下来利用刚建立的 Left 字形样式标注左等轴测平面上的文字,操作步骤如下:

命令:TEXT
当前文字样式:Left 当前文字高度:3.500 0
指定文字的起点或[对正(J)/样式(S)]:　　　　　(在屏幕上选择一点确定文字的位置)
指定高度<3.500 0>:　　　　　　　　　　　　　(输入字高或按【Enter】键接受默认值)
指定文字的旋转角度<0>:-30
输入文字:　　　　　　　　　　　　　　　　　　(输入文字,按【Enter】键结束)
输入文字:　　　　　　　　　　　　　　　　　　(再次按【Enter】键结束 TEXT 命令)

类似地还可以定义上等轴测平面和右等轴测平面的字形样式,用于标注上等轴测平面和右等轴测平面。

10.2 三维模型的创建

10.2.1 三维建模基础

1. 三维模型在空间的摆放和投射

着手建立物体的三维模型之前,首先要考虑怎样在 AutoCAD 的三维空间中摆放模型。AutoCAD 允许用户在三维空间中任意放置三维模型,但是为了建模的方便以及使所建立的模型易于理解,通常要考虑物体的特征,以使物体的俯视图投射到世界坐标系(WCS)的 xy 平面,侧视图投射到 zx 平面。

三维模型相对于 WCS 的位置也是很重要的。为了建模方便,一般把模型摆放在 WCS 的原点,建模完成后再把它移动到适当的位置或做成图块插入适当的位置。这样不仅便于尺寸的确定,也便于充分利用系统内定的几个用户坐标系(UCS),减少自定义坐标系的数目。

2. 视点

视点用来确定观察三维对象的方向。对于同一个三维对象,视点不同,观察到的效果也不同。

AutoCAD 主要提供以下几种方式确定视点。

(1) 用 VPOINT 命令设置视点

操作步骤如下:

命令:vpoint

指定视点或[旋转(R)]<显示坐标球和三轴架>:

命令说明如下:

- 指定视点:指定一点为视点方向,即用输入的 x、y、z 坐标创建一个矢量,该矢量定义了观察视图的方向。确定视点后,视图被定义为观察者从空间向原点(0,0,0)方向观察,即从由输入坐标确定的点与原点(0,0,0)之间的连线方向观察得到视图效果。
- 旋转(R):根据角度确定视点。
- <显示坐标球和三轴架>:位于屏幕右上角的坐标球是一个以三维形式显示的球,它的中心点是北极(0,0,n)(n 是任意的数字),内环是赤道(n,n,0),整个外环是南极(0,0,-n)。坐标球上有一个小十字光标,可通过定点设置将此十字光标移动到球体的任意位置。当光标位于内环之内时,相当于视点在球体的上半球体;光标位于内环与外环之间,表示视点在球体的下半球体。随着光标的移动,三轴架也随之变化,即视点位置在发生变化。确定视点位置后按【Enter】键,AutoCAD 按该视点显示对象。

(2) 设置 UCS 平面视图

操作步骤如下:

命令:plan

输入选项[当前 UCS(C)/UCS(U)/世界(W)]<当前 UCS>:

该命令可使用户以平面视图的方式观察图形,即以视点(0,0,n)(n 是任意的数字)观察图形。用户选择的平面视图可以基于当前 UCS、以前保存的 UCS 或 WCS。

一般来说,用户设置了一个新的 UCS 后就要在上面绘图,而绘图的时候往往要切换到该 UCS 的平面视图。通常情况下,此过程需要 PLAN 命令完成。

(3) 利用菜单获得正交视图或等轴测视图

AutoCAD 系统内部定义了 10 个标准视图,包括 6 个正交视图和 4 个等轴测视图。而这些视图也是在三维作图时最常用的,可以通过菜单进行操作,如图 10-15 所示。

3. 世界坐标系(WCS)与用户坐标系(UCS)

图 10-15 标准视图

AutoCAD 的坐标系分为世界坐标系(WCS)和用户坐标系(UCS)两种。绘制二维图形主要用世界坐标系,绘制三维图形主要用用户坐标系。另外,平面作图时,通常只使用世界坐标系,很少有进行坐标系变换的必要。对于三维设计建模,坐标系变换则是必须掌握的基本技能,这也是学习 AutoCAD 三维设计的难点之一。

在默认情况下,用户作图时总是以当前坐标系(WCS 或 UCS)的 xy 平面作为构造平面,很多作图辅助功能,如图形界限(LIMITS)、对象捕捉(SNAP)、正交(ORTHO)等,也只有在当前坐标系的 xy 平面内才有效。因此除非特殊说明,一般所说的 UCS 就是指它的 xy 平面。例如,通常所说在某平面上建立 UCS,指的就是建立一个 xy 平面与该平面重合的 UCS。

在作图过程中,当用户用鼠标在屏幕上操作时,除非应用 OSNAP 功能捕捉三维点或使用 ELEV 命令设置了构造平面的高度,否则所选的点也总是在 xy 平面上。

另外,有些绘图命令(如 LINE 命令)虽然不限于构造平面,但为了便于尺寸的度量以及充分利用 AutoCAD 的作图辅助功能,也要建立 UCS。一旦定义了 UCS,点坐标的输入以及大多数绘图和编辑命令都相对于 UCS 进行。

总之,用户要在三维空间的哪个平面上画图,就应该在哪个水平面上建立 UCS。

> **提示**
> 构造平面是绘制图形时的参考面,所有的平面图形都是绘制在构造平面上的。默认情况下,构造平面与当前坐标系的 xy 平面重合。

AutoCAD 自动设置的坐标系就是世界坐标系,又称绝对坐标系,在该坐标系中,横向为 x 轴,纵向为 y 轴,z 轴的方向由屏幕指向操作者,坐标原点在屏幕左下角。三个坐标轴之间的相对关系可由右手法则确定:将拇指和食指成直角张开,中指向手心方向翘起,将拇指和食指分别与坐标轴的 x 轴和 y 轴对齐,则中指所指的方向就是 z 轴的方向。另外,右手法则还可用来确定 AutoCAD 对象或坐标系绕坐标轴旋转角度的正负,即翘起拇指,握紧其余四指,将拇指的方向对准旋转坐标轴的正方向,则其余四指的方向就是旋转的正方向。

由于世界坐标系是唯一的、固定不变的,所以绘制三维图形极不方便。例如,要在图 10-16 所示的 BCGF 面内画一个圆,如果在世界坐标系内操作,就非常烦琐,因为该圆在世界坐标系中的形状是一个椭圆。

用户坐标系的坐标原点可以放在任何位置,坐标轴可以倾斜任意角度。这样,在图 10-16 所示的 BCGF 面内画一个圆,只要建立图 10-17 所示的用户坐标系,就可以直接调用画圆命令,画出该圆。

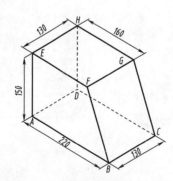 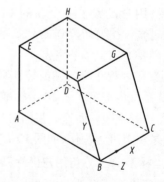

图 10-16 世界坐标系中的 BCGF 平面　　图 10-17 用户坐标系中的 BCGF 平面

绘制三维图形时,建立用户坐标系,还有以下两个原因:

① 绝大多数二维绘图命令,仅在 xy 面内或在与 xy 面平行的面内有效(也有少数命令不受此限制,如中点捕捉、端点捕捉、延长和延伸等)。

② 便于将尺寸转换为坐标值。例如,建立图 10-18 所示的用户坐标系后,矩形 EFGH 的边长就是点 G 的坐标值。

10.2.2 三维绘图基础实例

1. 建立和变换用户坐标系

绘制图10-18所示的长方体,操作步骤如下:

① 创建UCS。输入不同的选项,用户可以新建、移动或使用系统提供的坐标系。

命令:ucs
输入选项[新建(N)/移动(M)/正交(G)/上一个(P)/恢复(R)/保存(S)/删除(D)/应用(A)/?/世界(W)]<世界>:

② 改变视点。选择"视图"→"三维视图"→"西南等轴测视图"命令。

③ 打开正交模式。

命令:ortho
输入模式[开(ON)/关(OFF)]<关>:ON

④ 绘制四边形ABCD,执行结果如图10-19所示。

命令:line
指定第一点: (单击确定点A)
指定下一点或[放弃(U)]: (将鼠标指针移至Y轴负向,输入220按【Enter】键)
指定下一点或[放弃(U)]: (将鼠标指针移至X轴正向,输入130按【Enter】键)
指定下一点或[闭合(C)/放弃(U)]: (将鼠标指针移至Y轴正向,输入220按【Enter】键)
指定下一点或[闭合(C)/放弃(U)]:C

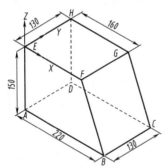
图10-18 建立用户坐标系

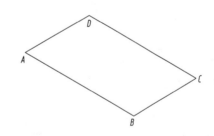
图10-19 绘制四边形体执行结果

⑤ 建立新UCS。

命令:ucs
输入选项[新建(N)/移动(M)/正交(G)/上一个(P)/恢复(R)/保存(S)/删除(D)/应用(A)/?/世界(W)]<世界>:M
指定新原点或[Z向深度(Z)]<0,0,0>: (单击点A,坐标系移至点A)
命令:ucs
输入选项[新建(N)/移动(M)/正交(G)/上一个(P)/恢复(R)/保存(S)/删除(D)/应用(A)/?/世界(W)]<世界>:N
指定新UCS的原点或[Z轴(ZA)/三点(3)/对象(OB)/面(F)/视图(V)/X/Y/Z]<0,0,0>:Y
指定绕Y轴的旋转角度<90>:-90 (按【Enter】键)

⑥ 绘制四边形AEFB,执行结果如图10-20所示。

命令:line
指定第一点: (单击确定点A)
指定下一点或[放弃(U)]: (将鼠标指针移至x轴正向,输入150按【Enter】键,确定点E)

指定下一点或[放弃(U)]: （将鼠标指针移至 y 轴负向,输入 160 按【Enter】键,确定点 F）
指定下一点或[闭合(C)/放弃(U)]: （捕捉点 B）

⑦ 复制图形,执行结果如图 10-21 所示。

命令:copy
选择对象: （用鼠标依次点取线段 AE、EF、FB,按【Enter】键结束选择）
当前设置:　复制模式 = 多个
指定基点或 [位移(D)/模式(O)] <位移>: 指定第二个点或 <使用第一个点作为位移>:
（点取点 A）
指定位移的第二点或<用第一点作位移>: （点取点 D）

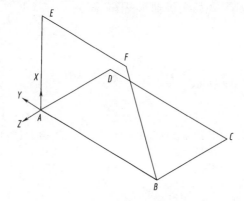 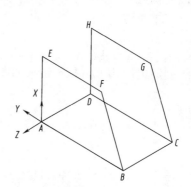

图 10-20　建立新 UCS 执行后的结果　　　　图 10-21　复制图形

⑧ 连接点 E、H 和点 F、G。

命令:line
指定第一点: （捕捉点 E）
指定下一点或[放弃(U)]: （捕捉点 H,按【Enter】键结束命令）
命令:Line
指定第一点: （捕捉点 F）
指定下一点或[放弃(U)]: （捕捉点 G,按【Enter】键结束命令）

2. 建立 UCS

接上例,在四边形 BCGF 内画圆,圆的半径为 40,操作步骤如下:

① 建立 UCS,操作结果如图 10-22 所示。

命令:ucs
输入选项[新建(N)/移动(M)/正交(G)/上一个(P)/恢复(R)/保存(S)/删除(D)/应用(A)/? /世界(W)] <世界>:N
指定新 UCS 的原点或[z 轴(ZA)/三点(3)/对象(OB)/面(F)/视图(V)/x/y/z] <0,0,0>:3
指定新原点 <0,0,0>: （点取点 B）
在正 x 轴范围上指定点 <1.000 0,-220.000 0,0.000 0>: （点取点 C）
在 UCS 的 xy 平面的正 y 轴范围上指定点 <-1.000 0,-220.000 0,0.000 0>: （点取点 F）

② 绘制圆,操作结果如图 10-23 所示。

命令:C
指定圆的圆心或[三点(3P)/两点(2P)/相切、相切、半径(T)]:From
基点:(点取 B 点) <偏移>:@ 65,80
指定圆的半径或[直径(D)]:40

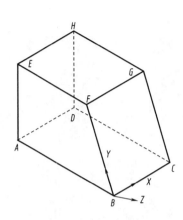
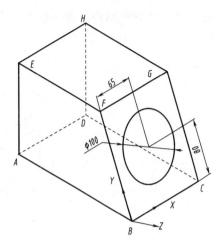

图 10-22　在 BCGF 内的用户坐标系　　　　图 10-23　在 BCGF 平面内画圆

3. 在平面 EFGH 内绘制正六边形

接上例,绘制圆内接正六边形,圆的半径是 45,操作步骤如下:

① 建立 UCS,操作结果如图 10-24 所示。

命令:UCS
输入选项[新建(N)/移动(M)/正交(G)/上一个(P)/恢复(R)/保存(S)/删除(D)/应用(A)/?/世界(W)]<世界>:N
指定新 UCS 的原点或[z 轴(ZA)/三点(3)/对象(OB)/面(F)/视图(V)/x/y/z]<0,0,0>:3
指定新原点<0,0,0>:　　　　　　　　　　　　　　　　　　　　　　　(点取点 E)
在正 x 轴范围上指定点<1.000 0,-260.000 0,0.000 0>:　　　　　　　(点取点 F)
在 UCS 的 xy 平面的正 y 轴范围上指定点<-1.000 0,-260.000 0,0.000 0>:　(点取点 H)

② 绘制圆内接正六边形,操作结果如图 10-25 所示。

命令:Polygon
输入边的数目<4>:6
指定正多边形的中心点或[边(E)]:From
基点:(点取 E 点)<偏移>:@ 80,60
输入选项[内接于圆(I)外切于圆(C)]:I
指定圆的半径:45

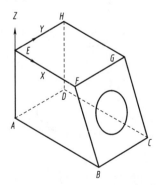
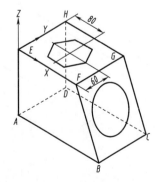

图 10-24　在圆内建立用户坐标系　　　　图 10-25　在圆内绘制内接正六边形

4. 在四边形 ABFE 面内绘制一矩形

接上例,绘制后效果如图 10-26 所示。

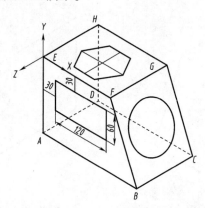

图 10-26　在四边形 ABFE 内绘制矩形

提　示

要在四边形 ABFE 内建立用户坐标系,只需要将当前用户坐标系绕 x 轴旋转 90°或 −90°。旋转角度的正负用右手螺旋法则判断:用右手握住绕其旋转的坐标轴,大拇指指向该坐标轴的正向,四指弯曲的方向即是旋转角度的正向。

10.2.3　三维模型的建立

1. 三维几何模型的分类

根据几何模型的构造方法和在计算机内的存储形式,三维几何模型的显示分为三种:线框模型、表面模型和实体模型。

(1)线框模型

线框模型就是用线(包括棱线和转向轮廓线)来表达三维立体。例如,用 12 条棱线表示的一个长方体,如图 10-27(a)所示;用两个圆和两条轮廓线表示的一个圆柱体,如图 10-27(b)所示。前面所绘制的三维图形都属于线框模型。

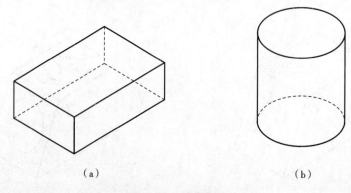

图 10-27　线框模型

这种线框只有边的信息,没有面和体的信息,不能直接进行着色和渲染。在 AutoCAD 中,仅将线框模型作为构造其他模型的基础。

(2)表面模型

表面模型就是用物体的表面表示三维物体。图 10-28(a)所示为一个圆柱面的表面模型;图 10-28(b)所示为一个圆柱面和两个圆面表示的一个空心圆柱。

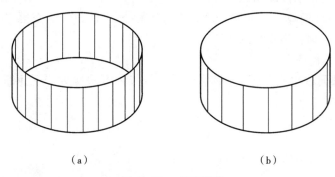

(a) (b)

图 10-28 表面模型

表面模型不仅包括线的信息,而且包括面的信息,因而可以解决与图形有关的大多数问题,如进行消隐、着色等。在 AutoCAD 中不能进行布尔运算,表面模型应用也不多,只有难以建立实体模型时,才考虑建立表面模型。

(3)实体模型

实体模型包括了线、面和体的全部信息。图 10-29(a)所示的实体是由一个铅垂圆柱"减"去一个水平圆柱生成的组合体;图 10-29(b)所示的实体是由一个圆柱和一个半球通过"并"运算生成的组合体。

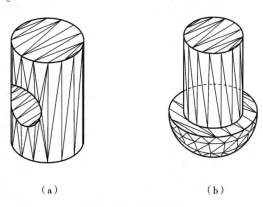

(a) (b)

图 10-29 实体模型

与线框模型和表面模型相比,三维实体模型应用类似于产品制造过程的办法进行建模,具有容易理解、操作简便和效率高等特点,而且很重要的一点是根据三维实体模型可以很方便地得到完美的、符合工业标准的工程图纸,这使得三维实体建模成为 AutoCAD 最常用、最重要的一种建模方法,这也是本章的重点内容。

2. 实体模型的建立

AutoCAD 的三维实体建模主要有以下几种途径或方式。
- 建立基本的几何体，如立方体、圆柱体、球体、圆环体、圆锥体、楔形体等。
- 以封闭的平面多段线或面域（REGION）为基础建立拉伸实体，可设置拉伸的角度和拉伸路径，可以沿曲线路径拉伸。
- 通过对基本几何体进行并集（UNION）、差集（SUBTRACT）、交集（INTERSECT）等布尔运算，从而组合出复杂的实体。

（1）创建基本几何体

基本几何体都通过功能区面板、菜单或命令行三种方法实现。下面简单介绍几种常用的几何体创建方法。

① 创建立方体。

命令：box
指定长方体的角点或[中心点(CE)] <0,0,0>:

── 说 明 ──
以上两个选项代表了两种建立立方体的方法，默认的方法是以底面左下角为基准建立立方体，若选择"中心点(CE)"选项，则以中心为基准建立立方体，以这两种方法建立的立方体的棱都与当前 UCS 的坐标轴平行。

② 创建球体。

命令：sphere
指定球体球心 <0,0,0>:

── 说 明 ──
输入球的半径或直径时可以用键盘直接输入，也可以用鼠标选取一个点，系统将以球心和这个点的距离作为球的半径或直径。

③ 创建圆柱体。

命令：cylinder
当前线框密度 ISOLINES=4
指定圆柱体底面的中心点或[椭圆(E)] <0,0,0>:

── 说 明 ──
该命令可用来建立圆柱体或椭圆圆柱体。

④ 创建圆锥体。

命令：cone
当前线框密度 ISOLINES=4
指定圆锥体底面的中心点或[椭圆(E)] <0,0,0>:

── 说 明 ──
该命令用来建立实心圆锥体。

⑤ 创建楔形体。

命令：wedge
指定楔体的第一个角点或[中心点(CE)] <0,0,0>:

> **说 明**
> 此命令用来建立楔形体，与用 BOX 命令建立立方体类似，建立楔形体时，也可以以底面的一个顶点为基准或以中心点为基准，所建立的楔形体上面或直角的棱边也分别与当前坐标系的坐标轴平行。

⑥ 创建圆环体。
命令:torus
当前线框密度 ISOLINES = 4
指定圆环体中心 <0,0,0>:

> **说 明**
> 此命令用来建立圆环体。

(2) 通过拉伸建立实体

AutoCAD 允许将很多平面对象拉伸为实体，如圆(CIRCLE)、椭圆(ELLIPSE)、封闭的多段线(PLINE)、封闭的平面样条曲线(SPLINE)、面域(REGION)等。系统根据被拉伸的平面对象所确定的坐标系来确定拉伸方向的正负，与 z 轴同向为正，反之为负；也可以沿指定的路径拉伸。

命令:extrude
当前线框密度:ISOLINES = 4
选择对象:
指定拉伸高度或[路径(P)]:
指定拉伸的倾斜角度 <0>:

下面分别介绍这两种拉伸方式。

① 沿被拉伸对象所确定的 UCS 的 z 轴方向拉伸。这是默认的拉伸方式，若输入的拉伸高度为正值，则拉伸方向与 z 轴正向相同；若为负值则与 z 轴正方向相反。

拉伸斜角也可理解为拔模斜角，它是拉伸面与拉伸对象坐标系的 z 轴的夹角，其有效值为 -90°～+90°。若设置拉伸角度为正值，则拉伸实体沿拉伸方向收缩；若设置拉伸角度为负值，则拉伸实体沿拉伸方向扩大。拉伸角度不能使拉伸实体在到达拉伸高度之前收缩为一点，否则系统会出现错误信息，拉伸操作将不能进行。

此外，椭圆和封闭的样条多段线的拉伸斜角只能为 0°，否则系统也将出现错误提示，表示拉伸操作不能进行。

实例 1：图 10-30 所示为工程中常见的 T 形梁截面图，现在将其拉伸为三维实体。

操作步骤如下：

选择"视图"→"三维视图"→"西南等轴测"命令用以改变视点。然后建立 UCS，绘制图 10-31 所示平面图，使用 REGION 命令对整个图形建立面域，最后拉伸实体。

命令:extrude
当前线框密度:ISOLINES = 4
选择对象: （选择整个图形后按【Enter】键）
指定拉伸高度或[路径(P)]:-1 000
指定拉伸的倾斜角度 <0>:   （直接按【Enter】键）

操作结果如图 10-31 所示。

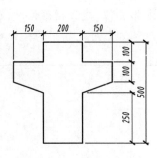
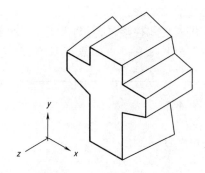

图 10-30　T 形梁截面图　　　　　图 10-31　拉伸后的 T 形梁

② 沿指定的路径拉伸，在"指定拉伸高度或[路径(P)]:"提示下选择"路径(P)"选项，系统继续提示用户选择拉伸路径，路径可以是直线、圆、圆弧、椭圆、椭圆弧、二维多段线和平面样条曲线等。路径不能与被拉伸对象位于同一平面，其形状不能过于复杂。

并不是所有的路径都可以用来创建拉伸实体，在下面几种情况下，拉伸体的创建可能会失败：

- 离拉伸对象所在的平面太近。
- 路径太复杂。
- 相对拉伸对象而言，曲率太大。

建立拉伸实体离不开路径曲线的建立。一般来说，最常用的建立路径曲线的方法是使用多段线，建立多段线路径可直接使用 PLINE 命令，也可先用 LINE 命令和 ARC 命令绘制，然后再用 PEDIT 命令把它们串接成多段线。由于用户不能只把多段线的一部分拟合成曲线，因此，如果用户要建立的拉伸实心体的截面只有局部是样条曲线，而这种截面由多个对象组合而成，则无法用 EXTRUDE 命令直接拉伸。解决这个问题的方法是分别用样条曲线和多段线建立两个截面，使它们分别和拉伸体截面的不同部分吻合，然后用 EXTRUDE 命令分别拉伸，最后用实体的布尔运算命令进行组合。

实例 2：绘制图 10-32 所示的图形。

操作步骤如下：

首先建立 UCS，绘制圆形，如图 10-33 所示。改变 UCS，绘制曲线路径，如图 10-34 所示。拉伸为实体，如图 10-32 所示。

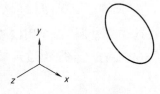
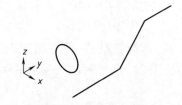

图 10-32　沿路径拉伸例图　　　图 10-33　绘制圆　　　图 10-34　绘制曲线路径

命令:extrude
当前线框密度:ISOLINES = 4
选择对象：　　　　　　　　　　　　　　　　　　　　　　（选择圆形后按【Enter】键）

指定拉伸高度或[路径(P)]:P
选择拉伸路径： (选择曲线后按【Enter】键)

(3) 通过旋转建立实体

AutoCAD 允许将圆、椭圆、圆环、面域、封闭的平面多段线、封闭的平面样条曲线等绕指定的轴旋转，建立旋转实体。注意用来建立旋转实体的平面多段线和样条曲线不能相交，例如用户不能用 8 字形的多段线或样条曲线为截面建立旋转实体。

命令:revolve
当前线框密度:ISOLINES=4
选择对象:
定义轴依照[对象(O)/x 轴(x)/y 轴(y)]:
指定轴点:
指定旋转角度<360>:

---说 明---

默认方式是输入两点确定旋转轴，旋转轴的方向是从第一个点指向第二个点。需要注意的是，输入的点要在被旋转的平面对象所在的平面上。也可以以当前 UCS 的 x 轴或 y 轴为旋转轴进行旋转。

实例 3：绘制图 10-35 所示的图形。

操作步骤如下：

将视图切换为西南轴测视图。建立 UCS，并绘制多边形 *ABCDEFGHIJK*，如图 10-36 所示，旋转为实体。

命令:revolve
当前线框密度:ISOLINES=4
选择对象: (选择多边形)
定义轴依照[对象(O)/x 轴(x)/y 轴(y)]: (依次点取点 A 和点 B)
指定旋转角度<360>: (直接按【Enter】键)

最后用 HIDE 命令消隐图形，如图 10-36 所示。

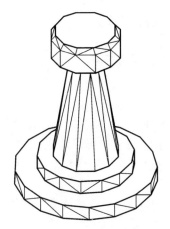 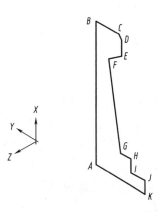

图 10-35　旋转建立实体　　　图 10-36　UCS 内绘制多边形 *ABCDEFGHIJK*

(4) 切割实体

该命令可以定义一个平面将实体切割成两半，以便更好地观察物体内部的结构。默认情况下,系统将提示用户选择要保留的一半,然后去除另一半,也可以两半都保留。

命令:slice

选择对象:

指定切面上的第一点,依照[对象(O)/z 轴(z)/视图(V)/xy 平面(xy)/yz 平面(yz)/zx 平面(zx)/三点(3)]<三点>:

在要保留的一侧指定点或[保留两侧(B)]:

> **说 明**
>
> 默认方式是输入三个点定义切割平面。例如,图 10-37 所示为将图 10-35 中的实体切割后保留两侧的情况。

(5)通过布尔运算创建实体

布尔运算是一种实体的逻辑运算,是三维实体建模使用极其频繁的非常重要的逻辑功能。在基本几何体、拉伸实体、旋转实体等基础上,可以运用并集、差集、交集等三种布尔运算方法对这些模型进行组合,增添或去除模型的材料等操作。与线框模型和表面模型相比,能够进行布尔运算是三维实体建模的一个突出优点。

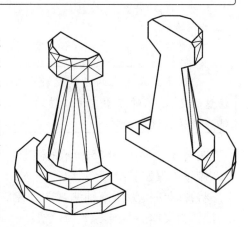

图 10-37 切割实体

在对三维实体应用布尔运算的过程中,原始的实体不会被保留。因此,如果对所要进行的布尔运算没把握,最好先将原始实体作一个备份。一般来说,AutoCAD 的实体布尔运算是比较可靠的,但有时也会出错。在这种情况下,尽管可以用 UNDO 命令撤销布尔运算操作,但也将失去原始实体。

① 并集:该命令可以把两个或几个实体合并成一个实体。

命令:UNION

② 差集:该命令可以对两个实体执行减法运算从而生成新实体。

命令:SUBTRACT

③ 交集:该命令可求得两个或多个实体的公共部分形成新的实体。

命令:INTERSECT

3. 实例

绘制图 10-38 所示桥梁工程中常见的圆端形桥墩立体图。

分析可知,该桥墩由基础、墩身和墩帽三部分组成。建模的基本思路是通过建立不同的UCS 绘制各实体部分,然后再对它们进行布尔运算等编辑操作,最终完成桥墩的建模。

操作步骤如下:

"切换工作空间"为"三维建模"。

(1)构建基础

分析:该基础分两层,底层基础的长、宽、高分别为 5 880 mm、4 780 mm 和 1 000 mm;第二层基础的长、宽、高分别为 4 580 mm、3 480 mm 和 1 000 mm;两层基础在前后、左右方向都是对称放置的。

① 构建底层基础,将视图变换为东南等轴测视图,并建立 UCS,绘制四边形 ABCD,AB = CD = 4 780 mm,BC = AD = 5 880 mm,如图 10-39 所示。

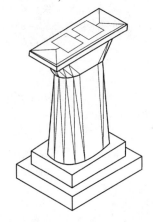

图 10-38 桥墩立体图

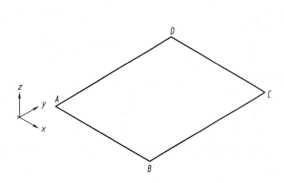

图 10-39 构建底层基础过程 1

建立面域。

命令:region
选择对象: (选择四边形 ABCD)

拉伸实体,如图 10-40 所示。

命令:extrude
选择对象: (选择四边形 ABCD)
指定拉伸高度或[路径(P)]:1 000
指定拉伸的倾斜角度<0>:   (直接按【Enter】键)

② 绘制第二层基础。

建立 UCS。

命令:ucs
当前 UCS 名称:* 世界*
指定 UCS 的原点或 [面(F)/命名(NA)/对象(OB)/上一个(P)/视图(V)/世界(W)/x/y/z/z 轴(ZA)]
<世界>:   (单击点 G)
指定 x 轴上的点或 <接受>:   (单击点 H)
指定 xy 平面上的点或 <接受>:   (单击点 K)

在底层基础的上表面绘制四边形 ABCD,其中 AB = CD = 3 480 mm,BC = AD = 4 580 mm,如图 10-41 所示。

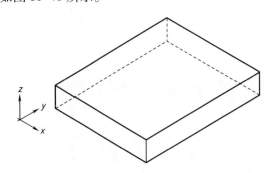

图 10-40 构建底层基础过程(2)

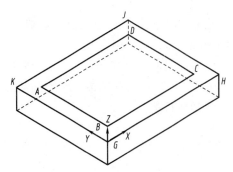

图 10-41 构建第二层基础过程(1)

命令:rectang
指定第一个角点或 [倒角(C)/标高(E)/圆角(F)/厚度(T)/宽度(W)]:_from 基点:<偏移>:@ 650,650 (偏移点选择点 G)
指定另一个角点或 [面积(A)/尺寸(D)/旋转(R)]:_from 基点:<偏移>:@ -650,-650 (偏移点选择点 J)

建立面域。
命令:region
选择对象: (选择四边形 ABCD)
拉伸实体。
命令:extrude
选择对象: (选择四边形 ABCD)
指定拉伸的高度或 [方向(D)/路径(P)/倾斜角(T)]:1 000 (鼠标反向向上)

③ 通过"并集"布尔运算,将底层基础和第二层基础合并成一个整体。
命令:union
选择对象: (选择全部对象)

消隐(命令:HIDE)后,如图 10-42 所示。

(2) 构建墩身

分析可知,墩身的顶面和底面的左右端都是半圆形,已知其顶面半圆的半径为 950 mm,底面半圆的半径为 1 340 mm,顶面和底面左右两半圆的距离都是 1 500 mm,墩身高为 6 000 mm。

根据以上尺寸绘制底面图形,并建立面域,如图 10-43 所示。

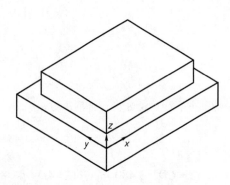   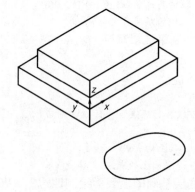

图 10-42　构建第二层基础过程(2)　　图 10-43　构建墩身过程(1)

建立 UCS 使其坐标原点位于基础上平面的中心(可利用顶面对角线交点确定基础上平面的中心),如图 10-44 所示。

将底面图形移至基础上平面,如图 10-45 所示。开启对象捕捉并设置"对象捕捉"为捕捉"中点"和"圆心",利用追踪刚绘制图形的直线中点和圆心使追踪线交点为移动的基点,并把它移动到基座上。

命令:move 找到 1 个
指定基点或 [位移(D)]<位移>:　指定第二个点或<使用第一个点作为位移>:0,0,0 (利用追踪交点)

拉伸实体。

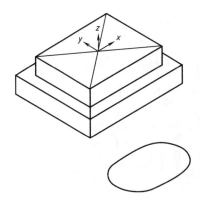
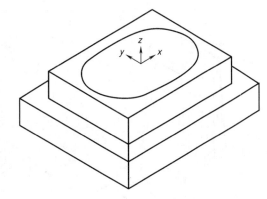

图 10-44　构建墩身过程(2)　　　　　　图 10-45　构建墩身过程(3)

命令:extrude
当前线框密度:　ISOLINES=4
选择要拉伸的对象:找到 1 个
选择要拉伸的对象:
指定拉伸的高度或 [方向(D)/路径(P)/倾斜角(T)] <1 000.000 0>:t
指定拉伸的倾斜角度 <0>:3.7
指定拉伸的高度或 [方向(D)/路径(P)/倾斜角(T)] <1 000.000 0>:6 000
通过"并集"布尔运算,将基础和墩身合并成一个整体。
命令:union
选择对象:　　　　　　　　　　　　　　　　　　　　　　　　　　　　(选择全部对象)
消隐后,如图 10-46 所示。

(3)构建墩帽

分析可知,墩帽分为下部的托盘和上部的顶帽两部分。

托盘的顶面和底面都是圆端形,已知两端半圆的半径均为 950 mm,所不同的是两端半圆的距离,顶面为 3 700 mm,底面为 1 500 mm,托盘的高度为 1 400 mm。可以将托盘看作由两端的半斜椭圆柱和中间的四棱柱组合而成。

建立适当 UCS,绘制半径为 950 mm 的圆,绘制四棱柱图形界面,并建立面域,如图 10-47 所示。

命令:circle 指定圆的圆心或 [三点(3P)/两点(2P)/切点、切点、半径(T)]:0,0,0
指定圆的半径或 [直径(D)]:950
命令:LINE 指定第一点:　　　　　　　　　　　(开启正交模式,设置"对象捕捉"为"中点""端点"
　　　　　　　　　　　　　　　　　　　　　　"象限点",选择点 A 所处象限点为直线第一点)
指定下一点或 [放弃(U)]:1 500　　　　　　　　　　　　　　　　(给定方向为 x 轴正方向)
指定下一点或 [放弃(U)]:　　　　　　　　　　　　　　　　　　　　　　(按【Enter】键)
命令:LINE 指定第一点:　　　　　　　　　　　　　　　　(指定刚画直线中点为第一点)
指定下一点或 [放弃(U)]:1 400　　　　　　　　　　　　　　　　(给定方向为 z 轴正方向)
指定下一点或 [放弃(U)]:1 850　　　　　　　　　　　　　　　　(给定方向为 x 轴负方向)
指定下一点或 [闭合(C)/放弃(U)]:　　　　　　　　　　　　　　　　　　(选择点 A)
指定下一点或 [闭合(C)/放弃(U)]:　　　　　　　　　　　　　　　　(按【Enter】键)
命令:LINE 指定第一点:　　　　　　　　　　　　　　　　　　(指定点 B 为第一点)
指定下一点或 [放弃(U)]:1 850　　　　　　　　　　　　　　　　(给定方向为 x 轴正方向)
指定下一点或 [放弃(U)]:　　　　　　　　　　　　　　　　　　(指定点 C 为下一点)
指定下一点或 [闭合(C)/放弃(U)]:　　　　　　　　　　　　　　　　(按【Enter】键)

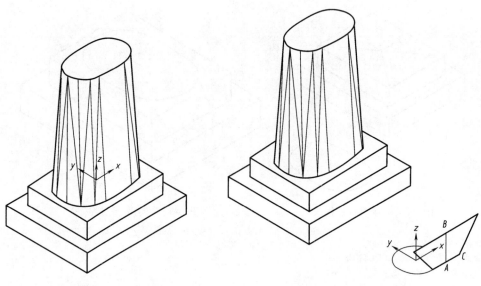

图 10-46　构建墩身过程(4)　　　　　图 10-47　构建托盘过程(1)

使四边形形成面域,沿 y 轴方向将其拉伸形成楔形体,如图 10-48 所示。

命令:extrude
当前线框密度： ISOLINES = 4
选择要拉伸的对象：找到 1 个　　　　　　　　　　　　　（选择刚形成面域的四边形）
选择要拉伸的对象：　　　　　　　　　　　　　　　　　　　　　　（按【Enter】键）
指定拉伸的高度或 [方向(D)/路径(P)/倾斜角(T)] <1 900.000 0 >：1 900　（给定 y 轴正方向）

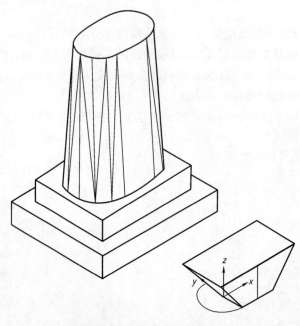

图 10-48　构建托盘过程(2)

用直线命令连接 A、B 两点,拉伸圆,如图 10-49 所示。

命令:line 指定第一点: （指定点 A 为第一点）
指定下一点或 [放弃(U)]: （指定点 B 为第一点）
指定下一点或 [放弃(U)]: （按【Enter】键）
命令:extrude
当前线框密度: ISOLINES = 4
选择要拉伸的对象:找到 1 个 （选择已形成面域的圆）
选择要拉伸的对象: （按【Enter】键）
指定拉伸的高度或 [方向(D)/路径(P)/倾斜角(T)] <1 900.000 0>:p
选择拉伸路径或 [倾斜角(T)]: （选择直线 AB）

对刚绘制完的斜圆柱体做镜像实体,选择"修改"→"三维操作"→"三维镜像"命令,通过"并集"布尔运算,将两个斜圆柱体与四棱柱合并成一个整体,如图 10-50 所示。

命令:mirror3d
选择对象:找到 1 个 （选择斜圆柱体）
选择对象:
指定镜像平面(三点)的第一个点或
[对象(O)/最近的(L)/z 轴(z)/视图(V)/xy 平面(xy)/yz 平面(yz)/zx 平面(zx)/三点(3)] <三点>:
（三个点分别选择斜圆柱体 x 轴方向的四个棱中的任意三个棱的中点作为镜像面上的三个点）
在镜像平面上指定第二点:在镜像平面上指定第三点:
是否删除源对象? [是(Y)/否(N)] <否>: （按【Enter】键）
命令:union
选择对象:找到 1 个,
选择对象:找到 1 个,总计 2 个
选择对象:找到 1 个,总计 3 个 （三个对象为绘制的两个斜圆柱体和四棱柱）
选择对象: （按【Enter】键）

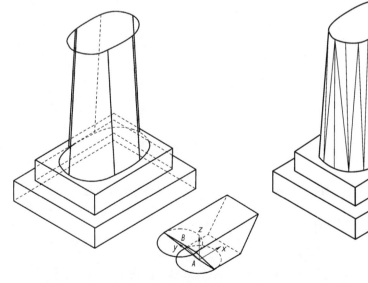

图 10-49 构建托盘过程(3)

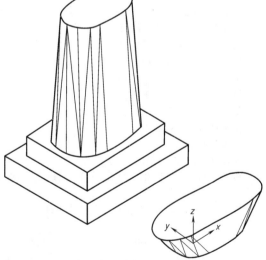

图 10-50 构建托盘过程(4)

已知顶帽下部为 6 000 mm×2 300 mm×450 mm 的长方体,在高度中有 50 mm 的抹角,顶部为高 50 mm 向四面倾斜的排水坡。在排水坡顶有两块 1 300 mm×1 500 mm 的矩形垫石,它们的中心距为 2 000 mm,垫石侧边距侧坡距离为 200 mm,其顶面与排水坡脊平齐,侧面与排水坡斜面相交,其交线分别为侧垂线和侧平线。

构建顶帽下部方块,如图 10-51 所示。

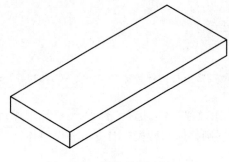

图 10-51　构建顶帽过程(1)

命令: rectang
指定第一个角点或 [倒角(C)/标高(E)/圆角(F)/厚度(T)/宽度(W)]:
指定另一个角点或 [面积(A)/尺寸(D)/旋转(R)]: @ 6 000,2 300
命令: extrude
当前线框密度:　ISOLINES = 4
选择要拉伸的对象: 找到 1 个　　　　　　　　　　　　　　　　　　　　(选择刚绘制的矩形)
选择要拉伸的对象:
指定拉伸的高度或 [方向(D)/路径(P)/倾斜角(T)] < - 635.280 8 >: 500

绘制辅助线 AB,再绘制两个长宽为 1 500 mm × 1 300 mm 的矩形,如图 10-52 所示。

命令: line 指定第一点:　　　　　　　　　　　　　　　　　　　　　　　　(单击点 A)
指定下一点或 [放弃(U)]:　　　　　　　　　　　　　　　　　　　　　　(单击点 B)
指定下一点或 [放弃(U)]:
命令: rectang
指定第一个角点或 [倒角(C)/标高(E)/圆角(F)/厚度(T)/宽度(W)]:　　　　(在适当位置单击)
指定另一个角点或 [面积(A)/尺寸(D)/旋转(R)]: @ 1 500,1 300
命令: line 指定第一点:　　　　　　　　　　　　　　　　　　　　　　　　(单击点 C)
指定下一点或 [放弃(U)]:　　　　　　　　　　　　　　　　　　　　　　(单击点 D)
指定下一点或 [放弃(U)]:
命令: copy
选择对象: 找到 1 个
选择对象:　　　　　　　　　　　　　　　　　　　　　　　　　　　　(选择刚画的矩形)
当前设置:　复制模式 = 多个
指定基点或 [位移(D)/模式(O)] <位移>: 指定第二个点或 <使用第一个点作为位移>:
　　　　　　　　　　　　　　　　　　　　　　　　　　　　　　　　(选择直线 CD 中点)
指定第二个点或 <使用第一个点作为位移>: from 基点: <偏移>: 1 000
　　　　　　　　　　　　　(选择直线 AB 中点,给定方向为 x 轴正方向)
指定第二个点或 [退出(E)/放弃(U)] <退出>:
指定第二个点或 [退出(E)/放弃(U)] <退出>: from 基点: <偏移>: 1 000
　　　　　　　　　　　　　(选择直线 AB 中点,给定方向为 x 轴负方向)
指定第二个点或 [退出(E)/放弃(U)] <退出>:

分别从点 A 和点 B 向下追 50 mm,连接点 A'、G 和 B'、G,再分别从点 C 和点 D 向下追 50 mm,连接点 C'、H 和 D'、H,连接点 A'、D' 和 B'、C'。创建面域 $A'GHD'$ 和 $GB'C'H$,创建第二个面域时需要画重复线 GH,如图 10-53 所示。

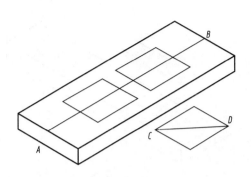
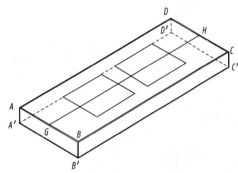

图 10-52　构建顶帽过程(2)　　　　　图 10-53　构建顶帽过程(3)

```
命令：region
选择对象：找到 1 个                                              (选择直线 A′G)
选择对象：找到 1 个,总计 2 个                                    (选择直线 GH)
选择对象：找到 1 个,总计 3 个                                    (选择直线 HD′)
选择对象：找到 1 个,总计 4 个                                    (选择直线 A′D′)
选择对象：
已提取 1 个环
已创建 1 个面域
命令：line 指定第一点：                                          (选择点 G)
指定下一点或 [放弃(U)]：                                         (选择点 H)
指定下一点或 [放弃(U)]：
命令：region
选择对象：找到 1 个                                              (选择直线 GB′)
选择对象：找到 1 个,总计 2 个                                    (选择直线 B′C′)
选择对象：找到 1 个,总计 3 个                                    (选择直线 C′H)
选择对象：找到 1 个,总计 4 个                                    (选择直线 GH)
选择对象：
已提取 1 个环
已创建 1 个面域
```

从方块外侧边与直线 GH 的交点分别沿 x 轴的正负方向追 200 mm 确定点 M 和点 N,连接点 A′、B′ 和点 C′、D′。创建面域 A′MB′ 和面域 C′ND′,如图 10-54 所示。

```
命令：region
选择对象：找到 1 个                                              (选择直线 A′M)
选择对象：找到 1 个,总计 2 个                                    (选择直线 MB′)
选择对象：找到 1 个,总计 3 个                                    (选择直线 A′B′)
选择对象：
已提取 1 个环
已创建 1 个面域
命令：region
选择对象：找到 1 个                                              (选择直线 C′N)
选择对象：找到 1 个,总计 2 个                                    (选择直线 ND′)
选择对象：找到 1 个,总计 3 个                                    (选择直线 C′D′)
选择对象：
已提取 1 个环
已创建 1 个面域
```

通过刚才建立的四个面域切割大长方体,效果如图 10-55 所示。

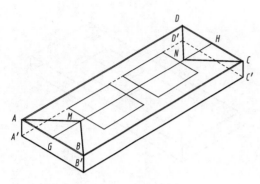
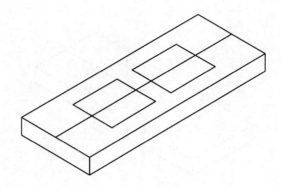

图 10-54　构建顶帽过程(4)　　　　　　图 10-55　构建顶帽过程(5)

命令：slice
选择要剖切的对象：找到 1 个　　　　　　　　　　　　　　　　　　　　（选择大长方体）
选择要剖切的对象：　　　　　　　　　　　　　　　　　　　　　　　　　（按【Enter】键）
指定 切面 的起点或 [平面对象 (O) /曲面 (S) /z 轴 (z) /视图 (V) /xy (xy) /yz (yz) /zx (zx) /三点 (3)]
<三点 >：o
选择用于定义剖切平面的圆、椭圆、圆弧、二维样条线或二维多段线：　　　（选择新建面域）
在所需的侧面上指定点或 [保留两个侧面 (B)] <保留两个侧面 >：　　　（单击长方体下部）
分别对四面排水坡下的棱进行 50 mm 抹角处理，将下列操作重复四次，如图 10-56 所示。
命令：CHAMFER
("修剪"模式) 当前倒角距离 1 = 0.000 0,距离 2 = 0.000 0
选择第一条直线或 [放弃 (U) /多段线 (P) /距离 (D) /角度 (A) /修剪 (T) /方式 (E) /多个 (M)]：
基面选择...　　　　　　　　　　　　　　　　　　　　　　　　　　　（分别选择一面排水坡）
输入曲面选择选项 [下一个 (N) /当前 (OK)] < 当前 (OK) >：　　　　　（按【Enter】键）
指定基面的倒角距离：50
指定其他曲面的倒角距离 <50.000 0 >：50
选择边或 [环 (L)]：　　　　　　　　　　　　　　　　　　　　　　　（分别选择排水坡上的棱）
拉伸矩形至排水坡内部，如图 10-57 所示。

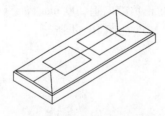
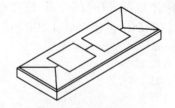

图 10-56　构建顶帽过程(6)　　　　　　图 10-57　顶帽垫石拉伸

命令：extrude
当前线框密度：ISOLINES = 4
选择要拉伸的对象：找到 1 个
选择要拉伸的对象：找到 1 个,总计 2 个　　　　　　　　　（选择将要形成两个垫石的矩形）
选择要拉伸的对象：　　　　　　　　　　　　　　　　　　　　　　　　　（按【Enter】键）
指定拉伸的高度或 [方向 (D) /路径 (P) /倾斜角 (T)]：指定第二点：100
　　　　　　　　　　　　　　　　　　　　　　　（方向给定为垂直顶帽向下,高度大于100即可）
命令：union
选择对象：找到 1 个

选择对象:找到 1 个,总计 2 个
选择对象:找到 1 个,总计 3 个 （选择两个垫石和下面的带排水坡的实体）
选择对象:

用直线命令作三个要组合到一起的实体的辅助线 AB、CD、EF、GH,如图 10-58 所示。点 A、B 为所示实体顶面直线中点,点 C、D 和点 E、F 为所示实体上下面直线中点,直线 GH 为所示实体底面对角线。将各部分移至适当位置,并用"并集"运算将其组合为一个整体,如图 10-59 所示,至此构型完成。

命令:move 找到 2 个 （选择直线 GH 和直线 GH 所在实体）
指定基点或 [位移(D)] <位移>: （选择直线 GH 的中点）
指定第二个点或 <使用第一个点作为位移>: （选择直线 CD 中点）
命令:move 找到 5 个 （选择刚组合好的实体）
指定基点或 [位移(D)] <位移>: （选择直线 EF 中点）
指定第二个点或 <使用第一个点作为位移>: （选择直线 AB 中点）
命令:union
选择对象:找到 1 个
选择对象:指定对角点:找到 0 个
选择对象:找到 1 个,总计 2 个
选择对象:找到 1 个,总计 3 个 （选择三个需要组合的实体）

图 10-58　利用辅助线组合　　　　图 10-59　组合后的桥墩模型

10.3　三维实体的编辑命令简介

10.3.1　倒角

该命令可以切去实体的外角(凸边)或填充实体的内角(凹边)。

1. 执行"倒角"命令

在命令行中输入 CHAMFER。

2. 命令提示

命令:CHAMFER
选择第一条直线或 [放弃(U)/多段线(P)/距离(D)/角度(A)/修剪(T)/方式(E)/多个(M)]:

10.3.2 圆角

该命令可对三维实体的凸边或凹边添加圆角。

1. 执行"圆角"命令

在命令行中输入 FILLET。

2. 命令提示

命令:FILLET
选择第一个对象或 [放弃(U)/多段线(P)/半径(R)/修剪(T)/多个(M)]:

10.3.3 编辑实体模型的面和边

AutoCAD 对实体的面和边提供了强大的编辑功能,用户可利用菜单或工具栏按钮执行相应的命令。

1. 编辑面

AutoCAD 允许对实体的面进行拉伸、移动、旋转、偏移、倾斜、删除、复制、着色等操作。

- 拉伸面:拉伸面用于按指定的高度或沿指定的路径拉伸实体上指定的平面。
- 移动面:移动面用于将实体指定面移动指定的距离。
- 偏移面:偏移面指等距偏移实体的指定面。偏移距离可正可负,距离为正时偏移后实体体积增大,反之体积减小。
- 删除面:删除实体上指定的面。
- 旋转面:绕指定轴旋转实体上的指定面。
- 倾斜面:将实体上指定的面倾斜一角度。
- 着色面:改变实体上指定面的颜色。
- 复制面:复制实体上指定的面。

2. 编辑边

AutoCAD 允许对实体的边进行编辑操作,其中包括压印边、复制边、着色边等。

- 压印边:将几何图形压到实体对象的面上,求相交物体的交线。要压印的对象必须与实体相交。被压印物体必须是三维实体,压印物体可以是实体和二维对象。用于压印的二维对象可以是圆弧、圆、直线段、二维多段线、三维多段线、椭圆、面域等。
- 复制边:指复制三维实体的边。AutoCAD 可将指定的边复制成直线段、圆弧、圆、椭圆及多段线。
- 着色边:用于改变指定边的颜色。

3. 编辑实体部分

编辑实体包括清除、分割、抽壳、检查等。

- 清除:删除实体对象上的所有冗余边和顶点,其中包括由压印操作得到的边和顶点。
- 分割:将三维实体分割成各自独立的对象。
- 抽壳:将实体按指定的壁厚创建成中空的薄壁实体。抽壳壁厚可正可负,当壁厚为正时,AutoCAD 沿实体的内部抽壳;反之,沿实体对象的外部抽壳。

- 检查:检查三维实体是否是有效的 ShapeManager 实体。

由于篇幅所限,以上只是简单介绍了几种命令,有兴趣的读者可以参考其他书籍进一步学习。

10.4 实例练习

练习一(见图 10-60)

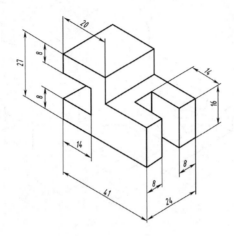

图 10-60　练习一

练习二(见图 10-61)

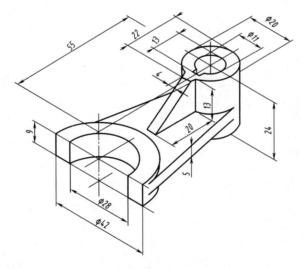

图 10-61　练习二

练习三（见图 10-62）

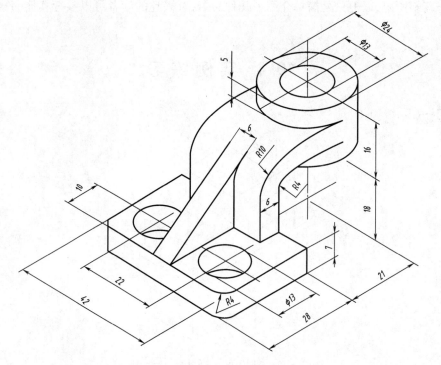

图 10-62　练习三

第11章　创建打印布局与图形输出

AutoCAD 2020 为用户提供了完善的图形打印功能。用户在打印之前可进行各种打印设置,如设置打印设备、打印样式、图纸尺寸、打印方向和打印比例等。用 AutoCAD 绘图时,一般应在模型空间绘图,在布局中进行打印设置、打印输出等。

11.1　创建打印布局

布局在图纸的可打印区域显示图形视图,模拟在纸面上绘图的情况。由于布局视图中显示了实际打印的内容,从而可以节约检查打印结果所耗费的时间。布局还可存储页面设置,包括打印设备、打印样式表、打印区域、图纸大小和缩放比例。在创建布局时,可在"页面设置管理器"对话框中指定这些设置。

选择"文件"→"页面设置管理器"命令,单击"新建"按钮,输入新页面设置名称,单击"确定"按钮,弹出"页面设置-模型"对话框(见图11-1),在其中可以对打印设备和布局进行设置,下面分别加以介绍。

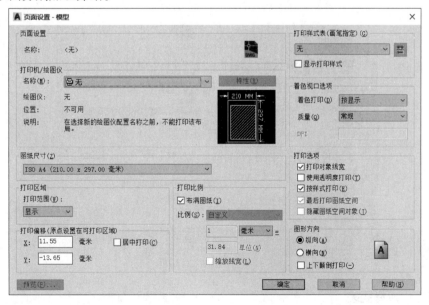

图 11-1　"页面设置-模型"对话框

11.1.1 打印设备

"打印机/绘图仪"选项组主要用于确定所使用的打印设备及相关设置。

用 AutoCAD 打印图形时,用户既可以采用在 Windows 系统中安装的打印设备,也可以使用专门的绘图仪或打印机。选择"工具"→"向导"→"添加绘图仪"命令,启动添加打印机向导。然后依向导提示操作即可,这里不再赘述。

下面重点介绍打印样式及打印样式表。

打印样式用来控制图形的具体打印效果,是一系列参数设置的集合。这些参数包括图形对象的打印颜色、线型、线宽等内容。打印样式表是打印样式的集合。打印样式表以文件的形式存在。

AutoCAD 2020 提供了两种类型的打印样式:颜色相关打印样式和命名打印样式。

颜色相关打印样式是基于对象颜色设置的样式,即每一种颜色对应于一种打印样式设置。因此,颜色相关打印样式中可以有 255 种打印样式(因为有 255 种颜色),且每种打印样式与某一颜色相对应。

颜色相关打印表是扩展名为.ctb 的文件,该文件说明了与颜色相关的 255 种打印样式。AutoCAD 的默认打印样式为颜色相关打印样式。

命名打印样式与对象的颜色无关。用户可以将命名打印样式赋给绘图层或任何对象,而不必考虑其他颜色。很显然,命名打印样式中,同样颜色的对象可以具有不同的打印样式。

命名打印样式表是以.stb 为扩展名的,是说明命名打印样式设置的文件。

选择"工具"→"选项"命令,弹出"选项"对话框,选择"打印和发布"选项卡,如图 11-2 所示。在"新图形的默认打印设置"选项组中设置系统默认的打印样式。需要说明的是,更改系统默认的打印样式表后,只有重新启动 AutoCAD,设置才会生效。

图 11-2 "选项"对话框

1. 创建打印样式表

利用 AutoCAD 提供的添加打印样式表向导可创建打印样式表。方法是选择"工具"→

"向导"→"添加打印样式表"命令,弹出"添加打印样式表"对话框,单击"下一步"按钮。

依据向导提示,选中"创建新打印样式表"单选按钮,单击"下一步"按钮,可选择创建"颜色相关打印样式表"或"命名打印样式表",如图11-3所示,并指定新建打印样式表的文件名,如图11-4所示。

图11-3 "添加打印样式表-选择打印样式表"对话框　　图11-4 "添加打印样式表-文件名"对话框

2. 编辑颜色相关打印样式

可通过"打印样式表编辑器"对打印样式进行编辑。

选择"文件"→"打印样式管理器"命令,打开 Plot Styles 窗口(见图11-5),其中列出了已经创建的打印样式表 aa。双击打印样式表图标,弹出"打印样式表编辑器-aa.ctb"对话框,以编辑相应的打印样式表。

现以编辑图11-5所示 aa.ctb 样式表为例,说明编辑打印样式表的方法。在图11-5中双击 aa.ctb 图标,弹出图11-6所示的对话框。

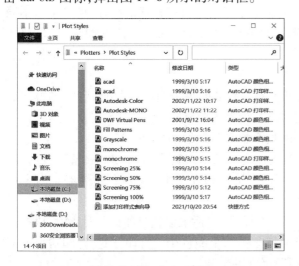 

图11-5　Plot Styles 窗口　　　　　　　　图11-6　"打印样式表
　　　　　　　　　　　　　　　　　　　　　　编辑器-aa.ctb"对话框

"打印样式表编辑器"对话框中有"常规""表视图""表格视图"三个选项卡,其主要功能如下:

(1)"常规"选项卡

"常规"选项卡中显示所编辑打印样式表的基本情况。

(2)"表视图"及"表格视图"选项卡

与"表视图"和"表格视图"选项卡对应的对话框如图 11-7 和图 11-8 所示。"表视图"和"表格视图"选项卡的功能及内容基本相同,都是用来编辑打印样式的,只不过它们的显示格式不一样。

图 11-7 "表视图"选项卡

图 11-8 "表格视图"选项卡

在"表格视图"选项卡中,"打印样式"列表框中列出了当前打印样式表所具有的打印样式。"特性"选项组中列出了在"打印样式"列表框中所指定打印样式的特性,用户可给不同的打印样式赋予不同的特性,如白色(7 号颜色)的打印线宽为 1 mm,红色(1 号颜色)的打印线宽为 0.5 mm 等。

"特性"选项组中有关选项含义如下:

- "颜色"下拉列表框:确定打印输出的颜色。默认颜色为"使用对象颜色",即打印颜色是图形对象本身的颜色。用户通过下拉列表用指定的颜色代替原对象的颜色。
- "线型"下拉列表框:确定打印输出的线型,默认为"使用对象线型"。
- "线宽"下拉列表框:设置对象打印时的线宽。默认线宽为"使用对象线宽",即打印线宽是图形对象本身的线宽。用户可通过下拉列表框用指定的线宽代替原对象的线宽。

一旦创建并编辑了打印样式表,当利用"页面设置"对话框设置打印设备时,就可以指定该样式为当前的打印样式。如果当前图形的打印样式是颜色相关打印样式,打印输出图形时,各对象的打印样式(如线宽、线型等)由其颜色确定。

编辑命名打印样式表的方法与编辑颜色相关打印样式表基本相同,不同之处是用户可以给样式表中添加打印样式、删除已有样式或给某一样式更名,在此不再赘述。

11.1.2 布局设置

可以对打印区域、打印比例等进行设置。

1. "图纸尺寸"选项组

用于确定图形打印输出时的图纸尺寸。

2. "图形方向"选项组

用于确定图形在图纸中的打印方向,有"纵向""横向""反向打印"三种选择。其中"纵向"以图纸的短边作为图形页面的顶部,"横向"以图纸的长边作为图形页面的顶部,"反向打印"则允许在图纸中上下颠倒地打印图形。

3. "打印区域"选项组

用于确定图形的打印范围。当布局打印输出图形时,一般应选中"布局"单选按钮,以表示将打印在当前布局中显示的图形。

4. "打印比例"选项组

用于确定图形的打印比例。

5. "打印偏移"选项组

用于确定图纸上的实际打印区域相对于图纸左下角的偏移量。

通过"页面设置-模型"对话框进行打印设置后,即可按该设置打印图形。

11.2 图形输出

在模型空间绘制完图形,并在布局中设置了打印设备、打印样式、图形尺寸等打印内容后,即可打印出图。在正式打印之前,可以按当前打印设置进行打印预览,以观看打印效果。

11.2.1 打印预览

选择"文件"→"打印预览"命令,AutoCAD 会按当前打印设置显示出图形的打印效果。

11.2.2 控制图形比例

利用 AutoCAD 绘图时,通常先按 1∶1 比例绘图,打印图形时,再控制图形的比例。当以非 1∶1 比例打印图形时,原来按 1∶1 比例绘制的所有图形对象均会放大或缩小,因而图形中所标注的文字、尺寸元素,以及非连续线型也随之放大或缩小,其结果是打印出的这些内容不再符合国家制图标准的要求。因此,如果要以非 1∶1 比例打印图形,则需要进行一些相关的设置。

下面根据实际可能用到的打印方法分别进行介绍。

1. 在模型空间打印图形

(1) 用 SCALE 命令改变图形比例

执行打印操作前用 SCALE 命令将原来按 1∶1 比例绘制的图形放大或缩小,打印时按新的比例打印输出,即可得到所需要比例的图形。为避免对图形对象执行 SCALE 命令后,所标注的文字、尺寸的尺寸元素也进行缩放,最好是在把图形放大或缩小之后再标注尺寸和文字。但标注时应注意以下问题。

① 标注尺寸:将图形放大或缩小后,标注尺寸时的尺寸测量值也会以同样的比例放大或缩小。为标注出图形缩放前的真实尺寸,应在标注尺寸之前修改当前标注中的测量单位比例。用户可通过"修改标注样式"对话框中的"主单位"选项卡进行设置,如图11-9所示。

用户应在"测量单位比例"选项组的"比例因子"文本框中输入比例因子,输入值应用SCALE命令进行缩放时所使用比例因子的倒数。例如,如果执行SCALE命令时,用比例因子0.5缩小了图形,即将原图形缩小了一半,那么应在"比例因子"文本框中输入2。在此之后标注尺寸时,AutoCAD显示出的自动测量值就是图形缩小之前的实际值。

用SCALE命令缩放图形后,用户只需修改标注样式中的"测量单位比例",标注样式中的其他设置无须做任何变动。

图11-9 "主单位"选项卡

② 文字:对用SCALE命令缩放后的图形标注文字时,用符合国家绘图标准要求的文字样式进行标注即可,不需要对文字样式做任何改动。

由于SCALE命令对线型比例没有任何影响,因此用SCALE命令缩放图形时不需要考虑非连续线的线型比例是否发生变化。

(2) 利用打印设置对话框确定图形比例

在模型空间打印图形时,可以直接通过"页面设置"对话框或"打印"对话框的"打印比例"选项组确定打印比例,使原来按1∶1比例绘制的图形可根据指定的比例打印输出。但打印后会发现尺寸标注、文字、线型等会发生变化,不符合制图标准要求。例如,图11-10所示的图形绘制比例为1∶1,文字高度为5,尺寸高度为5,箭头长度为5,利用打印设置对话框将打印比例设为1∶2后打印图形,即可得到改变比例后的图形。

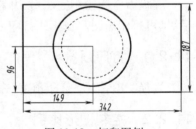

图11-10 打印图例

分析打印结果,出现如下问题:

- 打印图形比原图形缩小了一半,满足要求。
- 各尺寸和标注值未发生变化,符合要求。但所有尺寸元素(如尺寸文字的字高、尺寸箭头的长度等)均减半,不符合国家制图标准要求。
- 所标注文字的高度也减半,即字高变为2.5,不符合国家制图标准要求。
- 虚线的线型也被压缩一半,不符合国家制图标准要求。

为使按1∶2比例所打印出图形中的全部内容符合国家制图标准要求,打印之前,应将打印后不应缩小的对象先放大1倍。具体设置如下:

- 尺寸:利用"修改标注样式"对话框中的"调整"选项卡,将当前所使用的标注样式的全局比例因子设为 2,如图 11-11 所示。
- 文字:删除原文字,将文字样式的字高设为 10,重新标注文字。
- 线型:执行 LTSCALE 命令,将线型比例设为 2。

通过以上设置,即可按 1∶2 比例打印出符合国家制图标准要求的图形。从上面的操作可以看出,在模型空间实现非 1∶1 比例打印输出较为麻烦。

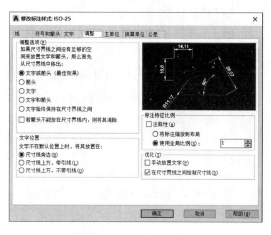

图 11-11 "调整"选项卡

2. 在布局中打印图形

首先利用一个例子来说明,如何通过布局实现图形的非 1∶1 比例打印,操作步骤如下:

(1)绘制图形

用虚线线型(DASHED 线型),绘制长和宽分别为 5 500、4 000 的长方形,并绘制半径为 1 200 的圆。绘制后,通过选择"视图"→"缩放"→"全部"命令,即将所绘图形显示在绘图区域,如图 11-12 所示。

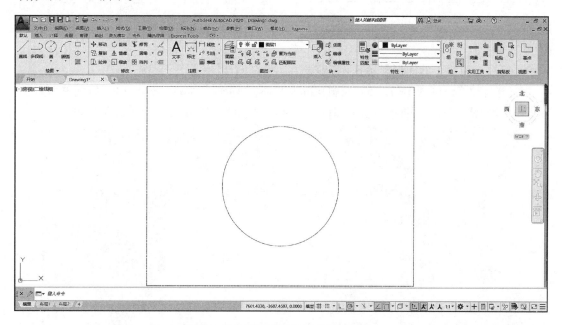

图 11-12 所绘图形显示在绘图区内

由图 11-12 可看出,虽然显示用虚线绘制的图形,但由于图形以比较小的比例显示,因此在绘图区域看不到虚线效果。

(2) 标注尺寸

图 11-13 所示为由于图形的显示比例较小,因此只看到表示尺寸线的直线,但看不清其他标注元素。

(3) 在布局中进行打印页面设置、创建视口

① 通过"页面设置"对话框选用 A4 图纸,并将打印方向设为横向。

---说 明---
切换到"布局"选项卡后,如果在布局中自动创建出一个视口,则可用 ERASE 命令删除该视口。

② 创建名为 Vport 的图层,并将该层置为当前层。

选择"视图"→"视口"→"一个视口"命令,在布局中创建布满整个布局的视口,如图 11-14 所示。

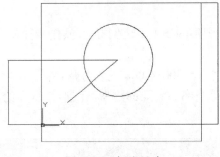

图 11-13 标注尺寸

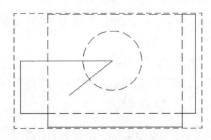

图 11-14 显示虚线线型

(4) 改变视口中的图形显示比例(即设置图形在打印图纸上的比例)

打开"特性"窗口(见图 11-15),选中视口边界,通过"特性"窗口将"标准比例"特性设为 1∶30。此 1∶30 比例就是打印后的图形比例,即将原来用 1∶1 比例绘制的图形以 1∶30 比例打印。

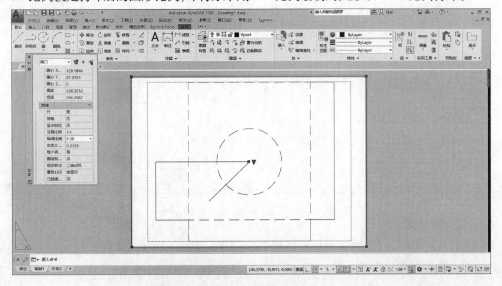

图 11-15 设置图形比例

(5) 调整尺寸元素的显示比例

在"修改标注样式"对话框中修改当前标注样式,在"调整"选项卡中选中"标注特征比例"选项组中的"使用全局比例"单选按钮,如图 11-16 所示。

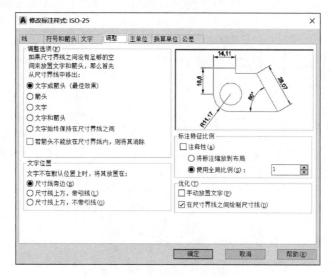

图 11-16　调整尺寸元素的显示比例

(6) 更新尺寸标注

在布局中单击"图纸"按钮,使 AutoCAD 进入浮动模型空间。选择"标注"→"更新"命令,在"选择对象"提示下输入 ALL 后按【Enter】键,即可显示出标注尺寸上的全部元素。

(7) 打印

进入图纸空间,冻结 Vport 图层后,即可利用打印对话框按 1∶1 比例打印位于布局中的图形。打印结果为图形比例,即 1∶30,尺寸标注符合国家制图标准,虚线线型符合要求,没有受到压缩。

通过以上例子,可总结出利用布局打印输出非 1∶1 比例的图形时的主要步骤如下:

① 绘制图形:在模型空间中,直接按 1∶1 比例制图,并用符合制图标准要求的标注样式标注尺寸。

② 在布局中进行页面设置:在要打印图形的布局中进行页面设置,如设置图纸大小、打印设备等。

③ 确定图形的显示比例:在布局中,创建显示图形的视口,并利用"特性"窗口确定视口中形显示比例,此比例就是图形在图纸上打印后的比例。

④ 更新尺寸:在"修改标注样式"对话框中选择"调整"选项卡,在"标注特征比例"选项组中选中"使用全局比例"单选按钮。在布局中单击"图纸"按钮,进入浮动模型空间。选择"标注"→"更新"命令,在"选择对象"提示下输入 All 后按【Enter】键,更新标注的尺寸。

⑤ 打印:在图纸空间执行打印操作,按 1∶1 比例打印位于布局中的图形。

11.3 实例练习

练习(见图 11-17)

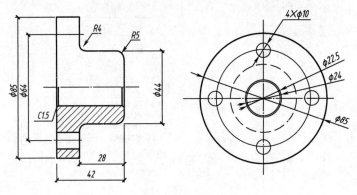

图 11-17　练习

附录 A　AutoCAD命令一览表

命　令	作　用	说　明
3D	创建三维网格对象	
3DARRAY	创建三维阵列	
3DCLIP	调整剪裁平面	
3DCORBIT	设置对象在三维视图中连续运动	
3DDISTANCE	调整对象显示距离	
3DFACE	创建三维面	
3DMESH	创建自由格式的多边形网格	
3DORBIT	控制在三维空间中交互式查看对象	
3DPAN	三维视图平移	
3DPOLY	绘制三维多段线	
3DSIN	输入 3DStudio(3DS)文件	
3DSOUT	输出 3DStudio(3DS)文件	
3DSWIVEL	旋转相机	
3DZOOM	三维视图缩放	
ABOUT	显示关于 AutoCAD 的信息	可透明使用
ACISIN	输入 ACIS 文件	
ACISOUT	将 AutoCAD 实体对象输出到 ACIS 文件中	
ADCCLOSE	关闭 AutoCAD 设计中心	
ADCENTER	启动 AutoCAD 设计中心	【Ctrl+2】组合键
ADCNAVIGATE	将 AutoCAD 设计中心的桌面引至用户指定的文件名、目录名或网络路径	
ALIGN	将某对象与其他对象对齐	
AMECONVERT	将 AME 实体模型转换为 AutoCAD 实体对象	
APERTURE	控制对象捕捉靶框大小	可透明使用
APPLOAD	加载或卸载应用程序	可透明使用
ARC	创建圆弧	
AREA	计算对象或指定区域的面积和周长	

续表

命　令	作　用	说　明
ARRAY	创建按指定方式排列的多重对象副本	
ARX	加载、卸载 ObjectARX 应用程序	
ASSIST	打开"实时助手"窗口	2000 i 版新增
ATTDEF	创建属性定义	
ATTDISP	全局控制属性的可见性	可透明使用
ATTEDIT	改变属性信息	
ATTEXT	提取属性数据	
ATTREDEF	重定义块并更新关联属性	
ATTSYNC	根据当前块中定义的属性更新块引用	2002 版新增
AUDIT	检查图形的完整性	
BACKGROUND	设置场景的背景效果	
BASE	设置当前图形的插入基点	可透明使用
BATTMAN	编辑块定义中的属性特性	2002 版新增
BHATCH	使用图案填充封闭区域或选定对象	
BLIPMODE	控制点标记的显示	
BLOCK	根据选定对象创建块定义	
BLOCKICON	为 R14 或更早版本创建的块生成预览图像	
BMPOUT	输入 BMP 文件	
BOUNDARY	从封闭区域创建面域或多段线	
BOX	创建三维的长方体	
BREAK	部分删除对象或把对象分解为两部分	
BROWSER	启动系统注册表中设置的缺省 Web 浏览器	
CAL	计算算术和几何表达式的值	可透明使用
CAMERA	设置相机和目标的不同位置	
CHAMFER	给对象的边加倒角	
CHANGE	修改现有对象的特性	
CHECKSTANDARDS	根据标准文件检查当前图形	2002 版新增
CHPROP	修改对象的特性	
CIRCLE	创建圆	
CLOSE	关闭当前图形	
CLOSEALL	关闭当前所有打开的图形	2000 i 版新增
COLOR	定义新对象的颜色	
COMPILE	编译形文件和 PostScript 字体文件	
CONE	创建三维实体圆锥	
CONVERT	优化 AutoCAD R13 或更早版本创建的二维多段线和关联填充	

续表

命　　令	作　　用	说　　明
CONVERTCTB	将颜色相关打印样式表(CTB)转换为命名打印样式表(STB)	2002 版新增
CONVERTPSTYLES	将当前图形的颜色模式由命名打印样式转换为颜色相关打印样式	2002 版新增
COPY	复制对象	
COPYBASE	带指定基点复制对象	
COPYCLIP	将对象复制到剪贴板	【Ctrl + C】组合键
COPYHIST	将命令行历史记录文字复制到剪贴板	
COPYLINK	将当前视图复制到剪贴板中	
CUSTOMIZE	自定义工具栏、按钮和快捷键	2000 i 版新增
CUTCLIP	将对象复制到剪贴板并从图形中删除对象	【Ctrl + X】组合键
CYLINDER	创建三维实体圆柱	
DBCCLOSE	关闭"数据库连接"管理器	
DBLCLKEDIT	控制双击对象时是否显示对话框	2000 i 版新增
DBCONNECT	为外部数据库表提供 AutoCAD 接口	【Ctrl + 6】组合键
DBLIST	列出图形中每个对象的数据库信息	
DDEDIT	编辑文字和属性定义	
DDPTYPE	指定点对象的显示模式及大小	可透明使用
DDVPOINT	设置三维观察方向	
DELAY	在脚本文件中提供指定时间的暂停	可透明使用
DIM(或 DIM1)	进入标注模式	
DIMALIGNED	创建对齐线性标注	
DIMANGULAR	创建角度标注	
DIMBASELINE	创建基线标注	
DIMCENTER	创建圆和圆弧的圆心标记或中心线	
DIMCONTINUE	创建连续标注	
DIMDIAMETER	创建圆和圆弧的直径标注	
DIMDISASSOCIATE	删除指定标注的关联性	2002 版新增
DIMEDIT	编辑标注	
DIMLINEAR	创建线性尺寸标注	
DIMORDINATE	创建坐标点标注	
DIMOVERRIDE	替换标注系统变量	
DIMRADIUS	创建圆和圆弧的半径标注	
DIMREASSOCIATE	使指定的标注与几何对象关联	2002 版新增
DIMREGEN	更新关联标注	2002 版新增
DIMSTYLE	创建或修改标注样式	
DIMTEDIT	移动和旋转标注文字	

续表

命　令	作　用	说　明
DIST	测量两点之间的距离和角度	可透明使用
DIVIDE	定距等分	
DONUT	绘制填充的圆和环	
DRAGMODE	控制 AutoCAD 显示拖动对象的方式	可透明使用
DRAWORDER	修改图像和其他对象的显示顺序	
DSETTINGS	草图设置	
DSVIEWER	打开"鸟瞰视图"窗口	
DVIEW	定义平行投影或透视视图	
DWGPROPS	设置和显示当前图形的特性	
DXBIN	输入特殊编码的二进制文件	
EATTEDIT	增强的属性编辑	2002 版新增
EATTEXT	增强的属性提取	2002 版新增
EDGE	修改三维面的边缘可见性	
EDGESURF	创建三维多边形网格	
ELEV	设置新对象的拉伸厚度和标高特性	可透明使用
ELLIPSE	创建椭圆或椭圆弧	
ENDTODAY	关闭"Today（今日）"窗口	2000 i 版新增
ERASE	从图形中删除对象	【Del】键
ETRANSMIT	创建一个图形及其相关文件的传递集	2000 i 版新增
EXPLODE	将组合对象分解为对象组件	
EXPORT	以其他文件格式保存对象	
EXPRESSTOOLS	运行 AutoCAD 快捷工具	2000 i 版以后取消
EXTEND	延伸对象到另一对象	
EXTRUDE	通过拉伸现有二维对象来创建三维原型	
FILL	设置对象的填充模式	可透明使用
FILLET	给对象的边加圆角	
FILTER	创建选择过滤器	可透明使用
FIND	查找、替换、选择或缩放指定的文字	
FOG	控制渲染雾化	
GRAPHSCR	从文本窗口切换到图形窗口	【F2】键
GRID	在当前视口中显示点栅格	可透明使用
GROUP	创建对象的命名选择集	
HATCH	用图案填充一块指定边界的区域	
HATCHEDIT	修改现有的图案填充对象	
HELP	显示联机帮助	【F1】键

续表

命　令	作　用	说　明
HIDE	重生成三维模型时不显示隐藏线	
HYPERLINK	附着或修改超链接	【Ctrl + K】组合键
HYPERLINKOPTIONS	控制超链接光标和提示的可见性	
ID	显示位置的坐标	可透明使用
IMAGE	管理图像	
IMAGEADJUST	控制选定图像的亮度、对比度和褪色度	
IMAGEATTACH	向当前图形中附着新的图像对象	
IMAGECLIP	为图像对象创建新剪裁边界	
IMAGEFRAME	控制图像边框的显示	
IMAGEQUALITY	控制图像显示质量	
IMPORT	向 AutoCAD 输入多种文件格式	
INSERT	将命名块或图形插入到当前图形中	
INSERTOBJ	插入链接或嵌入对象	
INTERFERE	检查干涉	
INTERSECT	交集运算	
ISOPLANE	指定当前等轴测平面	可透明使用
JPGOUT	使用此命令时，"着色打印"选项将保留在文件中	
JUSTIFYTEXT	改变文字的对齐方式	2002 版新增
LAYER	管理图层	
LAYERP	取消最后一次的图层设置修改	2002 版新增
LAYERPMODE	控制是否进行对图层设置修改的跟踪	2002 版新增
LAYOUT	创建和修改布局	可透明使用
LAYOUTWIZARD	启动布局向导	
LAYTRANS	根据指定的标准转换图层	2002 版新增
LEADER	创建一条引线将注释与一个几何特征相连	
LENGTHEN	拉长对象	
LIGHT	处理光源和光照效果	
LIMITS	设置并控制图形边界和栅格显示	可透明使用
LINE	创建直线段	
LINETYPE	创建、加载和设置线型	可透明使用
LIST	显示选定对象的数据库信息	
LOAD	加载图形文件	
LOGFILEOFF	关闭 LOGFILEON 命令打开的日志文件	
LOGFILEON	将文本窗口中的内容写入文件	
LSEDIT	编辑配景对象	

续表

命　令	作　用	说　明
LSLIB	管理配景对象库	
LSNEW	在图形上添加具有真实感的配景对象	
LTSCALE	设置线型比例因子	可透明使用
LWEIGHT	设置当前线宽、线宽显示选项和线宽单位	
MASSPROP	计算并显示面域或实体的质量特性	
MATCHPROP	把某一对象的特性复制给其他若干对象	可透明使用
MATLIB	材质库输入/输出	
MEASURE	将点对象或块按指定的间距放置	
MEETNOW	现在开会,跨网络在多个用户中共享一个 AutoCAD 任务	2000 i 版新增
MENU	加载菜单文件	
MENULOAD	加载部分菜单文件	
MENUUNLOAD	卸载部分菜单文件	
MESHEXTRUDE	将网格面延伸到三维空间	
MINSERT	在矩形阵列中插入一个块的多个引用	
MIRROR	创建对象的镜像副本	
MIRROR3D	创建相对于某一平面的镜像对象	
MLEDIT	编辑多重平行线	
MLINE	创建多重平行线	
MLSTYLE	定义多重平行线的样式	
MODEL	从布局选项卡切换到模型选项卡	
MOVE	在指定方向上按指定距离移动对象	
MSLIDE	创建幻灯片文件	
MSPACE	从图纸空间切换到模型空间视口	
MTEXT	创建多行文字	
MULTIPLE	重复下一条命令直到被取消	
MVIEW	创建浮动视口和打开现有的浮动视口	
MVSETUP	设置图形规格	
NEW	创建新的图形文件	【Ctrl + N】组合键
OFFSET	创建同心圆、平行线和平行曲线	
OLELINKS	更新、修改和取消现有的 OLE 链接	
OLESCALE	显示"OLE 特性"对话框	
OOPS	恢复已被删除的对象	
OPEN	打开现有的图形文件	【Ctrl + O】组合键
OPTIONS	自定义 AutoCAD 设置	
ORTHO	约束光标的移动	可透明使用

续表

命 令	作 用	说 明
OSNAP	设置对象捕捉模式	可透明使用
PAGESETUP	指定页面布局、打印设备、图纸尺寸等	
PAN	移动当前视口中显示的图形	可透明使用
PARTIALOAD	将几何图形加载到局部打开的图形中	
PARTIALOPEN	局部加载指定的视图或图层中的几何图形	
PASTEBLOCK	将复制的块粘贴到新图形中	
PASTECLIP	插入剪贴板数据	【Ctrl + V】组合键
PASTEORIG	粘贴对象时使用其原图形的坐标	
PASTESPEC	插入剪贴板数据并控制数据格式	
PCINWIZARD	输入 PCP 和 PC2 配置文件打印设置的向导	
PEDIT	编辑多段线和三维多边形网格	
PFACE	逐点创建三维多面网格	
PLAN	显示用户坐标系平面视图	
PLINE	创建二维多段线	
PLOT	将图形打印到打印设备或文件	【Ctrl + P】组合键
PLOTSTAMP	在图形指定位置放置打印戳记并将戳记记录在文件中	2000 i 版新增
PLOTSTYLE	设置对象的当前打印样式	
PLOTTERMANAGER	显示打印机管理器	
POINT	创建点对象	
POLYGON	创建闭合的等边多段线	
PREVIEW	显示打印图形的效果	
PROPERTIES	控制现有对象的特性	【Ctrl + 1】组合键
PROPERTIESCLOSE	关闭 Properties(特性)窗口	
PSDRAG	控制拖动 PostScript 图像时的显示	2000 i 版以后取消
PSETUPIN	将用户定义的页面设置输入到新图形布局	
PSFILL	用 PostScript 图案填充二维多段线的轮廓	2000 i 版以后取消
PSIN	输入 PostScript 文件	2000 i 版以后取消
PSOUT	创建封装 PostScript 文件	2000 i 版以后取消
PSPACE	从模型空间视口切换到图纸空间	
PUBLISHTOWEB	网上发布,创建包括选定 AutoCAD 图形的 HTML 页面	2000 i 版新增
PURGE	删除图形数据库中没有使用的命名对象	
QDIM	快速创建标注	
QLEADER	快速创建引线和引线注释	
QSAVE	快速保存当前图形	
QSELECT	基于过滤条件快速创建选择集	

续表

命　令	作　用	说　明
QTEXT	控制文字和属性对象的显示和打印	可透明使用
QUIT	退出 AutoCAD	【Alt + F4】组合键
QVLAYOUT	显示当前图形中模型空间和布局的预览图像	
RAY	创建单向无限长的直线	
RECOVER	修复损坏的图形	
RECTANG	绘制矩形多段线	
REDEFINE	恢复被 UNDEFINE 替代的 AutoCAD 内部命令	
REDO	恢复前一个 UNDO 或 U 命令放弃执行的效果	【Ctrl + Y】组合键
REDRAW	刷新显示当前视口	
REDRAWALL	刷新显示所有视口	
REFCLOSE	存回或放弃在位编辑参照(外部参照或块)时所作的修改	
REFEDIT	选择要编辑的参照	
REFSET	在位编辑参照(外部参照或块)时,从工作集中添加或删除对象	
REGEN	重新生成图形并刷新显示当前视口	
REGENALL	重新生成图形并刷新显示所有视口	
REGENAUTO	控制自动重新生成图形	可透明使用
REGION	从现有对象的选择集中创建面域对象	
REINIT	重新初始化数字化仪、数字化仪的输入/输出端口和程序参数文件	
RENAME	修改对象名	
RENDER	创建三维线框或实体模型的具有真实感的着色图像	
RENDSCR	重新显示由 RENDER 命令执行的最后一次渲染	
REPLAY	显示 BMP、TGA 或 TIFF 图像	
RESUME	继续执行一个被中断的脚本文件	可透明使用
REVERSE	反转选定直线、多段线、样条曲线和螺旋的顶点	
REVOLVE	绕轴旋转二维对象以创建实体	
REVSURF	创建围绕选定轴旋转而成的旋转曲面	
RMAT	管理渲染材质	
RMLIN	从 RML 文件插入图形	2000 i 版新增
ROTATE	绕基点移动对象	
ROTATE3D	绕三维轴移动对象	
RPREF	设置渲染系统配置	
RSCRIPT	创建不断重复的脚本	
RULESURF	在两条曲线间创建直纹曲面	
SAVE	用当前或指定文件名保存图形	【Ctrl + S】组合键
SAVEAS	指定名称保存未命名的图形或重命名当前图形	

续表

命　令	作　用	说　明
SAVEIMG	用文件保存渲染图像	
SCALE	在 x、y 和 z 方向等比例放大或缩小对象	
SCALETEXT	改变指定文字的大小并保持其位置不变	2002 版新增
SCENE	管理模型空间的场景	
SCRIPT	用脚本文件执行一系列命令	可透明使用
SECTION	用剖切平面和实体截交创建面域	
SELECT	将选定对象置于"上一个"选择集中	
SETUV	将材质贴图到对象表面	
SETVAR	列出系统变量或修改变量值	
SHADEMODE	在当前视口中着色对象	
SHAPE	插入形	
SHELL	访问操作系统命令	
SHOWMAT	列出选定对象的材质类型和附着方法	
SKETCH	创建一系列徒手画线段	
SLICE	用平面剖切一组实体	
SNAP	规定光标按指定的间距移动	可透明使用
SOLDRAW	在用 SOLVIEW 命令创建的视口中生成轮廓图和剖视图	
SOLID	创建二维填充多边形	
SOLIDEDIT	编辑三维实体对象的面和边	
SOLPROF	创建三维实体图像的剖视图	
SOLVIEW	在布局中使用正投影法创建浮动视口生成三维实体及体对象的多面视图与剖视图	
SPACETRANS	在模型空间和图纸空间之间转换长度值	2002 版新增
SPELL	检查图形中文字的拼写	可透明使用
SPHERE	创建三维实体球体	
SPLINE	创建二次或三次(NURBS)样条曲线	
SPLINEDIT	编辑样条曲线对象	
STANDARDS	管理图形文件与标准文件之间的关联性	2002 版新增
STATS	显示渲染统计信息	
STATUS	显示图形统计信息、模式及范围	可透明使用
STLOUT	将实体保存到 ASCII 或二进制文件中	
STRETCH	移动或拉伸对象	
STYLE	设置文字样式	可透明使用
STYLESMANAGER	显示"打印样式管理器"	
SUBTRACT	用差集创建组合面域或实体	

续表

命 令	作 用	说 明
SYSWINDOWS	排列窗口	
TABLET	校准、配置、打开和关闭数字化仪	
TABSURF	沿方向矢量和路径曲线创建平移曲面	
TEXT	创建单行文字	
TEXTSCR	打开 AutoCAD 文本窗口	可透明使用
TIME	显示图形的日期及时间统计信息	可透明使用
TODAY	打开"今日"窗口	2000 i 版新增
TOLERANCE	创建形位公差标注	
TOOLBAR	显示、隐藏和自定义工具栏	
TORUS	创建圆环形实体	
TRACE	创建实线	
TRANSPARENCY	控制图像的背景像素是否透明	
TREESTAT	显示关于图形当前空间索引的信息	可透明使用
TRIM	用其他对象定义的剪切边修剪对象	
U	放弃上一次操作	
UCS	管理用户坐标系	
UCSICON	控制视口 UCS 图标的可见性和位置	
UCSMAN	管理已定义的用户坐标系	
UNDEFINE	允许应用程序定义的命令替代 AutoCAD 内部命令	
UNDO	放弃命令的效果	【Ctrl + Z】组合键
UNION	通过并运算创建组合面域或实体	
UNITS	设置坐标和角度的显示格式和精度	可透明使用
VBAIDE	显示 Visual Basic 编辑器	【Alt + F11】组合键
VBALOAD	加载全局 VBA 工程到当前 AutoCAD 任务中	
VBAMAN	加载、卸载、保存、创建、内嵌和提取 VBA 工程	
VBARUN	运行 VBA 宏	【Alt + F8】组合键
VBASTMT	在 AutoCAD 命令行中执行 VBA 语句	
VBAUNLOAD	卸载全局 VBA 工程	
VIEW	保存和恢复已命名的视图	可透明使用
VIEWRES	设置在当前视口中生成的对象的分辨率	
VLISP	显示 Visual LISP 交互式开发环境(IDE)	
VPCLIP	剪裁视口对象	
VPLAYER	设置视口中图层的可见性	
VPOINT	设置图形的三维直观图的查看方向	
VPORTS	将绘图区域拆分为多个平铺的视口	

续表

命令	作用	说明
VSLIDE	在当前视口中显示图像幻灯片文件	
WBLOCK	将块对象写入新图形文件	
WEDGE	创建三维实体使其倾斜面尖端沿 X 轴正向	
WHOHAS	显示打开的图形文件的内部信息	
WMFIN	输入 Windows 图元文件	
WMFOPTS	设置 WMFIN 选项	
WMFOUT	以 Windows 图元文件格式保存对象	
XATTACH	将外部参照附着到当前图形中	
XBIND	将外部参照依赖符号绑定到图形中	
XCLIP	定义外部参照或块剪裁边界,并且设置前剪裁面和后剪裁面	
XEDGES	从三维实体、曲面、网格、面域或子对象的边创建线框几何图形	
XLINE	创建无限长的直线(即参照线)	
XPLODE	将组合对象分解为组建对象	
XREF	控制图形中的外部参照	
ZOOM	放大或缩小当前视口对象的外观尺寸	

参 考 文 献

[1] CAD/CAM/CAE 技术联盟. AutoCAD 2014 中文版土木工程设计从入门到精通[M]. 北京:清华大学出版社,2014.
[2] 刘娜,李波. AutoCAD 2014 中文版机械设计从入门到精通[M]. 北京:机械工业出版社,2014.
[3] 程绪琦,王建华,刘志峰,等. AutoCAD 2014 中文版标准教程[M]. 北京:电子工业出版社,2014.
[4] 丁燕,王磊,曾令宜. AutoCAD 2014 中文版应用教程[M]. 北京:电子工业出版社,2015.
[5] 陈笑. AutoCAD 2015 绘图入门与实践[M]. 北京:清华大学出版社,2015.
[6] 周晓飞,李秀峰. 2016 AutoCAD 室内设计从入门到精通[M]. 北京:电子工业出版社,2016.
[7] 陈磊. AutoCAD 2016 大型商业空间装潢设计案例详解[M]. 北京:电子工业出版社,2017.
[8] 沈凌,焦仲秋,郭景全. 工程制图及 CAD[M]. 北京:人民交通出版社,2014.
[9] CAD 辅助设计教育研究室. 中文版 AutoCAD 2014 实用教程[M]. 北京:人民邮电出版社,2020.
[10] 沈嵘枫. 计算机辅助设计 AutoCAD 2015[M]. 北京:中国林业出版社,2020.
[11] 管殿柱. 计算机绘图:AutoCAD 2018 版[M]. 北京:机械工业出版社,2020.
[12] 张莉,周子良,何婧. AutoCAD 2020 中文版标准教程[M]. 北京:中国轻工业出版社,2019.
[13] 魏峥,段彩云,刘民杰. 机械 CAD/CAM:UG[M]. 2 版. 北京:高等教育出版社,2019.
[14] 李小琴. 工程制图与 CAD 习题集[M]. 北京:机械工业出版社,2020.
[15] 杨德荣. AutoCAD 工程设计实用基础[M]. 北京:中国农业出版社,2020.
[16] 赵武. AutoCAD 工程应用[M]. 北京:中国农业出版社,2020.
[17] 武金良. 建筑 CAD[M]. 上海:上海交通大学出版社,2020.
[18] 王斌,王亮. 机械制图与 CAD 基础[M]. 2 版. 北京:机械工业出版社,2020.
[19] 孙蓬. 建筑 CAD[M]. 北京:北京出版社,2020.
[20] 王鹏,钱靓. 环境设计制图 AutoCAD[M]. 青岛:中国海洋大学出版社,2021.